초등수학 영재와 영재교사를 위한 GSP 5.0 활용법 2

이종학 · 류성림 · 박균철 · 전광진 · 구종서 지음

KM 경문사

GSP(Geometer's Sketchpad)는 펜실베이니아의 Morvian 대학의 Dr. Doris Schattchneider와 Swartmore 대학의 Dr. Eugene Klotz의 주도하에 미국과학재단의 VGP(Visual Geometry Project)로 기획된 작도프로그램이다. 1990년 VGP의 연구원인 Nicholas Jackiw는 프로그램의 초기 버전을 공개하고, 여러 교사들의 의견을 수렴하여 대상을 잡아끌어(drag) 점이나 선을 조작할 수 있는 획기적인 동적 기하프로그램인 GSP를 개발하였다. 이 프로그램을 통하여 기존의 정적이고 고정된 도형에서 동적이고 움직이는 도형을 관찰함으로써 여러 가지 기하학적 관계를 이해할 수 있는 프로그램이다. 즉 이 프로그램에 의한 정확한 도형의 작도는 도형의 각 부분을 끌었을 때에도 그들이 가지고 있는 그들 사이의 기본적인 속성은 변하지 않기 때문에 도형의 성질을 탐구하는데 아주 효과적인 프로그램이다. 기능상으로는 유클리드 기하의 도형을 완벽하게 구현할 수 있으며, 거기에서 더 나아가 애니메이션기능, Trace 등을 통하여 실제 우리가 머릿속에서 상상하기 힘든 여러 가지 도형을 직접 시각적으로 보여줌으로써 기하의 여러 가지 성질을 발견하는데 아주 좋은 아이디어를 제공해 줄 수 있다.

1992년 미국과학재단의 지원을 받아 KCP(Key Curriculum Press)는 GSP가 학교에서 얼마나 효과적인가를 연구하였고, 교수지침과 교육과정을 바탕으로 변환과 프레젠테이션을 추가한 GSP 2.0을 발표하였다. 특히 이 버전에는 프랙털을 작도할 수 있는 스크립트 기능을 추가하였다. 1993년 3월 측정, 변환, 스크립트 도구, 개선된 수학적 기호, 호, 자취, 그래프 메뉴를 갖춘 GSP 3.0이 출시되었다. 이때 개발된 윈도우용 GSP 3.0은 1994년 처음 한국에 소개되었고, 당시 한성과학고등학교의 장훈 선생님의 주도로 수학사랑에서 처음 영문 버전 GSP 3.0 연수를 시작하였다. 다음해 수학사랑에서 GSP 3.0 영문 버전을 수입하였고, 그 후 서울사대부속중학교의 송영준 선생님이 GSP 3.0을 한글화하여 1999년 4월 한글판 GSP 3.0을 수학사랑에서 보급하기 시작하였다. 2001년 9월 GSP 4.0 영문판이 발표되었고, 한국에서는 2002년 숭실대학교 벤처중소기업센터에서 GSP 개발자인 Nicholas Jackiw가 가변색, 매개변수 등 매우 획기적인 기능이 보강된 GSP 4.0을 처음 발표하였다. 물론 GSP 4.0도 송영준 선생님이 한글화하여 지금껏 수학사랑이 보급하고 있다.

한편 2009년 12월 Nicholas Jackiw와 steven Rassmusen이 태릉에 있는 수학사랑 연구원 오피스텔에서 GSP 5.0을 발표하였고 지금껏 송영준 선생님이 프로그램을 장훈, 손대원, 김현구, 이성현, 정재훈, 정순진, 이현녀, 박재희, 정선영 선생님이 사용설명서 등을 한글화하여 현재 사용되고 있다.

GSP를 활용한 평면도형의 학습에 관한 연구(김미경, 2005), 테셀레이션을 가르치는 GSP를 활용하는 방법에 대한 연구(조한준, 2005), 자기 주도적 수학 학습력 신장을 위한 GSP 활용 방안에 관한 연구(이경준, 2005) 등 GSP프로그램을 활용한 기하 학습은 현재까지 많이 진행되어 왔으며 많은 선행연구들에 의해 이 GSP프로그램을 활용한 학습의 효과는 검증되어왔다.

그러나 영재 교육 진흥법 제2조 1항에 의한 '재능이 뛰어나고 타고난 잠재력을 개발하기 위하여 특별한 교육을 필요로 하는 자'라고 정의되는 영재 학생들에게 이 GSP프로그램을 활용한 사례들은 부족하였다. 단순히 영재 학생들에게 어떤 도형을 편리하게 그리도록 해주는 도구로서의 활용에 그치는 예가 많았다.

능동적으로 자유로운 조작을 통하여 도형 사이의 기하학적인 관계를 유지하면서 도형을 탐구할 수 있는 기회를 갖도록 하고, 시각적으로 도형을 인지할 수 있도록 하며, 추론의 폭을 넓게 해주는 등 다양한 장점을 가진 GSP프로그램을 영재교육 프로그램에 적절히 활용한다면 다양한 탐구활동을 할 수 있는 기회와 환경을 제공해 줌으로써 영재학생들에게 학습 활동이 지필을 통해 머릿속에서만 사고하는 것이 아니라 GSP 화면을 통해 직접 그려보고 탐구해 봄으로써 귀납적 사고를 통한 결론을 얻어낼 수 있을 것이다. 또한 이런 귀납적인 사고가 연역적인 사고로 발달함에 따라 수학적 사고 향상에도 도움을 준다. 또한 영재 학생들의 수학에 대한 흥미와 자신감을 높여 줌으로써 학습에 효과를 줄 수 있다.

실제로 초등 기하학습에서의 GSP를 활용한 영재 교육 자료 개발 및 활용 방안(현창석, 2005), GSP 활용이 초등 수학 영재의 기하 학습에 미치는 효과(김주창, 2009)와 같은 연구들에 의해 GSP를 활용한 기하학습이 영재 학생들에게 좋은 효과를 주며, 일반 지필 수업과의 유의미한 차이를 보임을 밝히고 있다.

따라서 본 교재는 현재 활발히 이루어지고 있는 도형 영역의 수학 영재 교수·학습 프로그램 중에서 코흐 눈송이, 삼각형의 오심, 라인 디자인, 피보나치 수열, 함수 그래프 그리기, 회전체 그리기 등의 주제를 선정하여 GSP로 구현해 보았다.

차례

GSP의 특징

기존의 프로그램들은 자와 컴퍼스만을 이용해서 생생한 기하학적 원리를 담은 그림을 정확히 그리기에는 분명하지 못하고, 여러 가지 한계를 가지고 있었다. 이 Geometer's Sketch Pad(이하 GSP)는 기본적으로 점, 직선, 그리고 원을 이용하여 여러 기하학적 표현을 쉽고 명확히 구현할 수 있으며, 이러한 그림들은 빠르고 엄밀하게 도형들의 본질적인 관련성을 쉽고 명백하게 나타낼 수 있다. 특히 GSP는 각의 이등분선, 선분의 중점, 평행선 그리기, 수직선 그리기 등 기본적인 작도 기능을 한 번에 수행할 수 있다. 또한 평행이동, 대칭이동, 회전이동의 변환도 한 번에 가능하다.

전통적 수업 방법을 넘어서는 수학교육

- GSP는 학생들이 직접 움직이는 도형을 그리고 탐구할 수 있는 프로그램으로 전통적 수업에서는 불가능했던 내용들을 아주 쉽게 이해할 수 있도록 도와준다.
- 초등학교, 중학교, 고등학교는 물론 대학교까지의 수학 교육 과정을 습득하는데 도움을 주는 매우 강력한 도구이다.

수학의 역동적인 시각화

- 학생들은 GSP로 그림을 그리고 단지 마우스를 끌어오면서 여러 가지 도형의 성질을 탐구할 수 있다.
- 모든 수학적 성질은 유지되며 유사한 성질과 일반화를 자연스럽게 탐구할 수 있다.
- 학생들은 관찰하고, 탐구하면서 문제를 분석하여 증명을 하기 전에 먼저 가설을 세울 수 있다.

여러 가지 문서에서 활용할 수 있는 GSP

- GSP는 빠르게 반응하는 인터페이스로 사용하기가 쉽게 디자인되었다. 따라서

학생들은 기다림 없이 활동에 집중할 수 있다. 1대의 LCD 프로젝터와 컴퓨터 1대 또는 2대로 구성된 수학교실이나 컴퓨터실에서 GSP를 이용한 수업을 할 수 있다.

- 학생들이 각각 혼자서 독립적으로 또는 협동학습으로 제시된 문제를 탐구하고 해결할 수 있다. 교사들은 GSP를 사용하여 만든 그림들을 한글 문서로 만든 학생들의 활동지나 시험문제 등에 활용할 수 있고, GSP로 그린 그림이나 측정값을 스프레드시트, 워드프로세서, 다른 그림 프로그램에 삽입하거나 웹에 올릴 수도 있다.

교육과정에 따른 학습효과 극대화

- 초등학교 5학년부터 대학교 학생 모두에게 효과적이다. GSP는 논증기하, 비유클리드기하, 대수, 삼각비, 함수, 미적분 등 교육과정의 전 부분에 대한 역동적 학습 환경을 제공한다.
- GSP의 움직이는 그림들은 학생들의 학습에 구체적이고 명확한 개념을 가지게 할 뿐 아니라 다음 단계의 수학을 배우는 기초를 확립할 수 있게 한다.

역동적 수학을 위한 강력한 도구

- 도구상자의 도구들과 작도 메뉴로 논증기하의 모든 움직이는 그림을 그릴 수 있다.
- 강력한 애니메이션이 제공된다. 예를 들어 삼각함수의 그래프를 점의 애니메이션과 흔적으로 구현할 수 있다.
- 수학의 시각화 중에서 새로운 영역인 가변색이 구현된다. 초등학교에서의 간단한 색칠하기 활동으로부터 높은 학년에서의 변수의 값에 따라 면의 색을 다르게 칠하는 경우도 가능하다.

웹을 통한 포괄적 지원 체제

- GSP 홈페이지에서 GSP5을 다운받아 설치하고, 사용할 수 있도록 포괄적인 지원을 한다. GSP홈페이지에 GSP5 매뉴얼, 학습자료 등이 탑재되어 있고 GSP5를 웹에서 배울 수 있도록 동영상도 제공한다.

GSP5 설치하기

(1) 한글 GSP5 평가판 다운 받기

수학사랑(http://www.mathlove.kr/) ▶ 수학소프트웨어 ▶ GSP ▶ GSP5 평가판 다운로드

평가모드는 사용시간(20분)과 기능의 제한(프린트, 저장, 복사, 붙이기)이 있으며, 그 이외에 기능상에 제한은 없다. 정품 구입은 수학사랑 쇼핑몰(http://shop.mathlove.kr/shop/)에서 구입할 수 있다.

(2) 한글 GSP5 설치하기

평가판 설치파일 InstallSketchpad.exe를 실행하여 화면에 나타나는 지시를 따른다.

GSP 도구 및 메뉴 소개

화살표 도구

화살표 도구는 개체를 끌 때, 개체 선택 및 해제와 그 밖의 화살표 도구의 다른 기능을 위해 사용된다.

✔ **개체 끌기** : 화살표 도구로 개체 끌기는 동적기하의 특징이다. 개체를 끌어 수학적인 관계나 변화를 살펴볼 수 있고, 가설을 확인해보거나 새로운 성질을 발견할 수 있다.

✔ **개체 선택과 해제** : GSP의 메뉴에 있는 많은 명령은 선택된 개체에 대하여 실행된다. 어떤 개체에 명령을 실행할 것인지를 GSP에게 알려주기 위하여 개체를 선택하는 것이다. 예를 들면 변환 메뉴나 측정 메뉴에 있는 명령을 사용할 때 그 변환이나 측정을 할 대상인 개체를 먼저 선택해야 하는데, 그때 주로 화살표 도구를 사용하게 된다.

 이동 화살표 도구

선택된 개체를 이동시키려면 이동 화살표 도구를 사용한다. 즉, 크기나 모양을 돌리거나 바꾸지 않고, 임의의 방향이나 거리만큼 미끄러트리기만 할 때 사용한다. 이것이 화살표 도구의 기본값이다.

 회전 화살표 도구

선택한 개체를 회전시키려면 회전 화살표 도구를 사용한다. 즉, 회전의 중심까지의 거리나 크기, 모양은 변하지 않고 원하는 각만큼 중심 둘레를 회전시킬 때 사용한다.

확대/축소 화살표 도구

선택된 개체를 확대하거나 축소할 때 확대/축소 도구를 사용한다. 즉, 닮음의 중심으로부터 방향과 모양은 변화시키지 않고 크기를 원하는 만큼 늘리거나 줄일 때 사용한다.

점 도구

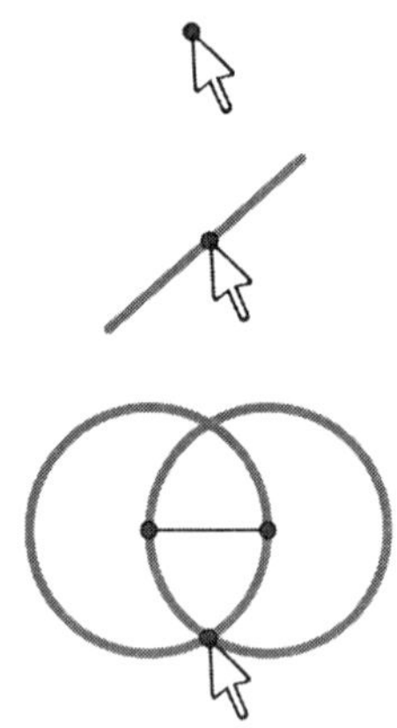

점 도구를 사용하여 독립된 점이나 경로 위의 점, 교점 등을 그리거나 작도할 수 있다.

스케치의 빈 공간을 클릭하면 독립된 점이 찍힌다.

선분, 원, 다각형의 둘레와 같은 경로 개체를 클릭하면 경로 위의 점을 작도 할 수 있다. 점 도구로 경로 위의 점을 작도할 때 마우스를 경로 위에 가져가면 경로가 번쩍이며 굵고 특별한 색으로 바뀐다.

경로 위에 작도된 점은 경로를 따라 어디든 움직일 수 있지만 경로 밖으로는 나갈 수 없다.

두 경로(예를 들어 선분과 원, 직선과 함수의 그래프처럼) 개체가 만나는 곳을 클릭하면 교점을 작도할 수 있다. 점 도구로 교점을 작도할 곳에 마우스를 가져가면 두 경로가 모두 번쩍이며 두껍고 특별한 색으로 바뀐다.

원 도구

원 도구를 사용하여 두 점(중심과 원주 위의 한 점)에 의해 결정되는 원을 작도할 수 있다. 두 번째 점은 원의 반지름의 크기를 조절하는 원주 위의 점이다.

선 도구

선 도구를 사용하여 선분, 반직선, 직선을 작도할 수 있다. 선 도구는 눈금이 없는 자다. 이것은 측정하는데 사용하는 것이 아니라 곧은 선을 그리는데 사용된다.

선분 도구

선분을 작도할 때 선분 도구를 사용한다.

1. 선분 도구가 활성화되어 있지 않다면 도구 모음에서 선분 도구를 선택한다.
2. 선분의 시작점이 될 위치를 클릭한다. (빈 공간이나 이미 존재하는 점, 다른 선분이나 원과 같은 경로 개체, 교점 등을 선택할 수도 있다.)
3. 끝점이 될 위치를 클릭한다.

반직선 도구

선분을 작도할 때 선분 도구를 사용한다.

1. 선분 도구가 활성화되어 있지 않다면 도구 모음에서 선분 도구를 선택한다.
2. 선분의 시작점이 될 위치를 클릭한다. (빈 공간이나 이미 존재하는 점, 다른 선분이나 원과 같은 경로 개체, 교점 등을 선택할 수도 있다.)
3. 끝점이 될 위치를 클릭한다.

직선 도구

직선을 작도하기 위하여 직선 도구를 사용한다.

1. 직선 도구가 활성화되어 있지 않으면 도구 모음에서 직선 도구를 선택한다.
2. 직선이 지날 첫 번째 점을 클릭한다. (빈 공간이나 이미 존재하는 점, 다른 선분이나 원과 같은 경로 개체, 교점을 선택할 수도 있다.)
3. 직선이 지날 두 번째 점을 클릭한다.

다각형 도구

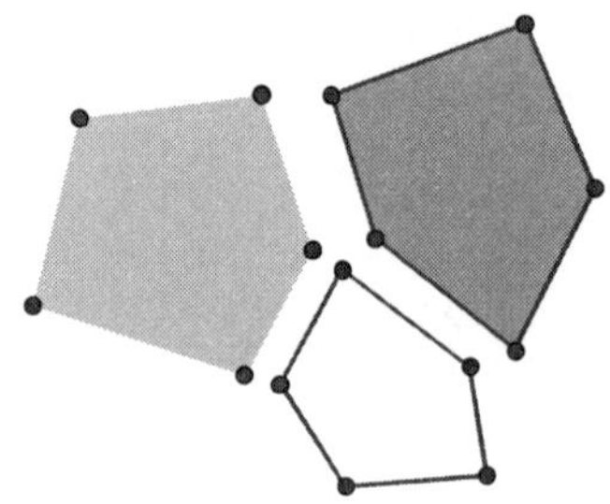

다각형 도구를 사용하면 테두리가 없는 내부 다각형, 테두리가 있는 내부 다각형, 테두리만 있는 다각형을 작도할 수 있다.

다각형 도구에는 다각형 내부 도구, 다각형 내부 및 변 도구, 다각형 변 도구의 세 가지 도구가 있다.

이 세 가지 도구는 다음과 같이 사용된다.

1. 3개 이상의 점을 선택한다. 이미 있는 점을 선택하거나 새로운 점을 작도한다.
2. 처음 선택한 점을 마지막에 다시 선택한다. (마지막에 선택한 점을 더블 클릭해도 된다.) 도구 모음에서 다각형 도구 아이콘을 누르고 잠시 기다리면 다른 다각형 도구를 선택할 수 있는 팝업 메뉴가 나타난다. 그때 셋 중 하나의 선택이 가능하다.

글 도구

글 도구는 이름표를 만들고 보이거나 숨기고 편집할 때 사용한다. 글상자를 만들거나 편집하고 글상자의 크기를 조절한다.

펜 도구

펜 도구를 이용하여 스케치 화면에 자유롭게 그림을 그릴 수 있고, 각 표시나 선 표시를 할 수 있다.

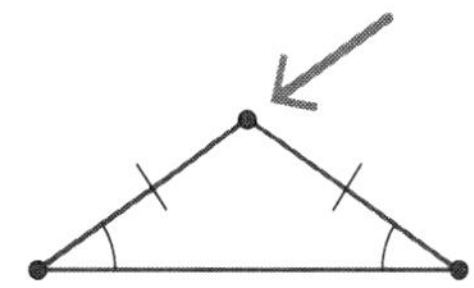

- ✔ 각 표시와 선 표시를 이용하여 각을 나타내거나, 같은 길이 표시, 평행선 표시 등을 할 수 있다.
- ✔ 스케치 안에 있는 수학적 내용을 설명할 때, 중요한 부분들을 강조하기 위해서 밑줄을 긋거나 보충 설명을 위한 그림도 그릴 수 있다.

정보 도구

안내 도구를 사용하면 스케치 안 개체의 수학적 정의에 대한 설명과 개체들 사이의 관계를 알 수 있다.

- ✔ 개체를 클릭하면 풍선 도움말이 나타난다.
- ✔ 풍선 도움말에 있는 개체의 이름을 클릭하면 그것의 속성 대화상자가 나타난다.
- ✔ 풍선 도움말에 있는 다른 개체(상위 개체와 하위 개체)의 이름을 클릭하면 그 개체에 대한 풍선 도움말이 나타난다.

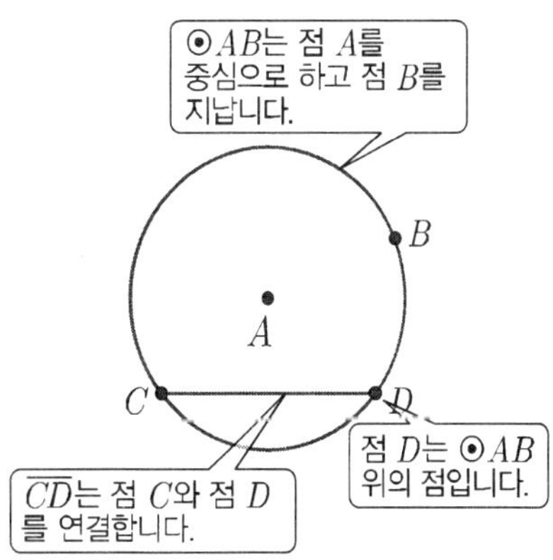

사용자 도구

사용자 도구를 사용하면 사용자 도구를 정의하고 사용할 수 있다. 사용자 도구 아이콘을 누르면 사용자 도구 메뉴가 나타난다.

사용자 도구는 사용자들이 스스로 만들거나 다른 사용자가 만든 것을 가져와서 사용하는 도구를 말한다. 원 도구를 사용하면 중심과 원주 위의 한 점을 클릭하여 원을 그릴 수 있는 것처럼, 사용자 도구를 사용하면 복잡한 과정을 거쳐야 하는 도형을 몇 번의 클릭으로 만들 수 있다. 예를 들어, 주어진 선분의 수직이등분선을 작도하는 사용자 도구라든가, 주어진 세 점을 꼭짓점으로 하는 삼각형의 외접원을 그리는 사용자 도구, 주어진 두 점을 이웃한 꼭짓점으로 하는 정사각형을 그리는 사용자 도구 같은 것을 만들 수 있다.

파일 메뉴

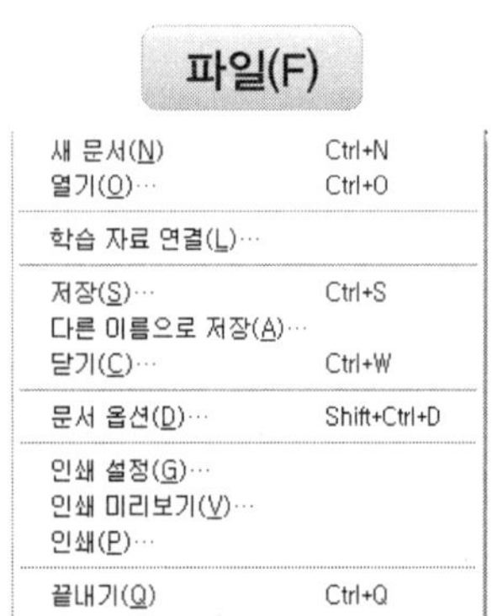

파일 메뉴에는 GSP의 문서를 다루기 위한 명령들이 있다. 다른 대부분의 프로그램에서 볼 수 있는 기본적인 명령들에 대해서는 간단히 살펴보고, GSP의 특별한 기능에 대해서 더 자세히 알아보기로 한다. 기본적인 명령에 익숙하지 않으면 컴퓨터의 사용 설명서를 참고하면 된다.

편집 메뉴

편집 메뉴에는 최근 작업의 취소 또는 재실행, 클립보드를 사용한 작업, 동작버튼 만들기, 개체의 선택, 개체의 속성 또는 GSP의 선택사항과 관련된 명령.

보기 메뉴

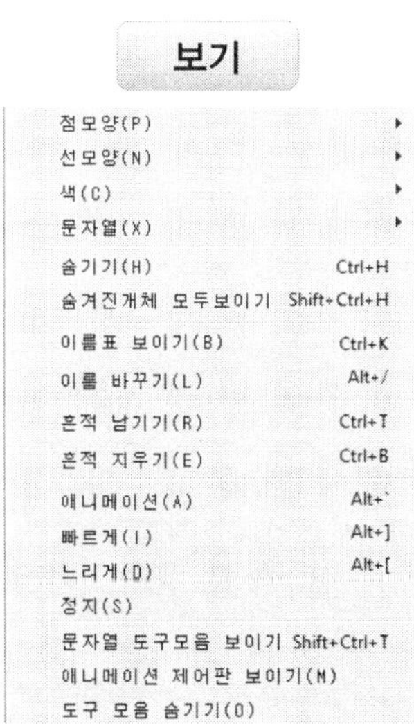

보기 메뉴의 명령으로 스케치에 있는 개체의 모양과 개체를 다룰 도구의 모양을 조절할 수 있다.

이러한 명령으로 스케치의 시각적인 면을 향상시킬 수 있고, 수학적인 내용을 구체화하여 의사소통을 효과적으로 할 수 있다. 적당한 선의 두께와 색을 이용하고 불필요한 개체를 숨겨 스케치의 중요한 부분에 주목하도록 할 수 있다. 이름표, 글상자 등은 스케치의 목적이나 숨겨져 있는 수학적인 내용을 설명하는데 도움을 준다. 흔적 남기기와 애니메이션을 사용하여 원리를 시각적으로 보여주는 동적인 스케치를 만들 수 있다.

작도 메뉴

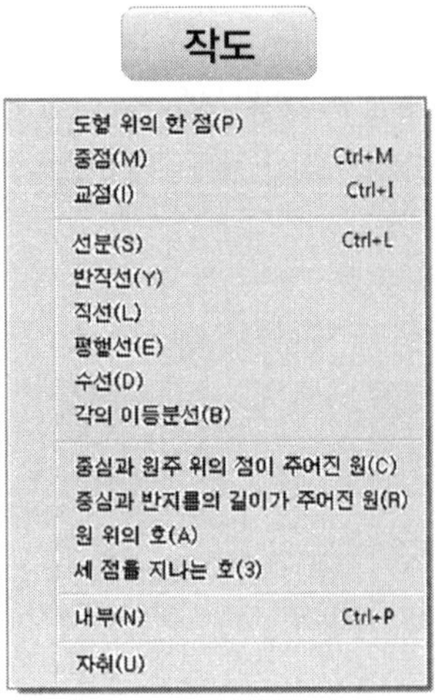

작도 메뉴는 여러 가지 중요한 도형을 작도할 수 있는 명령을 제공한다. 이런 명령들 중 대부분은 GSP의 원 도구와 선 도구를 이용하여 만들 수 있지만, 작도 메뉴에서 제공하는 기능을 사용하면 좀 더 빠르고 간편하게 작도할 수 있다.

명령	실행조건
도형 위의 점	• 하나 또는 두 개 이상의 개체 경로
중점	• 하나 또는 두 개 이상의 선분
교점	• 두 선분, 반직선, 직선, 원, 호 • 하나의 자취 또는 함수의 그래프와 선분, 반직선, 직선, 원, 호 • 두 함수의 그래프 • 하나의 다각형과 반직선(명령어는 첫 번째 교점이 된다.)
선분, 반직선, 직선	• 두 개 이상의 점
평행선	• 한 점과 한 개의 선분, 반직선, 직선 • 여러 개의 점과 한 개의 선분, 반직선, 직선 • 한 개의 점과 여러 개의 선분, 반직선, 직선
수선	• 한 점과 한 개의 선분, 반직선, 직선 • 여러 개의 점과 한 개의 선분, 반직선, 직선 • 한 점과 여러 개의 선분, 반직선, 직선
각의 이등분선	• 두 번째 선택된 점을 꼭짓점으로 가지는 세 점 • 끝 점이 같은 두 반직선 또는 선분
중심과 원주 위의 점이 주어진 점	• 두 점
중심과 반지름의 길이가 주어진 원	• 한 점과 한 선분 또는 측정값 • 여러 개의 점과 한 선분 또는 거리 측정값 • 한 점과 여러 개의 선분 또는 측정값
원 위의 호	• 한 원과 원 위의 두 점 • 한 개의 중심과 중심에서 떨어진 거리가 같은 두 개의 다른 점
세 점을 지나는 호	• 일직선 위에 있지 않은 세 점
다각형의 내부	• 세 점 또는 그 이상의 점들

원 내부	• 하나 이상의 원
부채꼴 내부	• 하나 이상의 호
활꼴 내부	• 하나 이상의 호
자취	• 경로 위의 한 점과 경로 위의 점에 의존하는 하위 개체 • 하나의 매개변수와 매개변수에 의존하는 하나의 하위개체 • 하나의 독립된 점과, 그 점에 의존하지 않는 경로와 독립된 점에 의존하는 개체

변환 메뉴

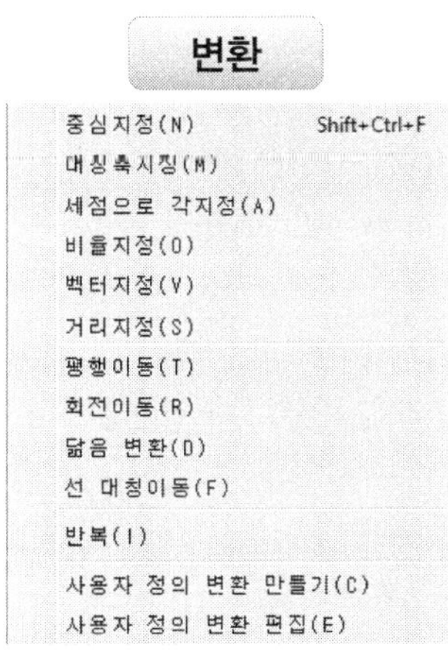

변환 메뉴는 스케치에 있는 도형들을 평행이동, 회전이동, 닮음변환, 선대칭 이동할 수 있다. 이 기본적인 변환을 바탕으로 어떤 기하학적 변환을 적용하면 테셀레이션, 축소 또는 확대 모형, 만화경, 프랙털 등 더 많은 것을 만들 수 있다.

측정 메뉴

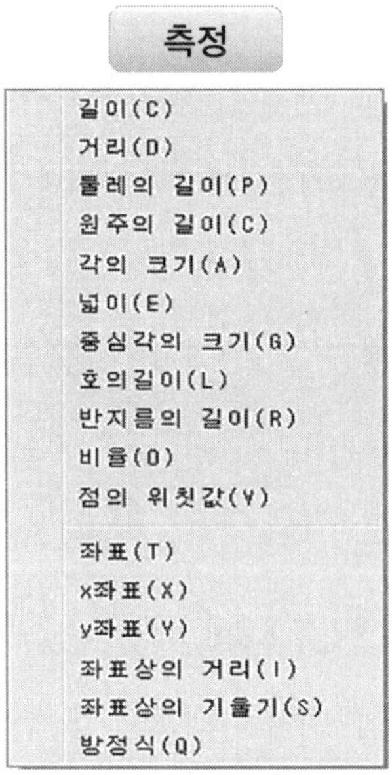

측정 메뉴에 있는 명령들은 선택된 개체에 대한 측정값을 만든다. 메뉴의 위 부분에는 도형에 관계된 양(길이, 각, 비율, 넓이)을 측정하는 명령들이 있고, 메뉴의 아래쪽 부분에는 좌표와 관계된 양(좌표, 방정식, 기울기, 좌표상의 거리)을 측정하는 명령들이 있다. 측정값을 실행할 때, 명령이 활성화되지 않으면 선택의 실행 조건을 다시 정확히 살펴봐야 한다. (실행조건에 해당하는 개체의 선택이 많거나 적으면 명령이 활성화되지 않는다.)

명령	실행조건
길이	• 하나 이상의 선분
거리	• 두 점, 또는 한 점과 하나의 선 개체(선분, 반직선, 직선)
둘레의 길이	• 하나 이상의 다각형, 부채꼴, 활꼴의 내부
원둘레의 길이	• 하나 이상의 원 또는 원의 내부
각	• 세 점(두 번째 선택한 점이 각의 꼭짓점)
넓이	• 하나 이상의 도형의 내부 또는 원
중심각의 크기	• 하나 이상의 호, 한 원과 원 위의 두 점이나 세 점
호의 길이	• 하나 이상의 호, 한 원과 원 위의 두 점이나 세 점
반지름의 길이	• 하나 이상의 원, 원의 내부, 호, 호의 내부
비율	• 두 선분 또는 한 직선 위에 있는 세 점
점의 위칫값	• 경로 개체 위의 하나 이상의 점 또는 하나의 경로, 경로 개체 위의 점이 아닌 한 점
좌표	• 하나 이상의 점
x좌표 또는 원 점에서 떨어진 거리	• 하나 이상의 점
y좌표 또는 방향각	• 하나 이상의 점
좌표상의 거리	• 두 점
좌표상의 기울기	• 하나 이상의 선 개체
방정식	• 하나 이상의 직선 또는 원

수 메뉴

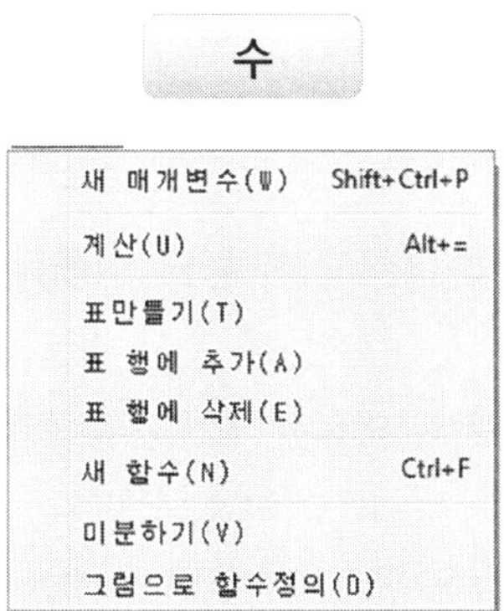

수 메뉴에서는 매개변수를 만들고, 계산식 또는 측정값을 자료로 표 만들기, 그림 등 여러 가지 방법으로 함수를 정의한다.

매개변수를 만들어서 단위를 붙여 다른 값으로 설정할 수 있고, 다시 수정하는 등 함수의 정의역 안에서 움직일 수 있는 값을 만들 수 있다.

측정값들로 새로운 계산식을 만들기 위해 계산기를 사용할 수 있다. 예를 들어, 삼각형의 세 내각의 합을 계산하거나 반지름에 대한 원둘레의 비를 계산하기 위해서 계산기를 사용한다.

끌기 등을 하여 측정값이 바뀌면 표에 들어 있는 값(매개변수, 측정값, 계산값)도 따라서 바뀐다.

함수식을 입력하여 새로운 함수를 정의한다. 함수식은 GSP에 내장된 함수와 사용자가 정의할 수도 있다.

그래프 메뉴

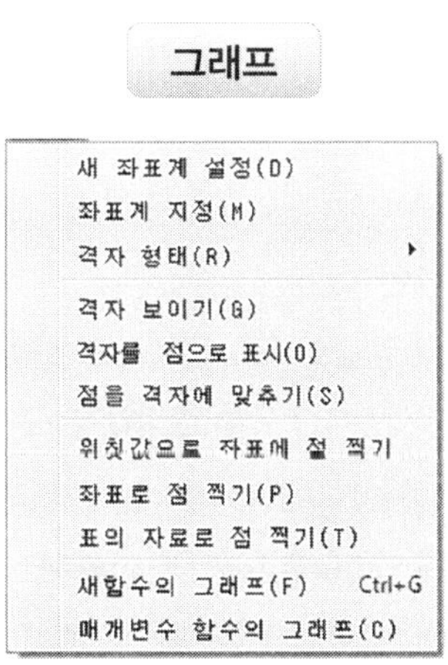

그래프 메뉴로 좌표계를 만들거나, 좌표축 위에서 여러 가지 그래프에 대한 작업을 할 수 있다. 좌표계에 격자를 보이거나 숨기기, 점을 격자에 맞추기, 위치값으로 좌표축이나 경로 위에 점 찍기, 좌표로 점 찍기, 표의 자료로 점 찍기, 함수의 그래프, 매개함수의 그래프 등을 나타내는 작업을 할 수 있다.

주로 해석기하적이거나 대수적인 성질을 탐구하는 데 사용되는 명령들로 이루어져 있다.

측정 메뉴의 명령들을 사용해서 좌표계 위의 다양한 양(점의 좌표, 좌표상의 거리, 선 개체의 기울기, 원과 직선의 방정식) 등을 측정한다.

GSP를 통한 평면기하 지도 의의

기하수업에서는 도형의 성질과 관련된 증명과 추론이 강조되고 있다. 그러나 학생들은 증명과 추론을 하기보다 정리 자체를 외우고 그 정리를 문제풀이에 이용하여 단순한 문제 풀이 정도로 기하공부를 하고 있는 것이 현실이다. 이는 학생들의 수준에 비해 지나치게 엄밀한 추론을 요구함으로써 학생들이 매우 어려워하기 때문이다.

기하 학습이 도형 사이의 여러 가지 관계를 생각해 보고 도형 속에서 여러 가지 정리를 이끌어 내는 과정에서 수학적 개념을 익히고 또한 수학적 사고를 학습하는 것에 수업의 의의를 찾을 수 있다고 가정할 때, 작도 프로그램인 Geometer's SketchPad(GSP)를 이용하여 학생들이 자유롭게 사고하고 실험적인 놀이를 해보면서 개념을 탐구하는 귀납적인 사고를 도와주며 학생 스스로 문제를 찾아나가고 이를 통하여 자연스럽게 기본적인 기본개념을 발견하고 익힐 수 있을 것이다. 뿐만 아니라 평행이동, 회전, 대칭이동, 벡터 등을 이용하면 기존의 유클리드 기하의 정적인 도형에서 움직이는 다양한 그림을 그릴 수 있어 그 그림 자체만으로도 하나의 작품이 되기 때문에 GSP의 활용은 한층 더 생동감 넘치는 수업시간을 가능하게 할 수 있다.

- ✔ 동적인 평면기하의 성질을 정적인 상태의 인쇄 매체, 칠판을 활용한 강의 등을 통하여 지도할 때보다 더욱 확실하게 이해시킬 수 있다.
- ✔ 새로운 멀티미디어 매체로서 GSP는 일반적인 그림 프로그램과 달리 자(직선 또는 선분)와 컴퍼스(원)만을 사용하는 작도(Construction)와 측정(Measurement)을 통하여 학생들의 흥미를 자극할 수 있고, 학생들이 직접 GSP를 사용한다면 더욱 학습욕구를 유발할 수 있을 뿐만 아니라 학습 내용을 확인할 수 있어서 더욱 효과적이다.
- ✔ '평면기하의 어떤 성질이 성립할 것 같은가?' 또는 평면기하의 성질을 발견적으로 찾아낼 수 있도록 자극할 때 GSP를 마치 실험도구로 사용하여 실제로 작도하고, 측정하여 그 성질에 대한 가설을 학습자 스스로 세울 수 있도록 도와 줄 수 있다.
- ✔ 평면기하의 성질이 학습자에게 충분히 이해된 다음 연역적인 증명이 필요한데 이때에도 GSP는 정확한 그림을 제공하여 증명이나 문제 풀이에 필요한 정보를 제공하게 한다.
- ✔ Animation과 Drag를 사용하여 평면기하의 성질을 연속적이면서 역동적으로 관찰할 수 있다. 특히 Animation으로 만들어지며 흔적남기기는 도형의 자취를 생생하게 보여 준다.

머릿속으로 아마 '그렇게 될 거야'라는 것보다 더욱 현실감을 갖게 한다. 따라서 많은 도형을 그 정의에 의하여 구현해 봄으로써 확실한 개념을 얻고 그로부터 파생되는 도형의 성질에 자연스럽게 접근할 수 있다.

- ✔ Script의 Loop 기능을 사용하면 같은 작업의 순환(Recursion)을 할 수 있어서 Fractal의 그림을 구현할 수 있다.
- ✔ GSP에서 제공되는 직교좌표계와 극좌표계를 통하여 평면기하의 여러 가지 성질에 대한 해석기하적 접근이 가능하다.

영재 교수학습과정에서 GSP 사용의 효과

초등 기하 영재교육에서 그 학습 내용을 체계화해 줄 이론과 더불어 기하적 추상화의 어려움을 해결해 줄 탐구형 소프트웨어의 학습 매체 활용이 필요하다. GSP를 통해 구체물로부터 도형의 특성을 추상화하는 과정에서 도움을 주며, 더불어 도형의 성질 탐구를 위하여 효과적으로 이용할 수 있다.

- ✔ 영재학생들은 자신의 아이디어를 구체화시키거나 오류를 수정하기 위하여 GSP를 사용할 수 있고, 아이디어를 스스로 검증하고 확인하는데 사용할 수 있다. 영재학생은 과제를 완벽하게 해결하고 싶어 하기에 문제를 해결하는 것에만 만족하지 않고 근본적인 이유를 밝히고자 하며, 이 노력에 GSP를 도구로써 활용할 수 있다. 왜곡상 그림이 가지는 범위의 한계를 GSP를 사용하여 설명할 수 있고, 어디에 상이 맺혀 관찰자의 눈에 그림이 보이는지, 사영된 그림이 관찰되는 과정 등을 설명하면서 GSP를 활용할 수 있는 등 수학적 구조에 대하여 민감성과 현상을 수학적으로 해석할 수 있다. 문제의 조건을 동시에 고려할 수 있을 때에는 동시에 고려하여 과제를 해결할 수 있으나, 문제의 조건들 중 일부만 활용해서 GSP로 시각화해보고 추가로 아이디어를 발전시킬 수도 있다. 영재학생들이 아이디어를 생산하거나 간단한 확인 등은 종이와 연필로 할 수 있지만 아이디어의 최종적인 확인은 시간적 양적 제약을 극복하도록 돕는 GSP를 사용할 수 있다.

- ✔ 영재학생들은 GSP를 도구의 위치에 놓고 자신들이 아이디어를 탐색하는데 도움을 주는 아이템으로 바라볼 수 있다. 빠른 시간 내에 다양한 메뉴를 활용하여 결과를 확인할 수 있어 편리하며, 수학적 모델링이라고 할 수 있는 자신의 아이디어를 GSP가 시각적으로 구현해주어 도움을 받을 수 있다. 동적기하 도구이기 때문에 GSP는 영재학생들에게 왜곡상과 원상과의 관계를 파악하게 도와준다. 종이와 연필이라는 고전적 도구 이상으로 GSP를 활용하여 아이디어의 탐색, 확인, 토의 등의 즐거운 경험을 가능하게 한다. 또한 기하학습에 대한 어려움을 완화시켜주고, 학습에 흥미를 갖게 하여 기하학적 직관력이나 문제응용력 및 증명을 통한 형식적이고 연역적 추론 능력 등 수학적 소용을 기르는데 도움을 받을 수 있다.

✔ 작도 문제의 해결과정에서 GSP와 같은 탐구형 기하 소프트웨어를 사용하면, 학생들은 문제해결 과정에서 도움을 얻을 수 있다. 문제를 해결하는 과정에서 경험적 추론을 통한 정당화와 필요조건 간의 인과관계를 확인하여 추론하는 정당화 과정을 경험할 수 있다. 또한 교사는 학생들의 사고과정을 분석하는데 좋은 자료를 얻을 수 있고, 학생들이 기하문제로 해결해야하는 교수·학습 자료를 개발하고, 그 자료의 적용을 통해 학생들이 GSP를 활용하는 과정을 분석하는 연구를 진행함으로써 기하문제해결을 위한 도구인 GSP를 교수·학습과정에 적용하는 것에 대한 시사를 얻을 수 있다.

✔ GSP는 영재학생들의 추론에 대해 시각적으로 확인할 수 있게 해주며, 집단의 관심을 집중시키고 서로의 의사소통을 도울수 있다. 또한 GSP의 시각화는 직관적인 추측에 대해 직접 눈으로 확인시켜 줌으로써 추론능력향상에 도움을 줄 수 있으며, 직접 조작과 토론에 의한 증명학습과정은 학생들의 흥미와 자신감을 유발할 수 있다. 지필환경에서는 표현할 수 없는 문제 상황을 GSP로 쉽게 나타내어 귀납적 추론을 통한 일반화를 가능하게 한다.

코흐의 눈송이 곡선 그리기

본 절은 수학사랑(www.mathlove.kr)에서 수학소프트웨어의 GSP를 일부 정리한 내용임.

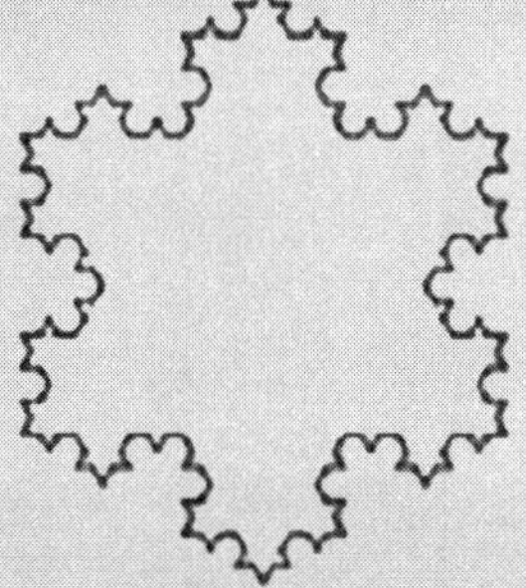

코흐의 눈송이

프랙털 구조를 이해하고 체험해 볼 수 있는 마지막 주제로 코흐의 눈송이 곡선 그리기를 GSP로 그려본다. 1870년에 출생한 스웨덴의 철학자, 수학자인 헬게 폰 코흐에 의해 1904년에 만들어진 별 모양의 형태를 가지는 프랙털 곡선 중의 하나이다. 코흐의 눈송이 곡선을 그리는 방법은 아래와 같다.

1. 선분을 하나 그린다.
2. 그린 선분을 길이가 동일하게 3등분 한다.
3. 3등분한 선분 중에서 가운데에 위치한 선분을 삭제한다.
4. 삭제한 선분이 있었던 자리에 위치한 나머지 2개의 선뷰의 끝을 이어 정삼각형처럼 만들어준다.
5. 만들어진 4개의 변에 대해서 1~4과정을 반복한다.

이 방법을 GSP에서도 따라해 보는 과정을 통하여 학생들이 도형의 회전이동, 반복, 선분을 똑같이 나누는 방법 등을 GSP로 체험해 보고 수학적인 사고력과 창의성을 기를 수 있기를 바란다.

<출처 : [네이버 지식백과] 코흐 곡선 [Koch Curve] (두산백과)>

코흐의 눈송이가 만들어지는 과정

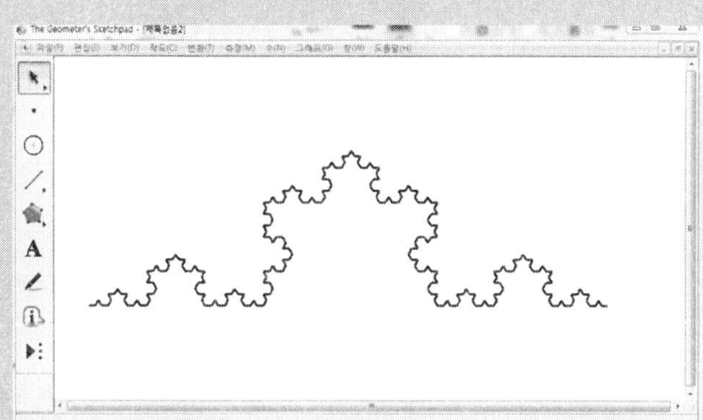

GSP로 그린 '코흐의 눈송이 곡선'

학습목표

✔ GSP로 원을 그릴 수 있다.
✔ GSP로 평면도형을 밀거나 뒤집거나 돌릴 수 있다.
✔ GSP를 활용하여 코흐의 눈송이 곡선을 그릴 수 있다.

관련 교육과정

학년군	영역	단원	성취기준
3~4학년	도형	원의 구성 요소	[4수02-06] 원의 중심, 반지름, 지름을 알고, 그 관계를 이해한다.
3~4학년	도형	평면도형의 이동	[4수02-04] 구체물이나 평면도형의 밀기, 뒤집기, 돌리기 활동을 통하여 그 변화를 이해한다.
3~4학년	도형	평면도형의 이동	[4수02-05] 평면도형의 이동을 이용하여 규칙적인 무늬를 꾸밀 수 있다.

지도계획

전개단계	활동명	주요 수업활동	주요수업 형태
계획 수립하기	1. 코흐의 눈송이 곡선 알기	• 단원 소개 • 코흐의 눈송이 곡선을 이루는 기본 요소	• 교사 강의 • 개인 실습 • 전체 토론
지식 및 기능 습득하기	2. 원 그리기	• 원 도구를 이용하여 원 그리기 • 중심과 반지름의 길이를 이용하여 원 그리기 • 중심과 원 주위의 점을 활용하여 원 그리기	• 교사 강의 • 개인 실습 • 전체 토론
	3. 닮음변환 활용하기	• 닮음변환을 활용하여 선분을 3등분하기	• 교사 강의 • 개인 실습 • 전체 토론
	4. 반복기능 활용하기	• 반복, 규칙 메뉴를 활용하여 삼각형 모양 반복하여 그리기	• 교사 강의 • 개인 실습 • 전체 토론
수행하기	5. 코흐의 눈송이 곡선 그리기	• 회전이동과 닮음변환 메뉴를 활용하여 코흐의 눈송이 곡선 그리기	• 교사 강의 • 개인 실습 • 전체 토론
	6. 다양한 모양 그리기	• 코흐의 눈송이 곡선 그리는 방법을 활용하여 다양한 모양 만들기	• 교사 강의 • 개인 실습 • 전체 토론

학습목표

GSP 기본기능을 익혀 코흐의 눈송이 곡선을 그릴 수 있다.

활동1

여러 가지 방법으로 원 그리기

방법1 원 도구를 이용하여 원 그리기

활용 기능

STEP 01

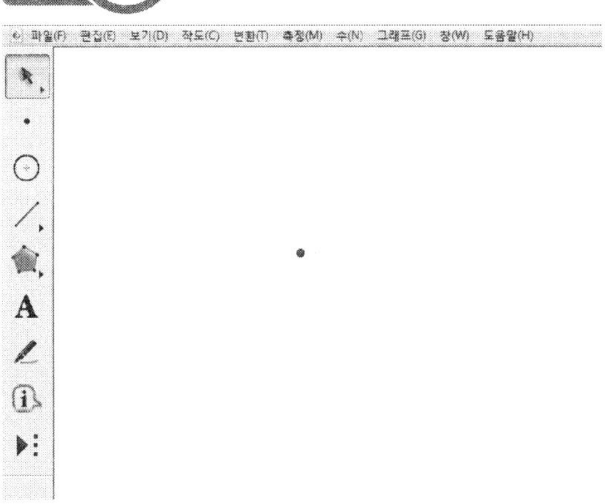

점 도구로 한 점을 그린다.

STEP 02

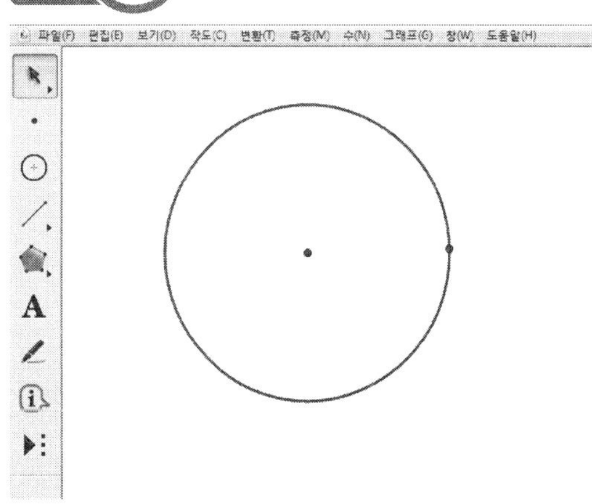

그려진 한 점을 이용하여 **원 도구**로 원을 그린다.

방법2 중심과 반지름의 길이가 주어진 원 그리기

활용 기능

작도(C) | 중심과 반지름의 길이가 주어진 원(R)

STEP 01

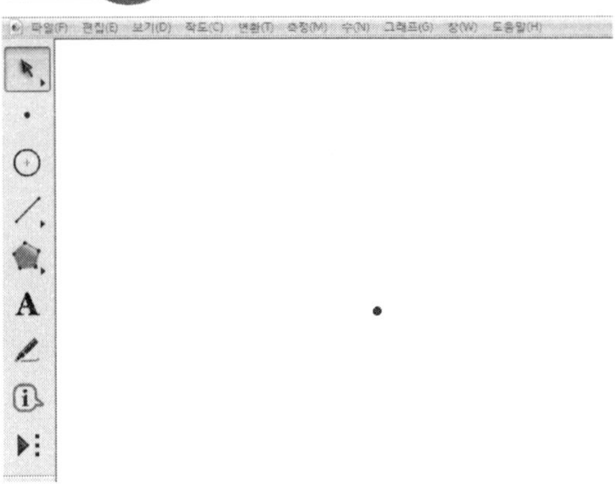

점 도구로 한 점을 그린다.

STEP 02

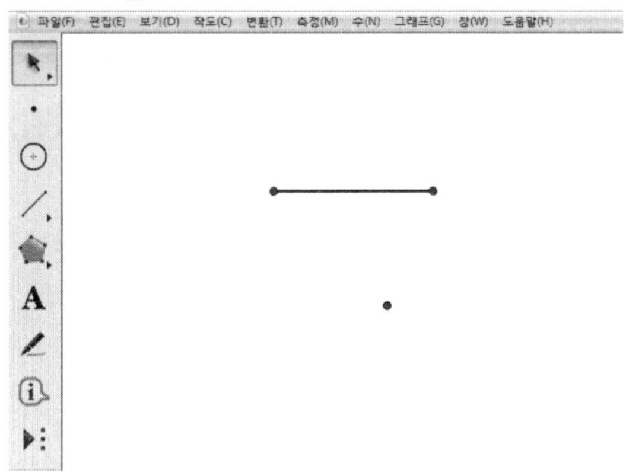

선분 도구로 선분을 그린다.

STEP 03

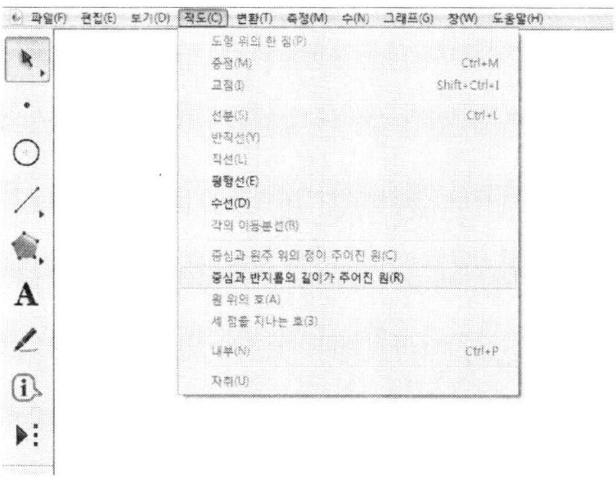

그려진 점과 선분을 활성화한 후, **작도(C)** 메뉴에 있는

중심과 반지름의 길이가 주어진 원(R) 을

선택한다.

STEP 04

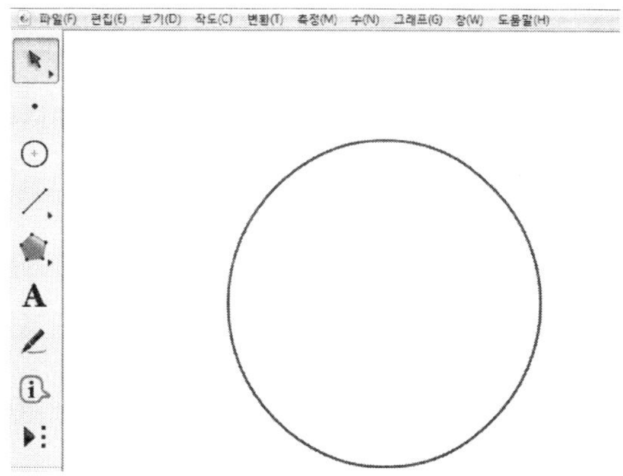

원이 완성된다.

방법3 중심과 원의 둘레 위의 한 점이 주어진 원 그리기

활용 기능

· 작도(C) 중심과 원주 위의 점이 주어진 원(R)

STEP 01

· **점 도구**로 점을 2개 그린다.

STEP 02

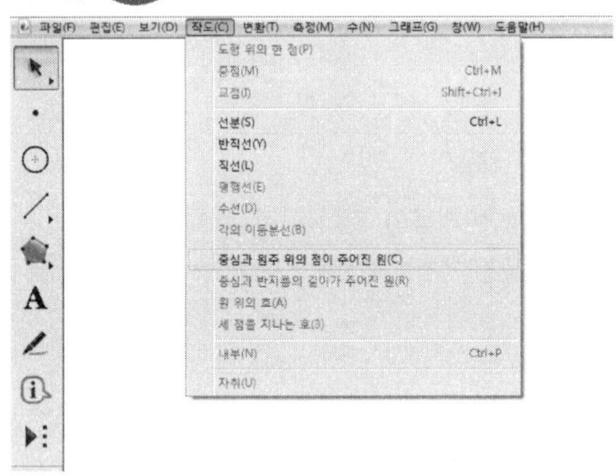

작도(C) 메뉴의 중심과 원주 위의 점이 주어진 원(C) 을 선택한다.

STEP 03

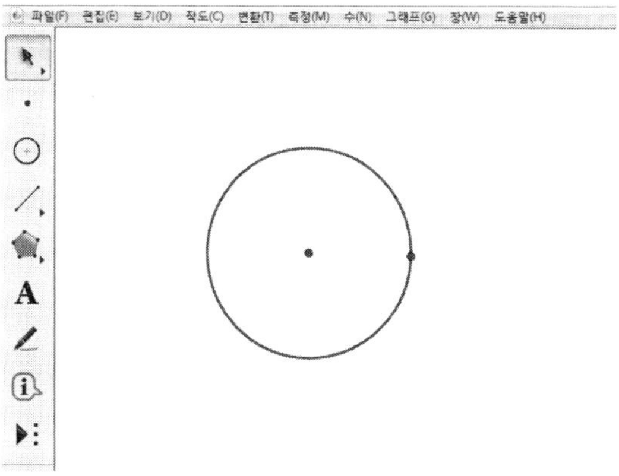

원의 중심과 원주 위의 점이 주어진 원이 완성된다.

활동2

'닮음변환'을 이용한 닮음비 작도하기

방법1 '닮음변환' 활용하기

활용 기능

변환(T) 닮음변환(D)

STEP 01

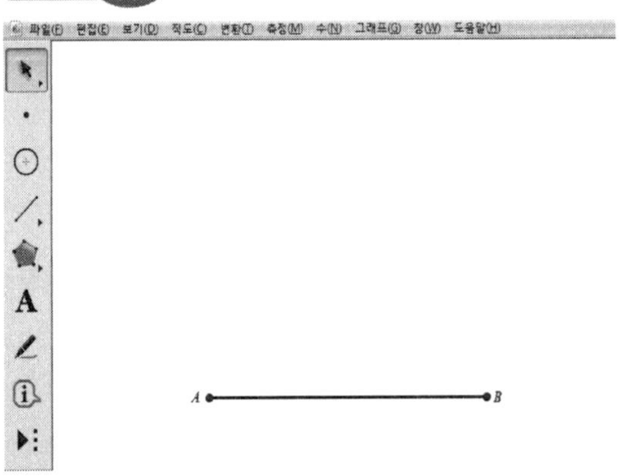

선분 도구와 **A** **글 도구**를 이용하여 선분 AB를 그린다.

STEP 02

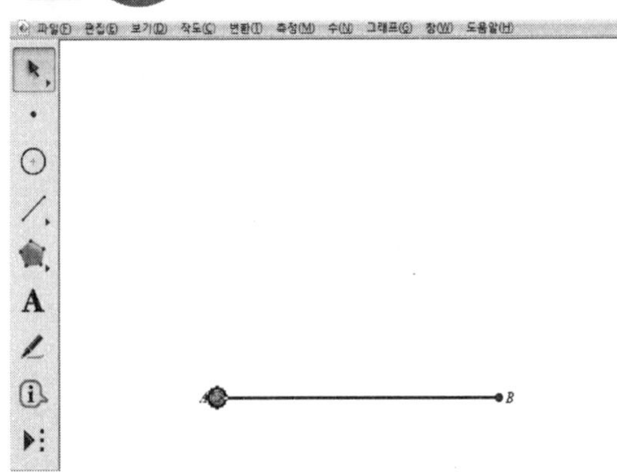

화살표 도구로 점 A를 더블클릭하여 **중심으로 지정**한다.

STEP 03

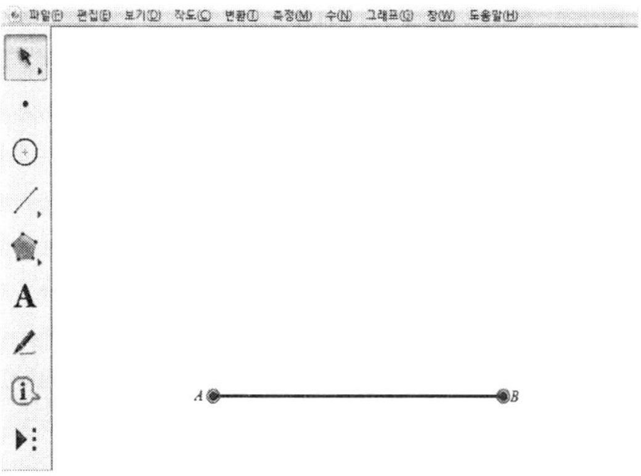

화살표 도구로 점 A와 점 B를 선택한다.

STEP 04

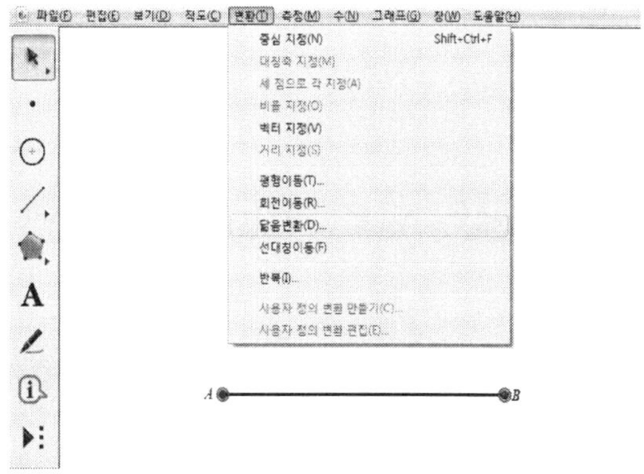

변환(T) 메뉴의 **닮음변환(D)** 을 선택한다.

STEP 05

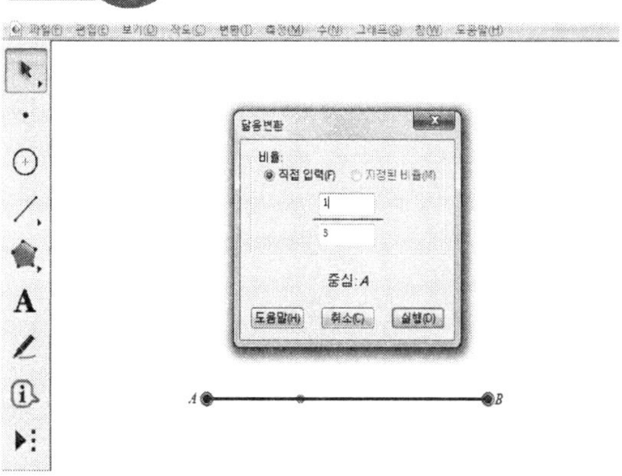

직접 입력(F) 으로 $\frac{1}{3}$을 입력한다.

STEP 06

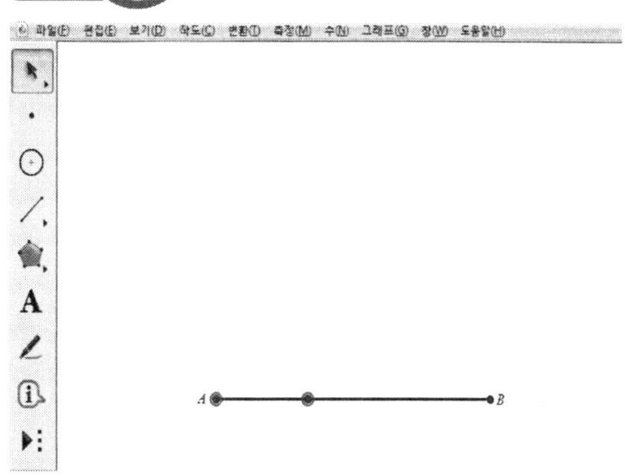

실행(R) 을 선택하면 선분 AB를 $\frac{1}{3}$등분하는 점이 그려진 것을 볼 수 있다.

활동3

반복 기능 활용하기

방법1 '반복' 기능을 이용하여 삼각형 그리기

활용 기능

A 작도(C) 중점(M) 반복(I) 규칙(S)

STEP 01

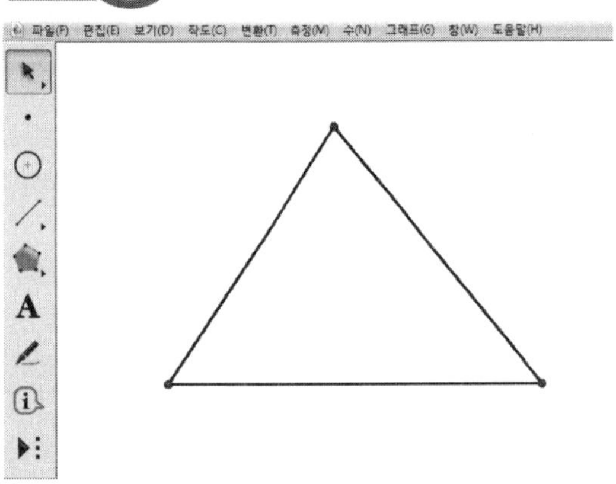

선분 도구를 활용하여 삼각형을 그린다.

STEP 02

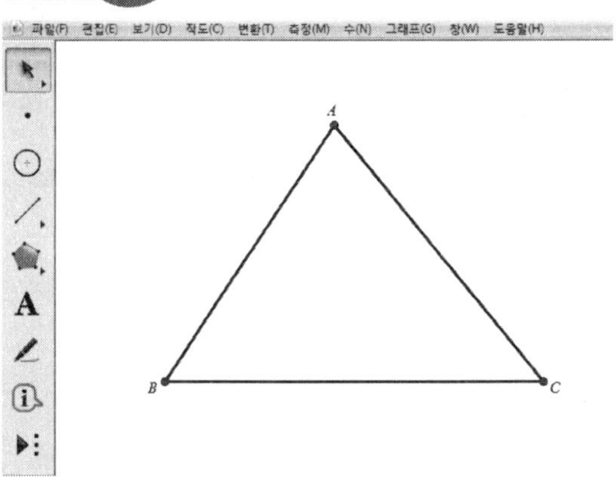

A **글 도구**를 이용하여 사각형의 꼭짓점 이름표를 붙인다.

STEP 03

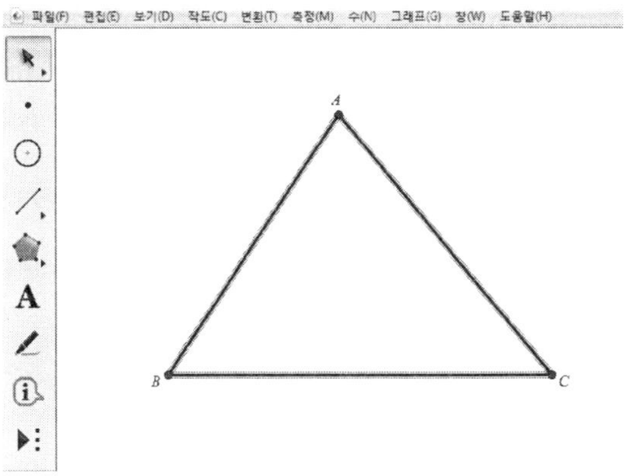

화살표 도구로 삼각형의 3개의 변을 선택한다.

STEP 04

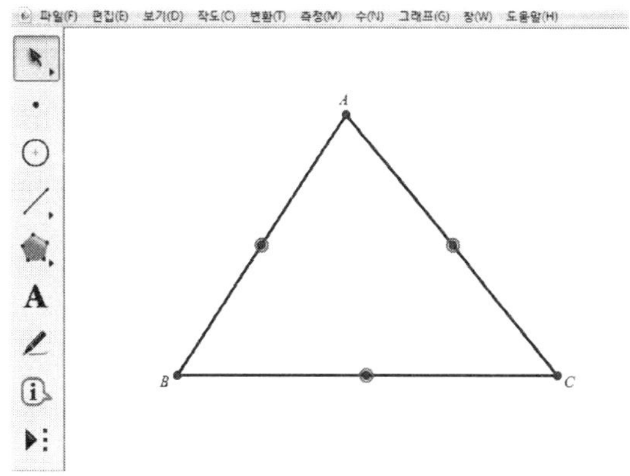

작도(C) 메뉴의 **중점(M)** 을 선택하여 중점을 그린다.

STEP 05

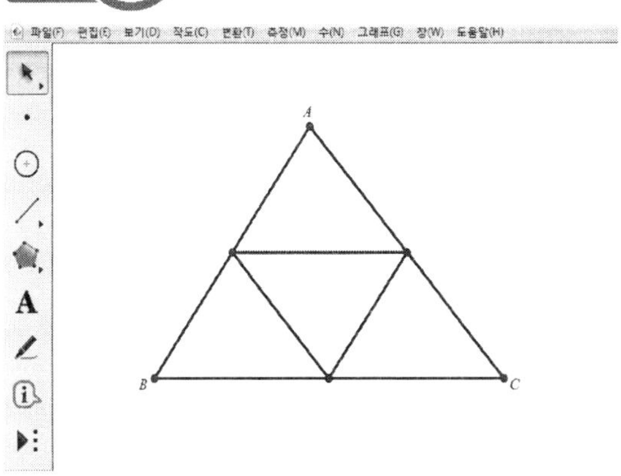

선분 도구를 활용하여 중점들을 선분으로 연결한다.

STEP 06

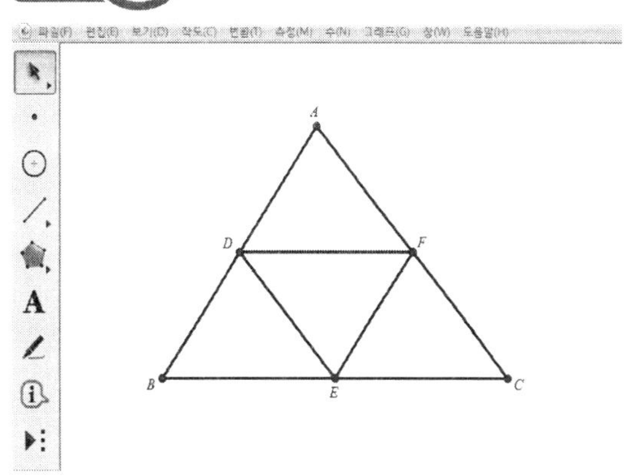

A **글 도구**를 이용하여 그려진 삼각형의 꼭짓점 이름표를 붙인다.

STEP 07

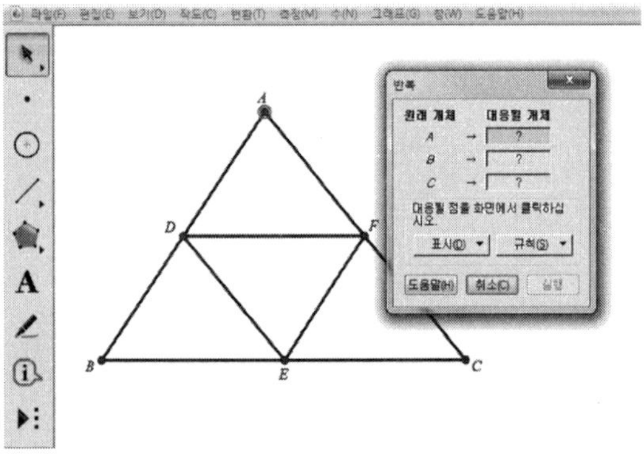

화살표 도구로 점 A, 점 B, 점 C를 선택하고 **변환(T)** 메뉴의 **반복(I)** 을 클릭한다.

STEP 08

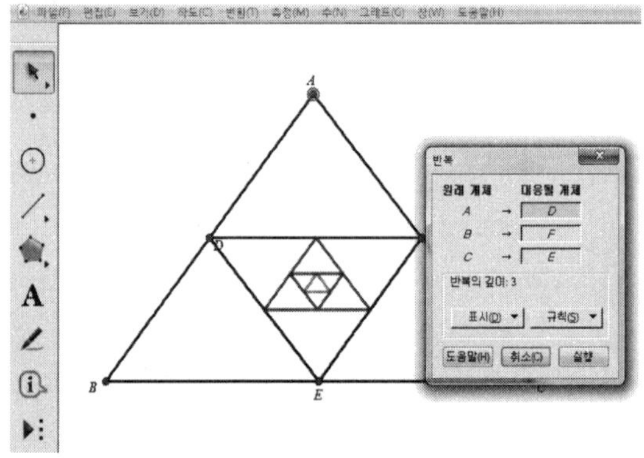

각 개체에 대응될 개체에 선택한다. 점 D, 점 E, 점 F를 순서대로 선택하면 삼각형 DEF 안에 같은 모양의 삼각형이 3개 더 생긴 것을 볼 수 있다.

STEP 09

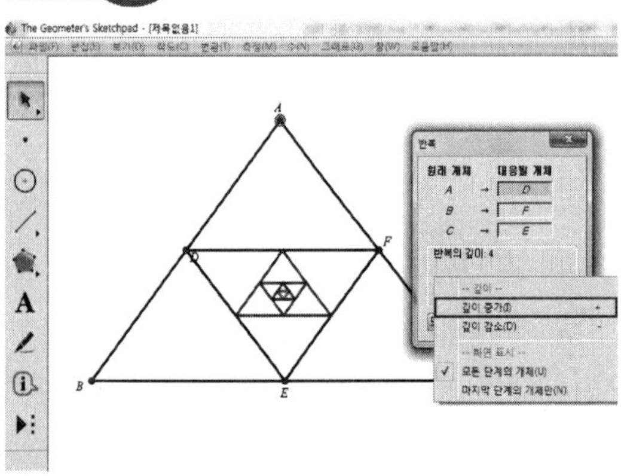

'**표시(D)**'를 클릭하여 '**깊이 증가**'를 클릭하면 같은 모양의 삼각형이 4개 더 생긴 것을 볼 수 있다. '**깊이 증가**', '**깊이 감소**'를 선택하여 반복할 모양의 횟수를 지정할 수 있다.

학습목표

GSP로 코흐의 눈송이 곡선을 그릴 수 있다.

활동1

코흐의 눈송이 곡선 그리기

활용 기능

A 변환(T) 닮음변환(D) 회전이동(R)

STEP 01

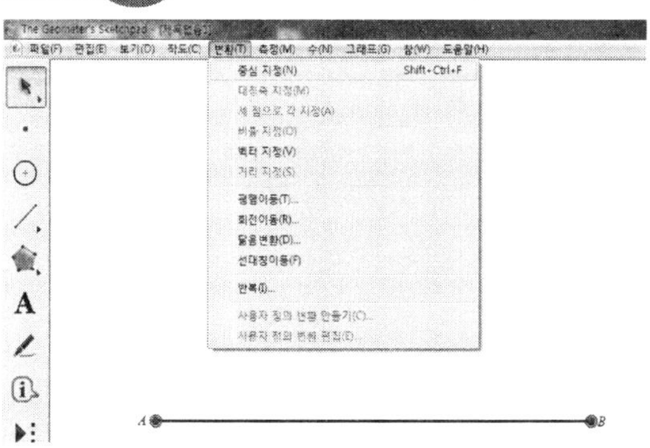

선분 도구를 이용하여 선분을 그리고, A **글 도구**를 이용하여 선분 AB라고 이름표를 붙인다. 그 후에 **화살표 도구**로 점 A를 선택하고 변환(T) 메뉴의 **중심 지정을 선택한다.**

STEP 02

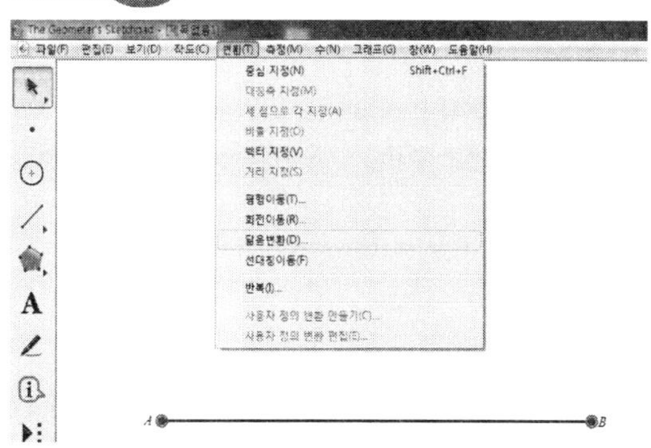

화살표 도구로 점 A와 점 B를 모두 선택하고 변환(T) 메뉴의 닮음변환(D) 을 선택한다.

STEP 03

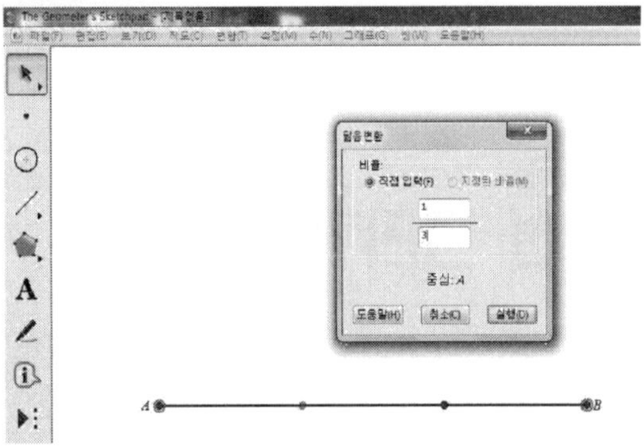

닮음 변환 대화창의 비율을 $\frac{1}{3}$ 라고 입력한다.

STEP 04

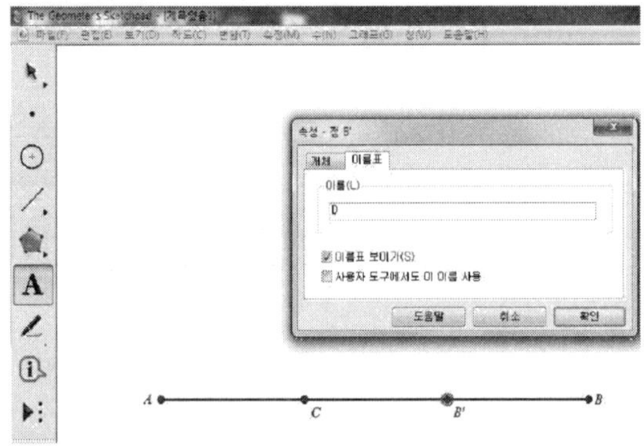

같은 방법으로 닮음 변환 대화창의 비율을 $\frac{2}{3}$ 라고 입력한 후에 A **글 도구**를 이용하여 점 C와 점 D라고 이름표를 붙인다.

STEP 05

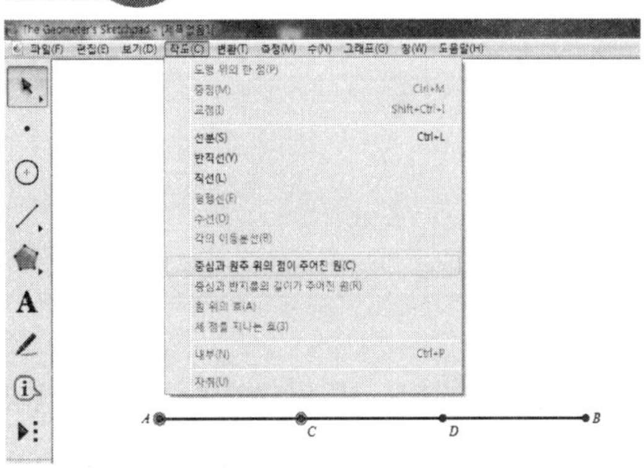

화살표 도구로 점 C를 더블클릭으로 중심 지정 한 후에 점 A와 점 C를 모두 선택한 후 **작도(C)** 메뉴의 **중심과 원주 위의 점이 주어진 원(C)**을 선택한다.

STEP 06

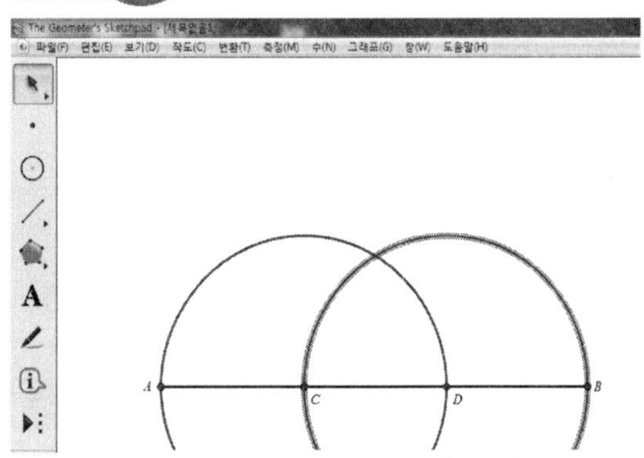

같은 방법으로 **화살표 도구**로 점 D를 더블클릭으로 중심지정 한 후에 점 D와 점 B를 모두 선택한 후 **작도(C)** 메뉴의 **중심과 원주 위의 점이 주어진 원(C)**을 선택한다.

STEP 07

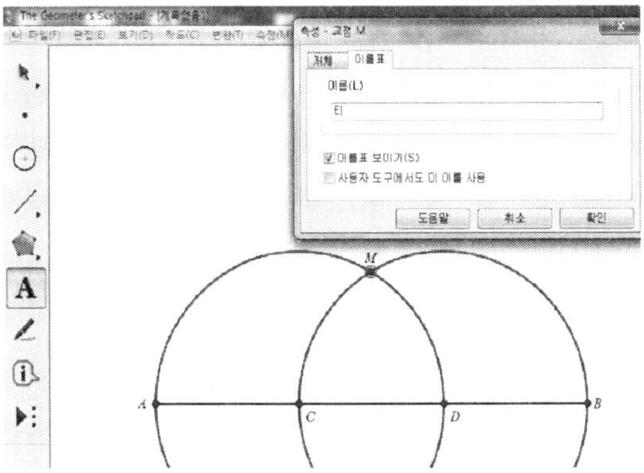

두 원이 만나는 지점에 점을 그리고 **A 글 도구**를 이용하여 **점** E의 이름표를 붙인다.

STEP 08

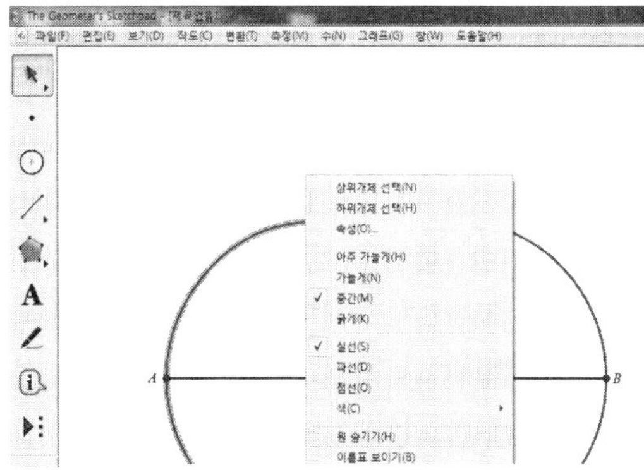

화살표 도구로 원을 하나 선택하고 마우스 오른쪽 버튼을 클릭하여 **원 숨기기(H)**를 선택한다. (**단축키**: Ctrl+H) 나머지 원 하나도 같은 방법으로 숨긴다.

STEP 09

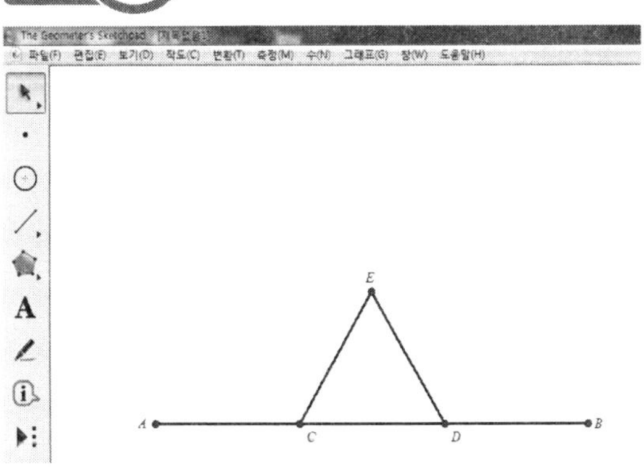

선분 도구를 이용하여 선분 CE와 선분 DE를 작도한다.

STEP 10

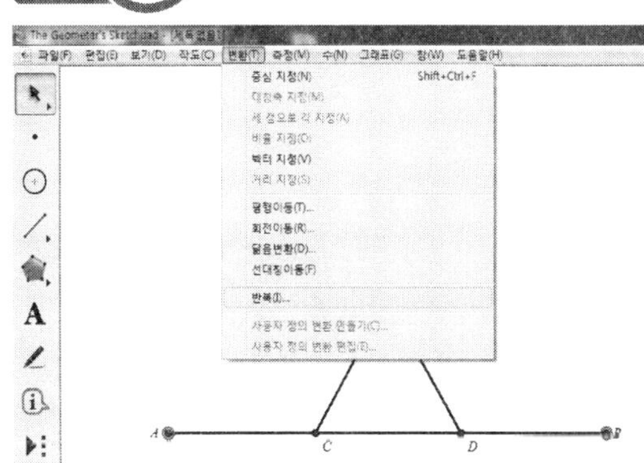

화살표 도구를 이용하여 점 A와 점 B를 모두 선택한 후 **변환(T)** 메뉴의 **반복(I)**을 선택한다.

STEP 11

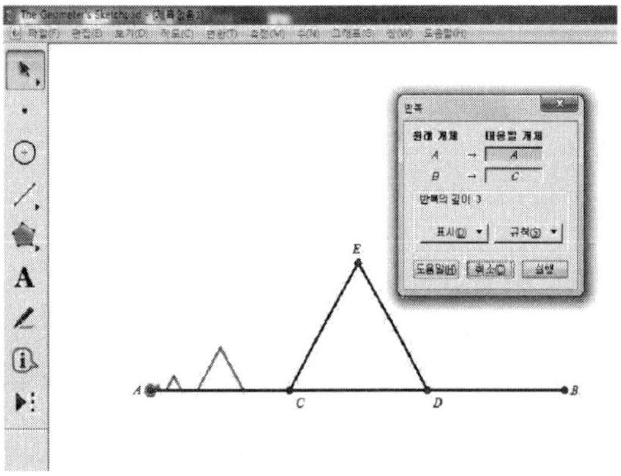

반복(I)의 대화창이 나오면 대응될 개체에 점 A와 점 C를 차례로 선택하고 '규칙' 버튼을 클릭하여 '대응추가'를 선택한다.

STEP 12

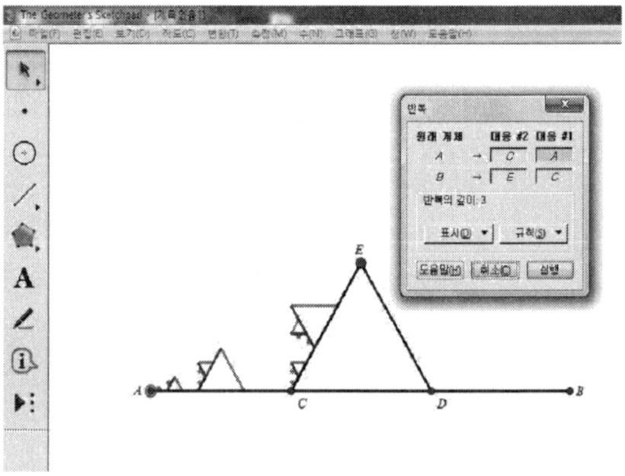

추가된 대응에 점 C와 점 E를 차례로 클릭하여 반복된 모습을 확인하고, '규칙' 버튼을 클릭하여 '대응추가'를 선택한다.

STEP 13

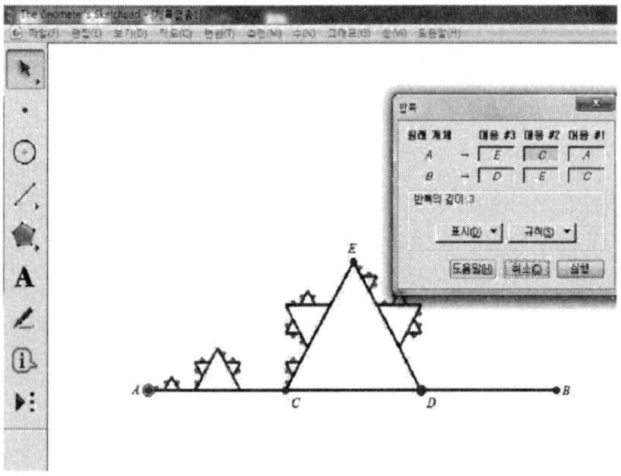

추가된 대응에 점 E와 점 D를 차례로 클릭하여 반복된 모습을 확인하고, '규칙' 버튼을 클릭하여 '대응추가'를 선택한다.

STEP 14

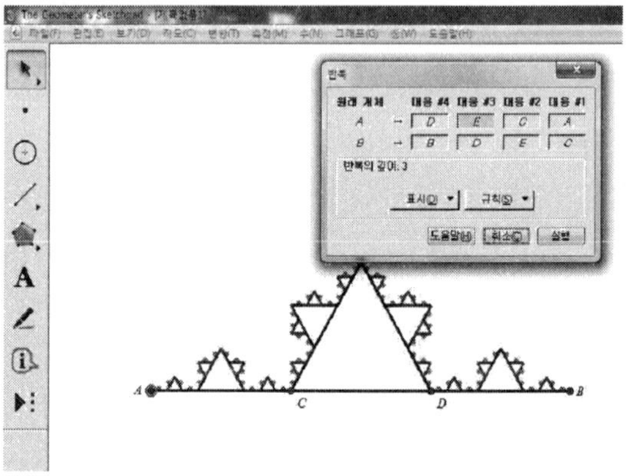

추가된 대응에 점 D와 점 B를 차례로 클릭하여 반복된 모습을 확인한다.

STEP 15

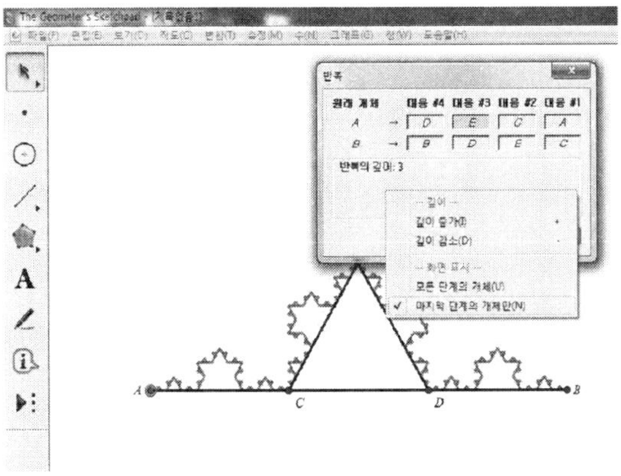

'표시' 버튼을 클릭하여 **'마지막 단계의 개체만(N)'**을 선택한 후 **실행** 버튼을 클릭한다.

STEP 16

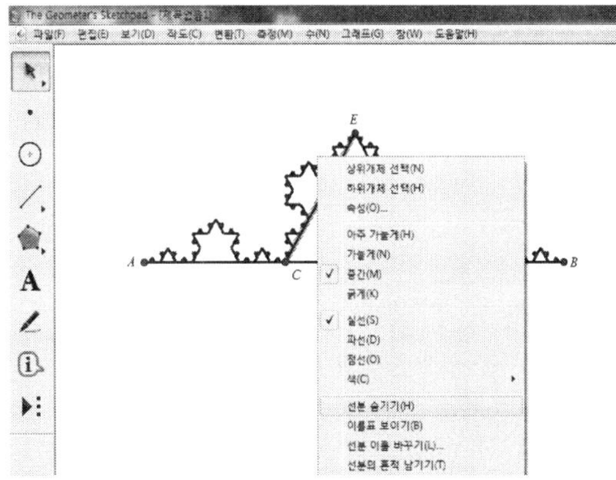

화살표 도구를 이용하여 처음에 그린 선분들을 **선분 숨기기(H)**를 이용하여 숨긴다.

STEP 17

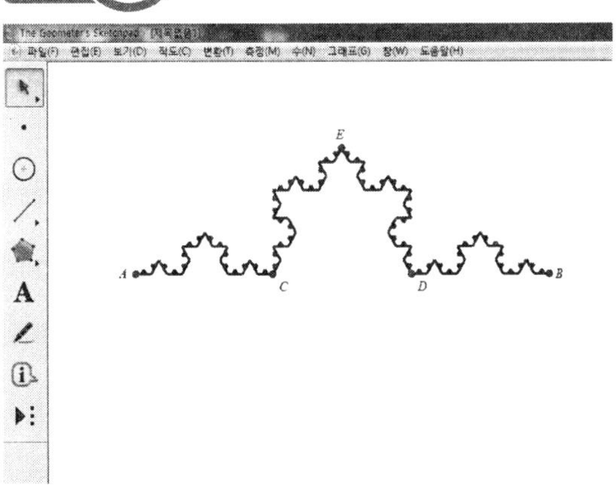

완성된 코흐의 눈송이 곡선의 모습을 확인한다.

활동2

코흐의 눈송이 곡선과 비슷한 모양 작도하기

활용 기능

A 변환(T) 닮음변환(D) 회전이동(R)

STEP 01

선분 도구와 A 글 도구를 이용하여 선분 AB를 그리고, 화살표 도구로 점 A를 더블클릭하여 **중심으로 지정**한다.

STEP 02

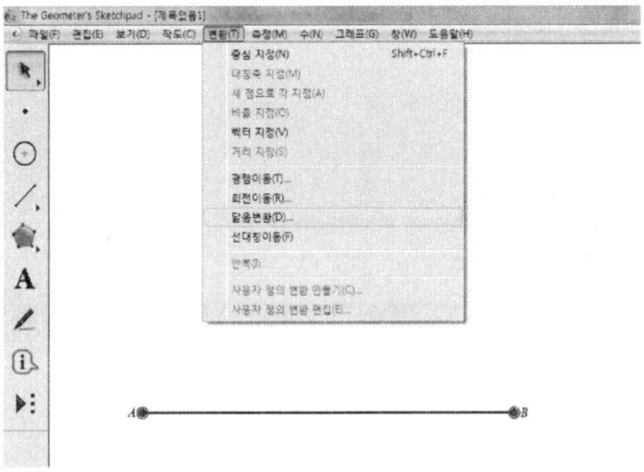

화살표 도구로 점 A와 점 B를 선택하고, **변환(T)** 메뉴의 **닮음변환(D)** 을 선택한다.

STEP 03

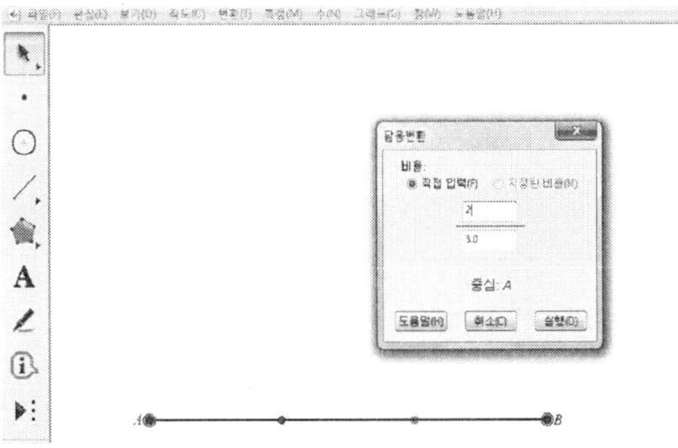

직접 입력(F) 으로 $\frac{1}{3}$ 을 입력하고, 같은 방법으로 $\frac{2}{3}$ 지점에도 점을 작도한다. **A** **글 도구**를 이용하여 선분 AB 위에 점 C, 점 D를 작도한다.

STEP 04

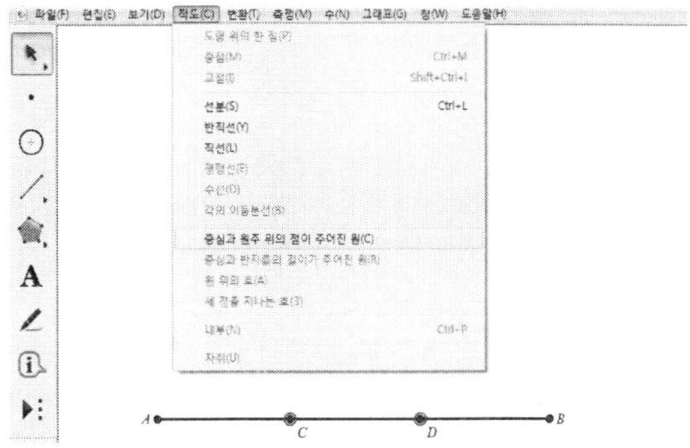

화살표 도구로 점 C를 더블클릭하여 **중심으로 지정**하고, 점 C와 점 D를 모두 선택한 채 **작도(C)** 메뉴의 **중심과 원주 위의 점이 주어진 원(C)**를 선택하여 원을 작도한다.

STEP 05

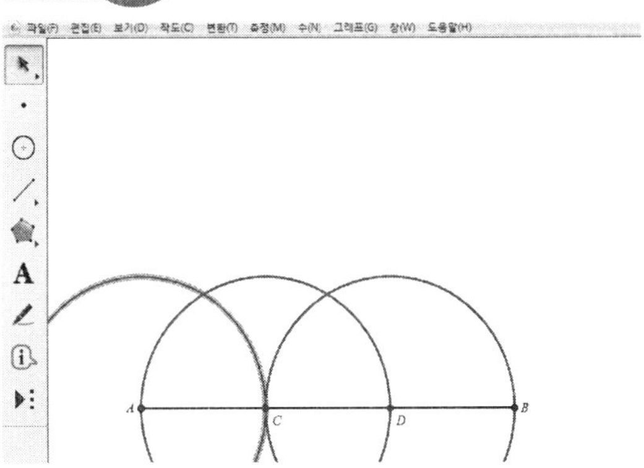

화살표 도구로 점 D를 더블클릭하여 **중심으로 지정**하고, 점 D와 점 C를 모두 선택한 채 **작도(C)** 메뉴의 **중심과 원주 위의 점이 주어진 원(C)**를 선택하여 원을 작도한다.

STEP 06

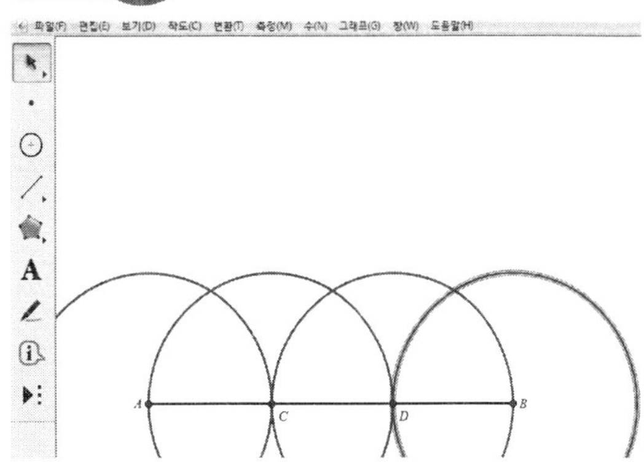

같은 방법으로 **화살표 도구**로 점 A(중심지정), 점 C를 선택하고 원을 그리고, 점 B(중심지정), 점 D를 선택하고 원을 그린다.

STEP 07

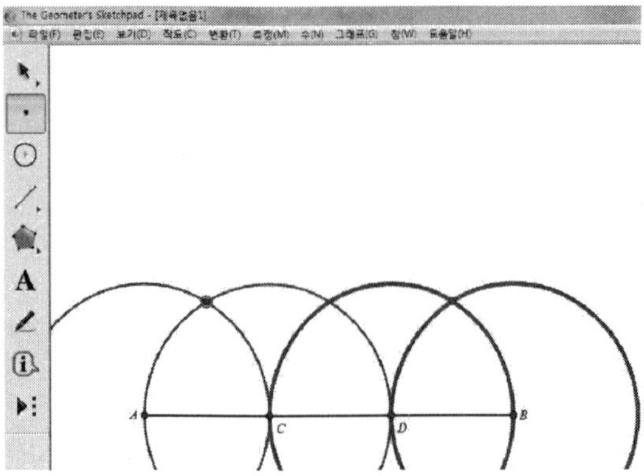

점 A와 점 C 사이에 위치해 있는 두 원의 교점에 점을 찍고, 점 D와 점 B 사이에 위치해 있는 원의 교점에 점을 찍는다.

STEP 08

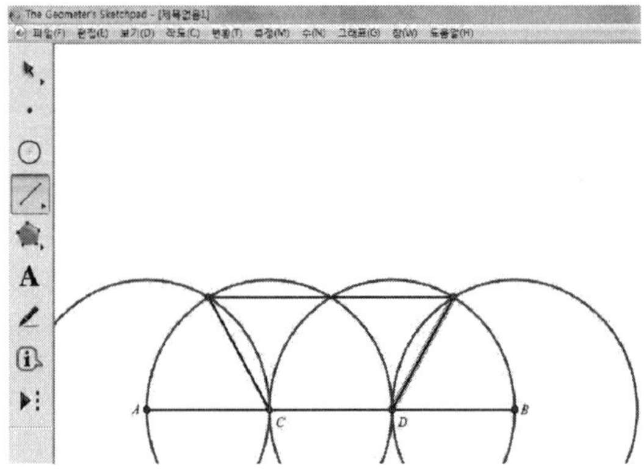

선분 도구를 이용하여 왼쪽 그림과 같은 모양이 되도록 선분을 그린다.

STEP 09

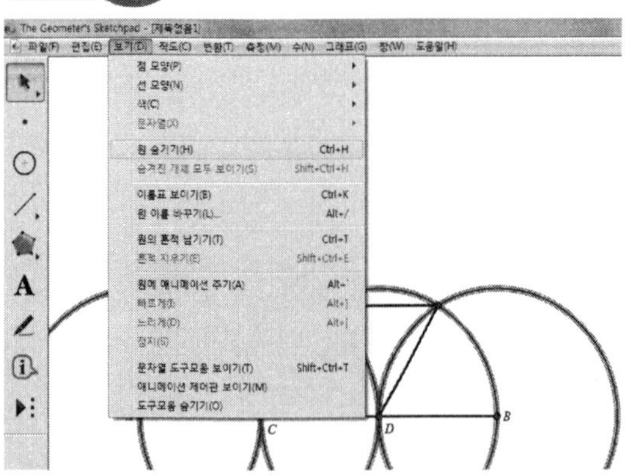

화살표 도구로 그려진 원 4개를 모두 선택하고 **보기(D)** 메뉴의 **원 숨기기(H)** 를 클릭한다.

STEP 10

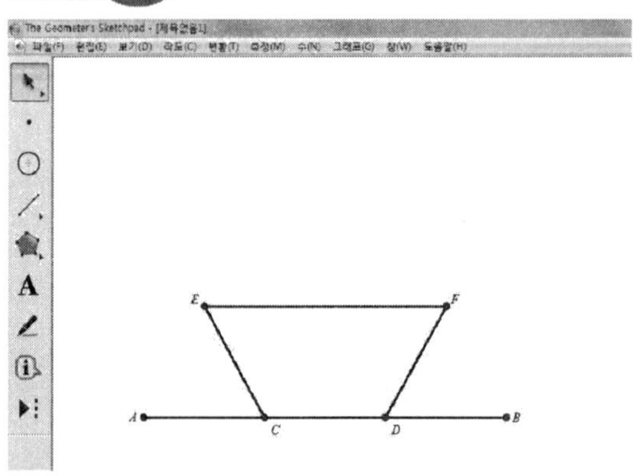

글 도구를 이용하여 선분점 E와 점 F에 이름표를 붙여준다.

STEP 11

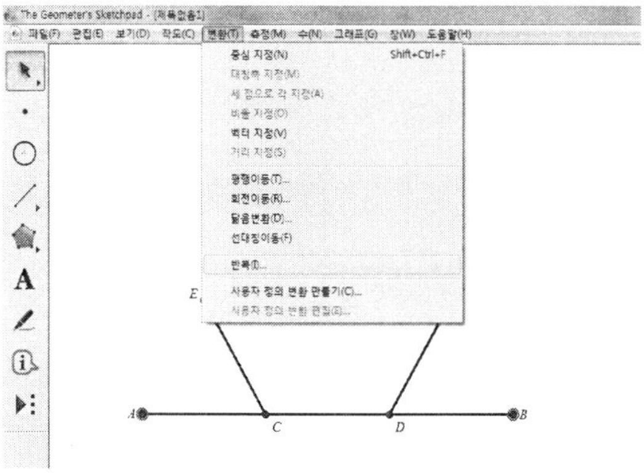

화살표 도구로 점 A와 점 B를 모두 선택하고 **변환(T)** 메뉴의 **반복(I)**를 선택한다.

STEP 12

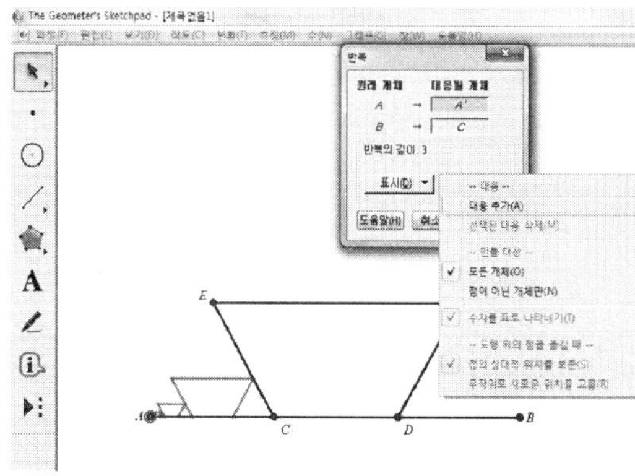

대응될 개체에 점 A와 점 C를 차례로 선택하고 규칙의 '**대응추가**'를 선택한다.

STEP 13

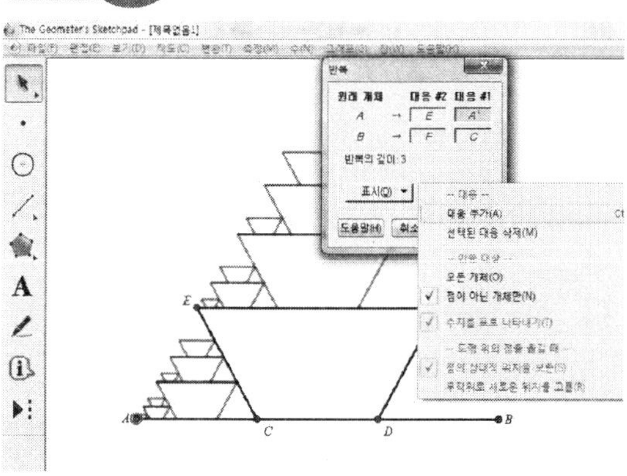

대응될 개체에 점 E와 점 F를 차례로 선택하고 규칙의 '**대응추가**'를 선택한다.

STEP 14

대응될 개체에 점 D와 점 B를 차례로 선택하고 실행 버튼을 누르면 완성된다.

심화 활동

다음에 있는 도형을 어떻게 작도했는지 생각해 본 후, 똑같이 작도해 봅시다.

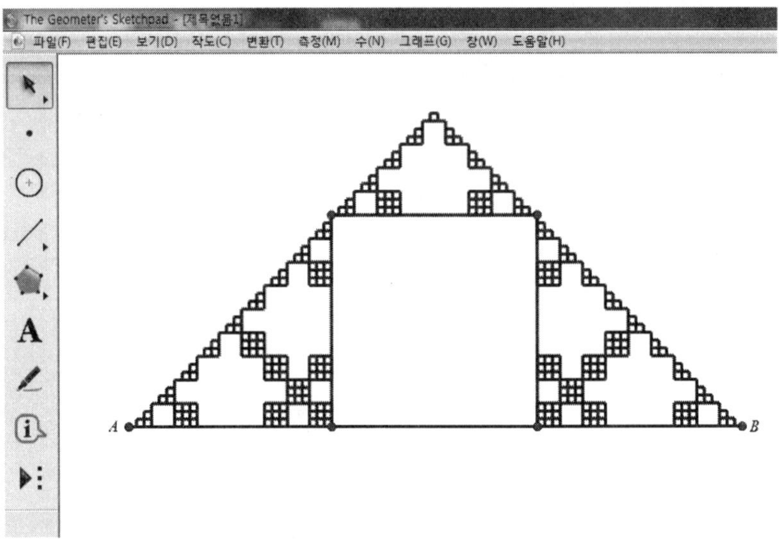

심화 활동 모범답안

STEP 01

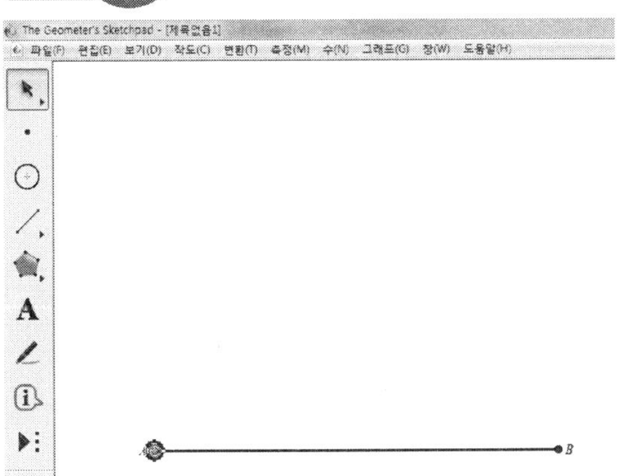

선분 도구와 A 글 도구를 이용하여 선분 AB를 그리고, 화살표 도구로 점 A를 더블클릭하여 **중심으로 지정**한다.

STEP 02

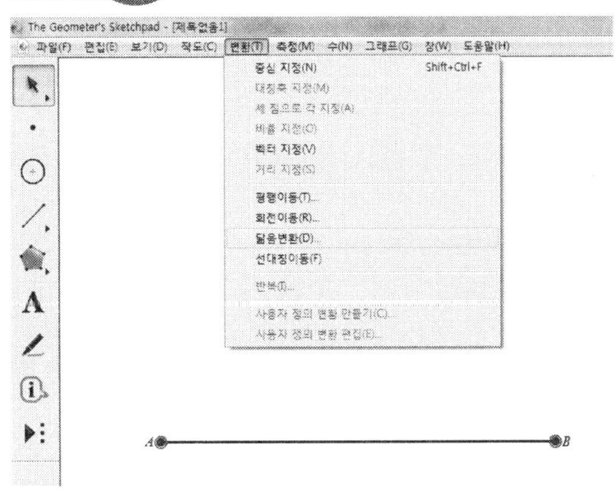

화살표 도구로 점 A와 점 B를 선택하고, **변환(T)** 메뉴의 **닮음변환(D)** 을 선택한다.

STEP 03

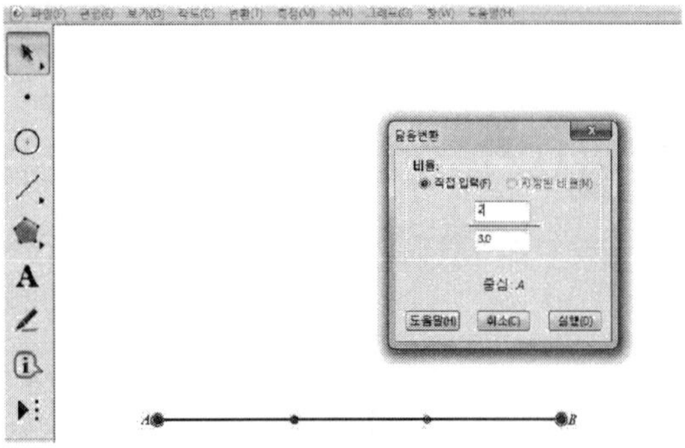

직접 입력(F) 으로 $\frac{1}{3}$을 입력하고, 같은 방법으로 $\frac{2}{3}$지점에도 점을 작도한다. **A 글 도구**를 이용하여 선분 AB 위에 점 C, 점 D를 작도한다.

STEP 04

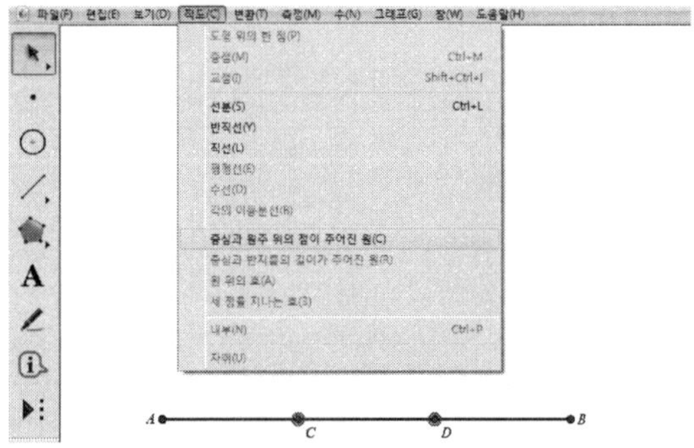

화살표 도구로 점 C를 더블클릭하여 **중심으로 지정**하고, 점 C와 점 D를 모두 선택한 채 **작도(C)** 메뉴의 **중심과 원주 위의 점이 주어진 원(C)**을 선택하여 원을 작도한다.

STEP 05

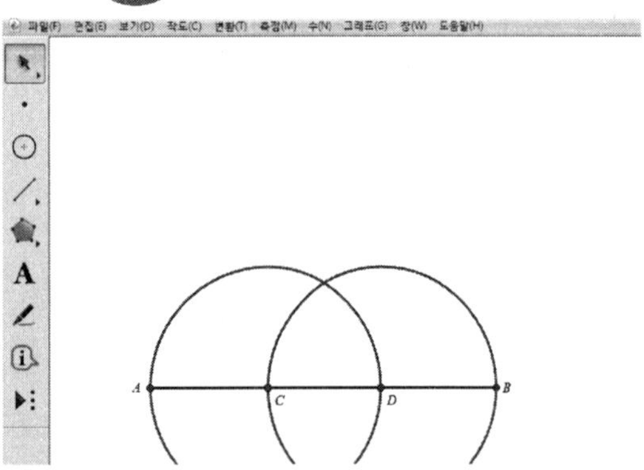

화살표 도구로 점 D를 더블클릭하여 **중심으로 지정**하고, 점 D와 점 C를 모두 선택한 채 **작도(C)** 메뉴의 **중심과 원주 위의 점이 주어진 원(C)**을 선택하여 원을 작도한다.

STEP 06

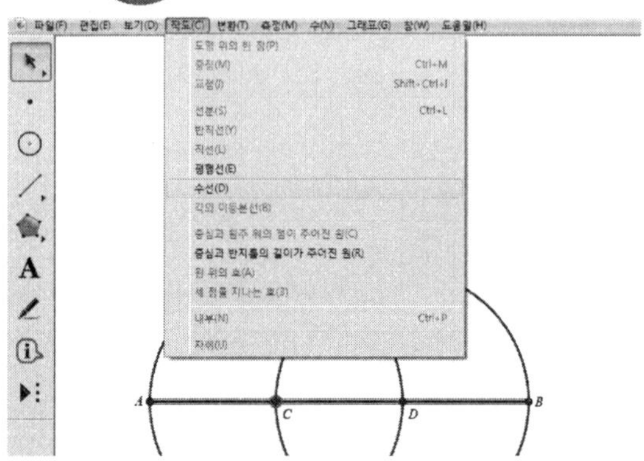

화살표 도구로 점 C와 선분 AB를 차례로 선택하고, **작도(C)** 메뉴의 수선(D)을 선택한다.

STEP 07

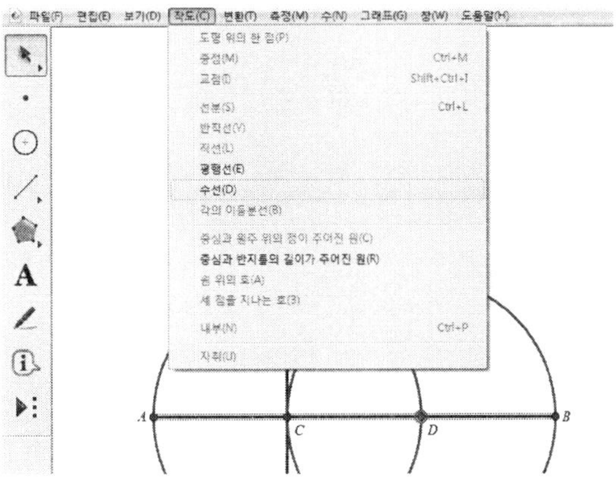

마찬가지로 **화살표 도구**로 점 D와 선분 AB를 차례로 선택하고, **작도(C)** 메뉴의 수선(D)을 선택한다.

STEP 08

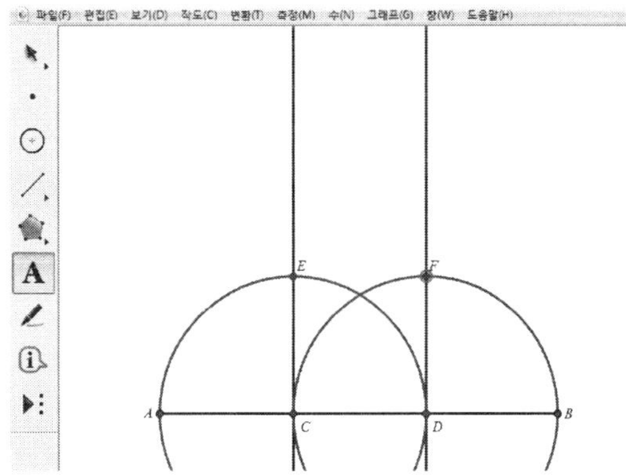

A 글 도구를 이용하여 수선과 원이 만나는 지점에 점 E와 점 F를 그리고 이름표를 붙인다.

STEP 09

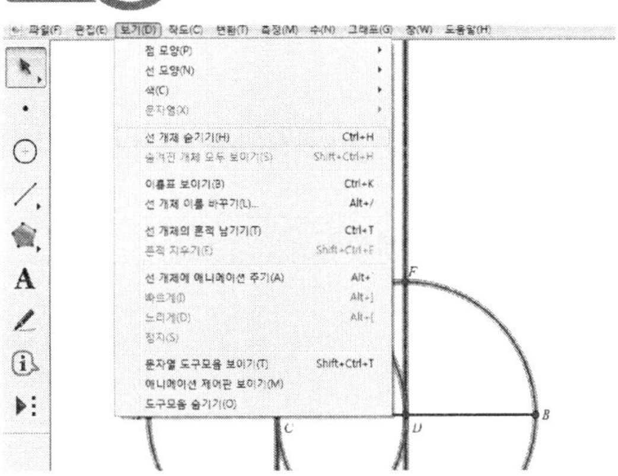

화살표 도구로 그려진 원 2개와 수선 2개를 모두 선택하고 **보기(D)** 메뉴의 **선 개체 숨기기(H)**를 클릭한다.

STEP 10

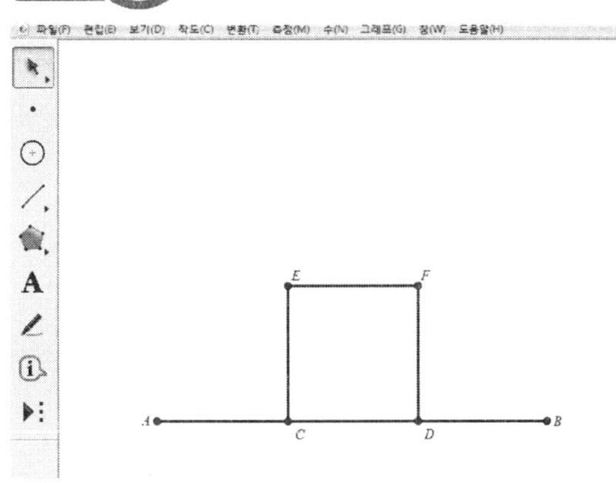

선분 도구를 이용하여 선분 AB 위에 정사각형 CDFE를 이어 그린다.

STEP 11

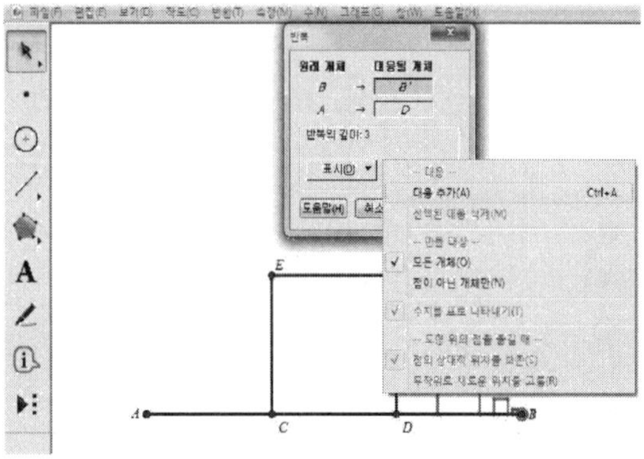

화살표 도구로 점 B와 점 A를 모두 선택하고 **변환(T)** 메뉴의 **반복(I)**를 선택하여 점 B와 점 D를 차례로 클릭하고 '**대응추가**'를 선택한다.

STEP 12

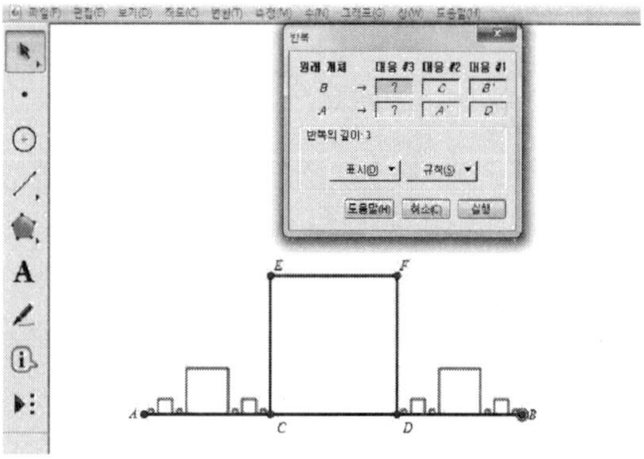

대응될 개체에 점 C와 점 A를 차례로 선택하고 규칙의 '**대응추가**'를 선택한다.

STEP 13

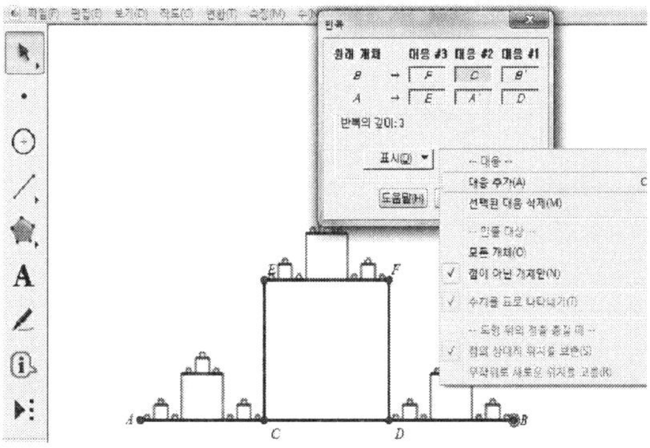

대응될 개체에 점 F와 점 E를 차례로 선택하고 규칙의 '**대응추가**'를 선택한다.

STEP 14

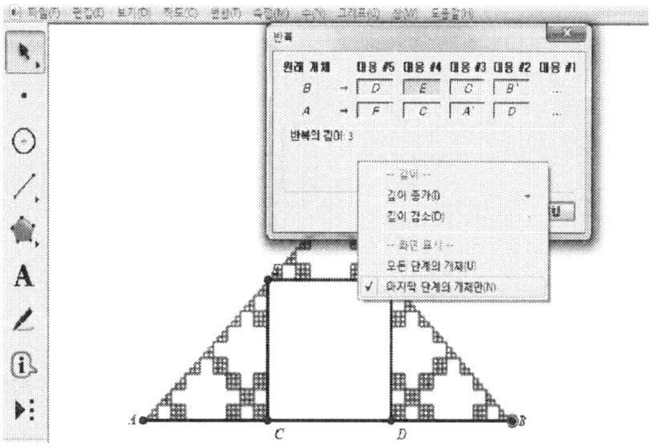

같은 방법으로 점 E, 점 C 그리고 점 D, 점 F를 차례로 클릭하고 '**표시**' 메뉴의 '**마지막 단계의 개체만**'을 클릭하고 실행 버튼을 클릭하면 된다.

삼각형의 오심 그리기

삼각형의 오심은 초등교육과정에서는 다루지 않는다. 그러나 이 책이 초등학교 영재학생들을 대상으로 제작된 책이므로 삼각형의 오심을 포함하였다. 학생들의 수준에 따라 선택적 과제로 활용할 수 있을 것이다.

삼각형에는 오심이 있다. 오심은 삼각형의 다섯 가지 중심이라고 할 수 있다. 오심에는 외심, 내심, 수심, 무게중심, 방심이 있다.

1. 외심

외심은 외접원의 중심을 의미한다. 여기서 외접원이란 삼각형의 꼭짓점 3개를 모두 지나는 원을 의미한다. 그러므로 외심에서 삼각형 꼭짓점까지의 거리는 모두 같다. 또 외심의 한 가지 특징적인 점은 삼각형의 모양에 따라 외심의 위치가 다르다는 것이다. 다시 말해, 예각삼각형의 외심은 삼각형 내부에 존재하고 직각삼각형의 외심은 빗변에 존재한다. 마지막으로 둔각삼각형의 외심은 삼각형 밖에 존재한다.

2. 내심

내접원은 삼각형의 모든 변이 접하는 원을 의미한다. 내심은 이런 내접원의 중심을 의미한다. 그러므로 내심은 항상 삼각형 안에 위치한다. 내심의 특징은 내심으로부터 세 변에 이르는 거리가 같다는 것이다. 또한 내심은 삼각형 세 각의 이등분선의 교점을 의미한다.

3. 수심

삼각형의 수심이란 세 꼭짓점에서 각각의 대변에 내린 수선의 교점이다.

4. 무게중심

무게중심이란 물체에 작용하는 중력 합력의 작용점을 의미한다. 무게중심을 만들기 위해서는 한 꼭짓점에서 대변의 중점까지 이은 선, 즉 중선들의 교점이 무게중심이 된다. 무게중심이 가지고 있는 특징은 꼭짓점에서 무게중심까지의 비를 2:1로 나눈다는 것이다.

5. 방심

삼각형의 방심은 방접원의 중심이다. 여기서 방접원이란 삼각형의 한 변과 접하고 다른 두 변의 연장선과 접하는 원을 의미한다. 따라서 삼각형 1개에 따른 방심은 총 3개가 생길 수 있다. 방심의 한 가지 특징은 한 내각의 이등분선과 한 외각의 이등분선의 교점이 된다는 것이다.

학생들은 GSP를 활용하여 오심을 작도해보고 GSP의 측정 기능 등을 이용하여 각 오심의 성질을 알 수 있을 것이다.

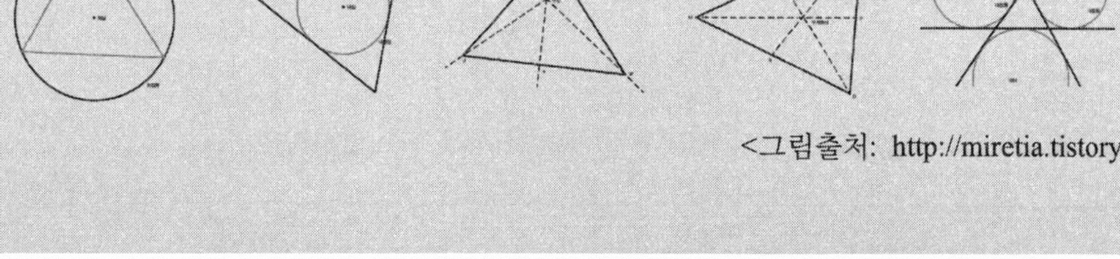

<그림출처: http://miretia.tistory.com/22>

학습목표

- ✔ 삼각형의 외심을 알고 GSP로 그릴 수 있다.
- ✔ 삼각형의 내심을 알고 GSP로 그릴 수 있다.
- ✔ 삼각형의 무게중심을 알고 GSP로 그릴 수 있다.
- ✔ 삼각형의 수심을 알고 GSP로 그릴 수 있다.
- ✔ 삼각형의 방심을 알고 GSP로 그릴 수 있다.

관련 교육과정

학년군	영역	단원	성취기준
중학교 1~3학년	기하	삼각형과 사각형의 성질	[9수04-11] 삼각형의 외심과 내심의 성질을 이해하고 설명할 수 있다.

지도계획

전개단계	활동명	주요 수업활동	주요수업 형태
계획 수립하기	1. 삼각형의 오심 알기	• 단원 소개 • 오심의 뜻 알기	• 교사 강의 • 개인 실습 • 전체 토론
수행하기	2. 삼각형의 외심 그리기	• 외심의 뜻 알기 • 작도, 보기, 측정을 활용하여 삼각형의 외심 그리기	• 교사 강의 • 개인 실습 • 전체 토론
	3. 삼각형의 내심 그리기	• 내심의 뜻 알기 • 작도, 보기, 측정을 활용하여 삼각형의 내심 그리기	• 교사 강의 • 개인 실습 • 전체 토론
	4. 삼각형의 수심 그리기	• 수심의 뜻 알기 • 작도, 보기, 측정을 활용하여 삼각형의 수심 그리기	• 교사 강의 • 개인 실습 • 전체 토론
	5. 삼각형의 무게중심 그리기	• 무게중심의 뜻 알기 • 작도, 보기, 측정을 활용하여 삼각형의 무게중심 그리기	• 교사 강의 • 개인 실습 • 전체 토론
	6. 삼각형의 방심 그리기	• 방심의 뜻 알기 • 작도, 보기, 측정을 활용하여 삼각형의 방심 그리기	• 교사 강의 • 개인 실습 • 전체 토론

학습목표

삼각형의 오심을 그릴 수 있다.

활동1

삼각형의 외심 그리기

활용 기능

선분 도구 / A / 작도(C) / 보기(D) / 측정(M)

STEP 01

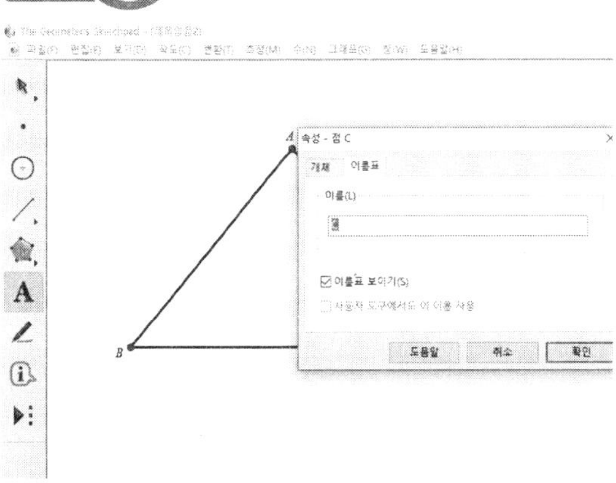

선분 도구를 활용하여 임의의 삼각형을 그리고 **A** **글 도구**를 활용하여 삼각형 ABC의 이름표를 붙인다.

STEP 02

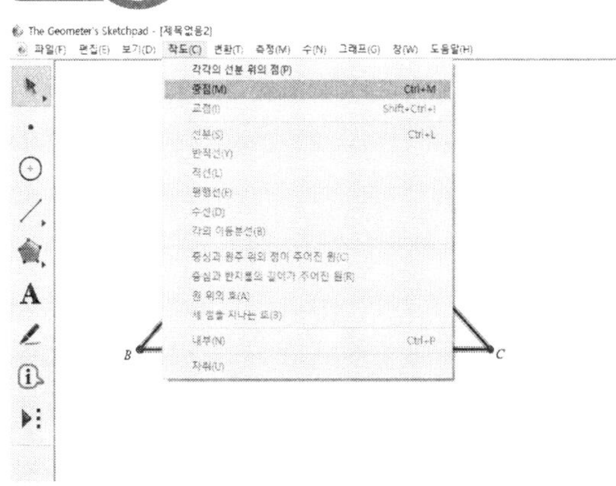

화살표 도구를 활용하여 3개의 선분을 모두 선택한 후, **작도(C)** 메뉴의 **중점(M)**을 선택한다.

STEP 03

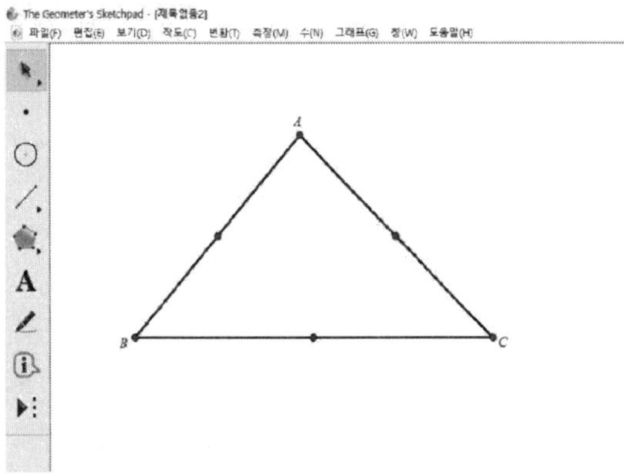

삼각형의 세 선분 위에 각각의 중점이 작도된 것을 확인할 수 있다.

STEP 04

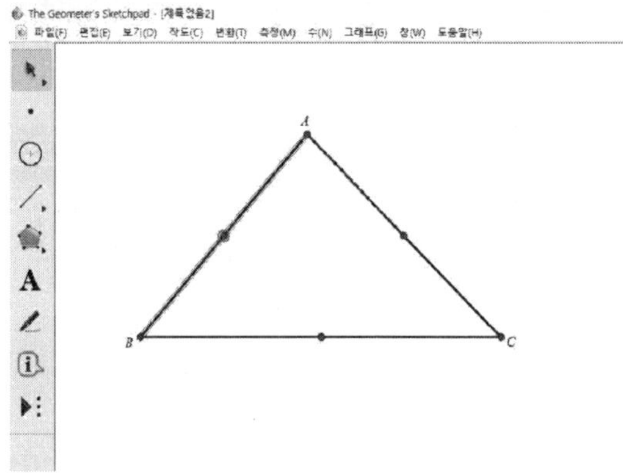

화살표 도구를 활용하여 삼각형의 한 변인 선분 AB와 그 중점을 차례로 선택한다.

STEP 05

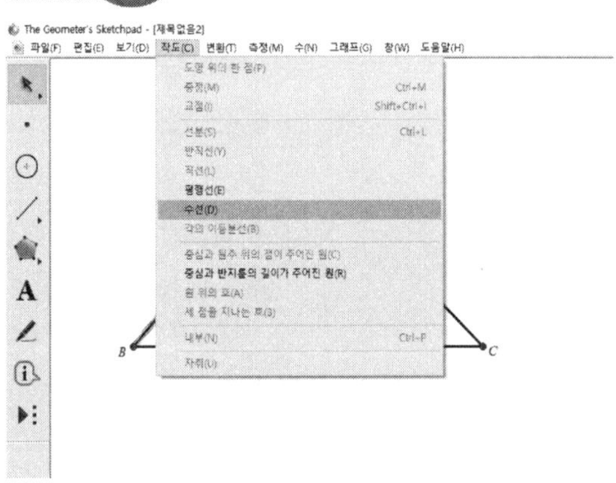

선분 AB와 그 중점 사이의 수선을 작도하기 위하여 **작도(C)** 메뉴의 **수선(D)**를 선택한다.

STEP 06

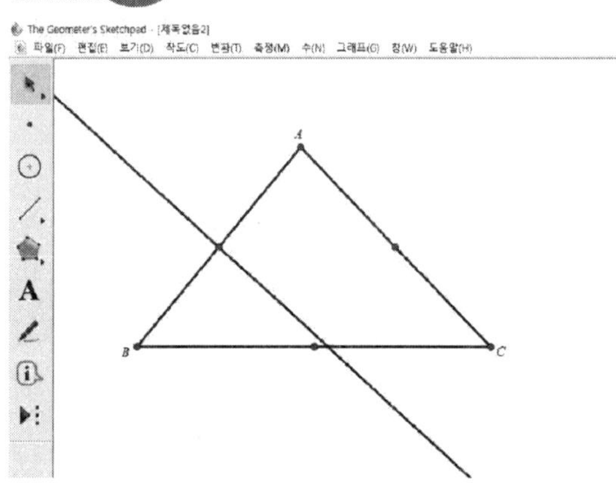

선분 AB와 그 중점 사이의 수선이 작도된 것을 확인할 수 있다.

STEP 07

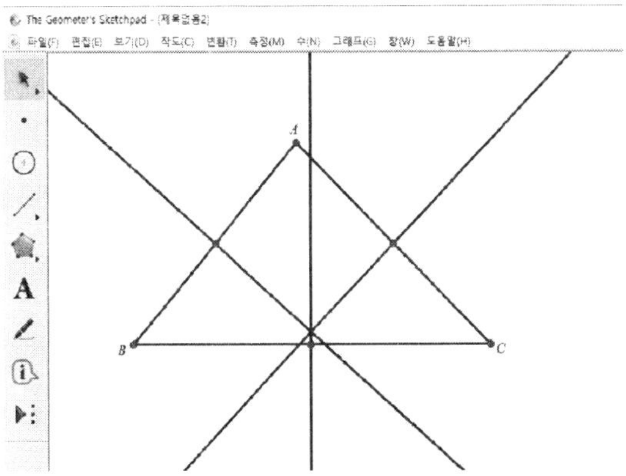

위 방법과 마찬가지로 선분 AC와 그 중점, 선분 BC와 그 중점 사이의 수선을 작도한다.

STEP 08

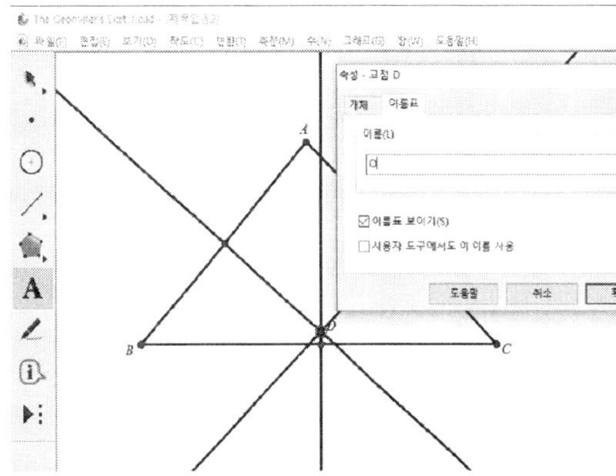

점 도구를 활용하여 수선 3개가 만나는 지점에 점을 그리고 **글 도구**를 활용하여 **점 O**라 이름표를 붙인다.

STEP 09

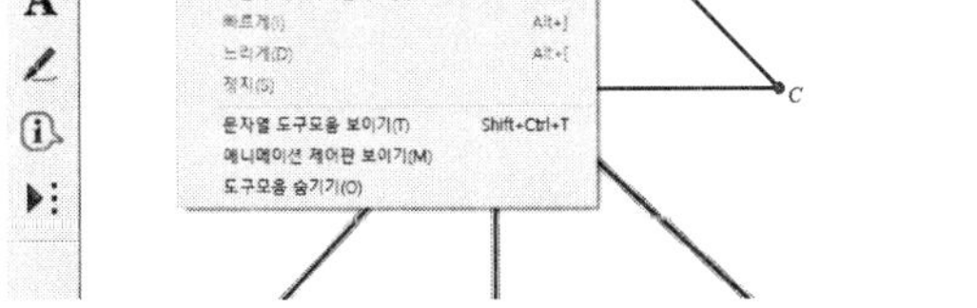

화살표 도구를 활용하여 작도한 수선 3개를 모두 선택하고 **보기(D)** 메뉴의 **수선숨기기(H)**를 선택한다.

STEP 10

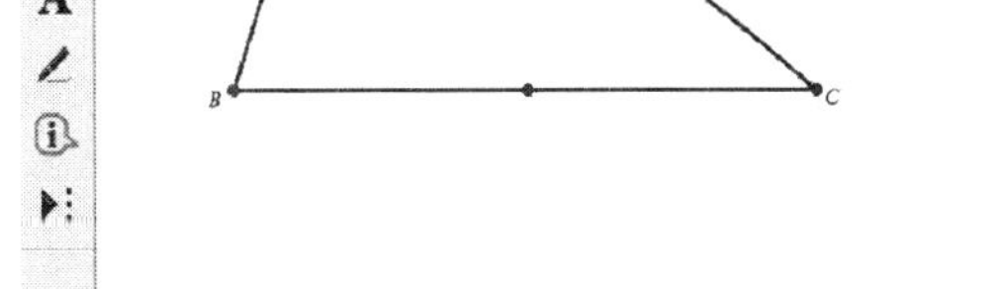

삼각형 내부에 점 O가 작도된 것을 볼 수 있다.

STEP 11

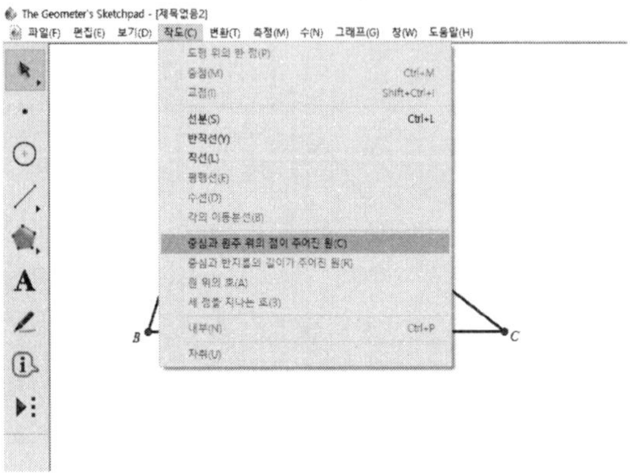

화살표 도구를 선택하여 점 O와 점 A를 차례로 선택하고 작도(C) 메뉴의 **중심과 원주 위의 점이 주어진 원(C)**을 선택한다.

STEP 12

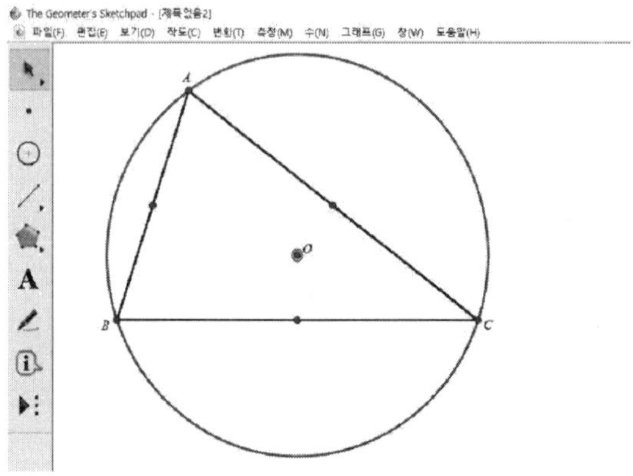

작도된 원이 삼각형의 외접원이 되는 것을 확인할 수 있다. 따라서 점 O는 삼각형 ABC의 외심이다.

STEP 13

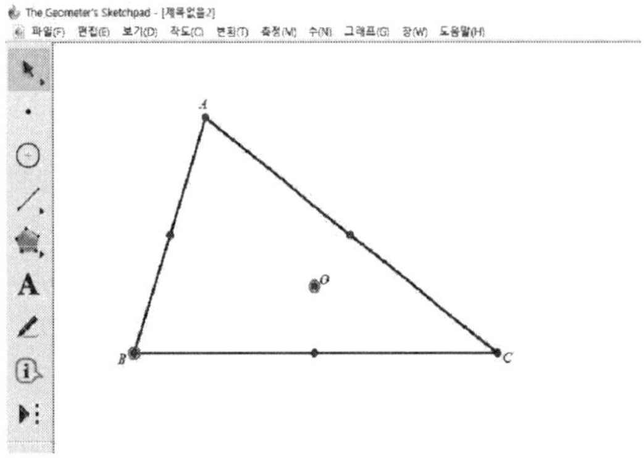

마찬가지로 점 O와 점 B를 선택한 후, 작도(C) 메뉴의 **중심과 원주 위의 점이 주어진 원(C)**을 선택하여도 같은 원이 그려진다.

STEP 14

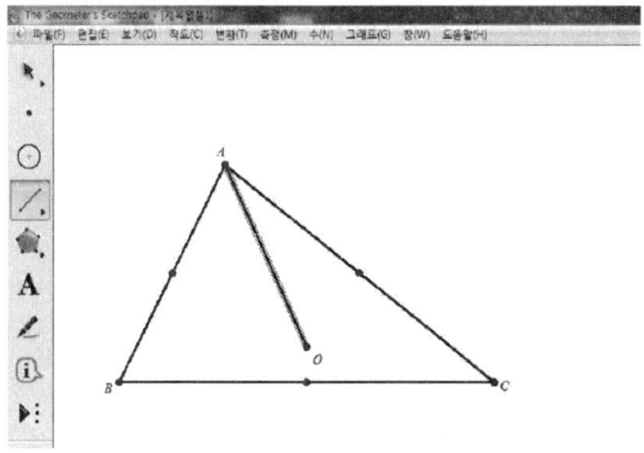

원을 지우고(안 지워도 상관없음) 외심의 성질을 알아보기 위해 **선분 도구**를 활용하여 **선분 AO**를 작도한다.

STEP 15

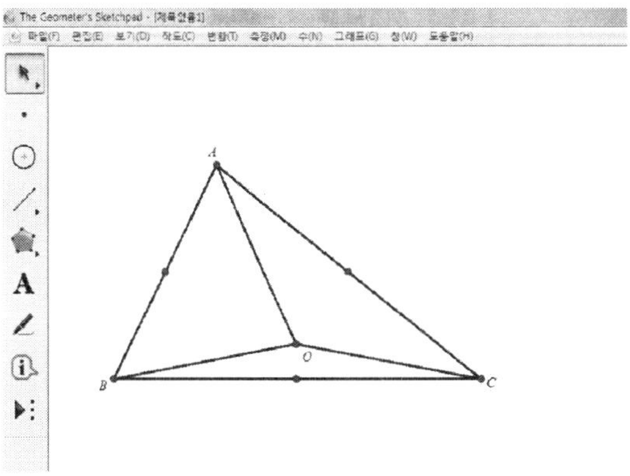

같은 방법으로 **선분 도구**를 활용하여 선분 BO, 선분 CO를 작도한다.

STEP 16

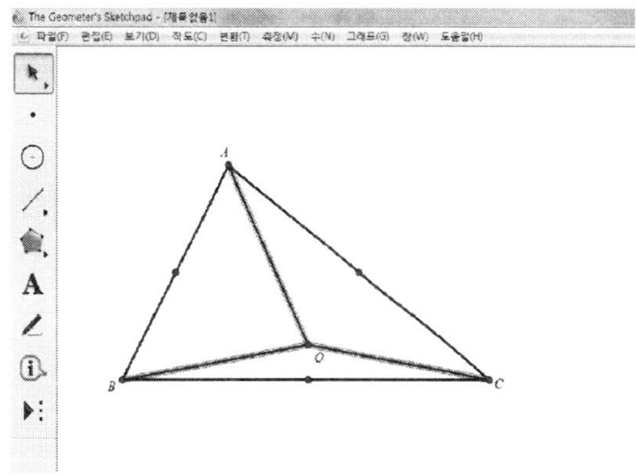

화살표 도구를 활용하여 선분 AO, 선분 BO, 선분 CO를 차례로 모두 선택한다.

STEP 17

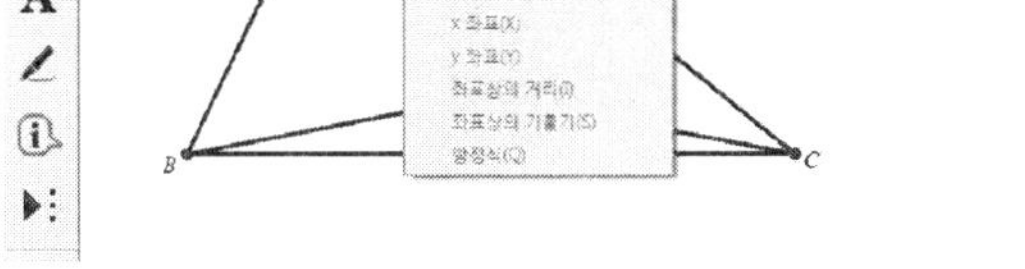

측정(M) 메뉴의 **길이(L)**을 클릭하면 세 선분의 길이가 모두 같은 것을 확인할 수 있다. 이것으로 외심에서 삼각형의 각 꼭짓점까지의 거리가 모두 같다는 것을 알 수 있다.

활동2

삼각형의 내심 그리기

활용 기능

A 작도(C) 보기(D) 측정(M)

STEP 01

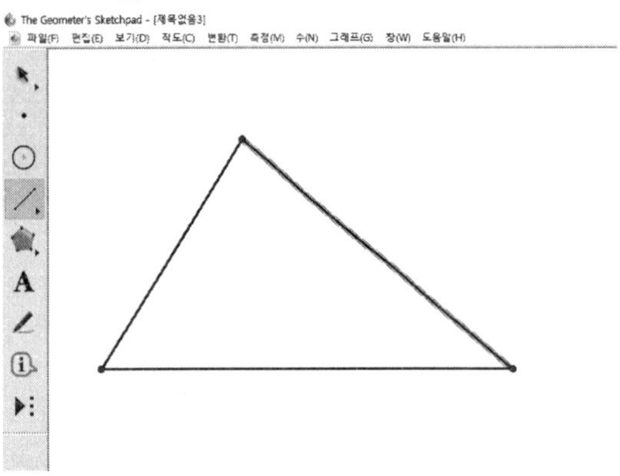

선분 도구를 활용하여 임의의 삼각형을 그린다.

STEP 02

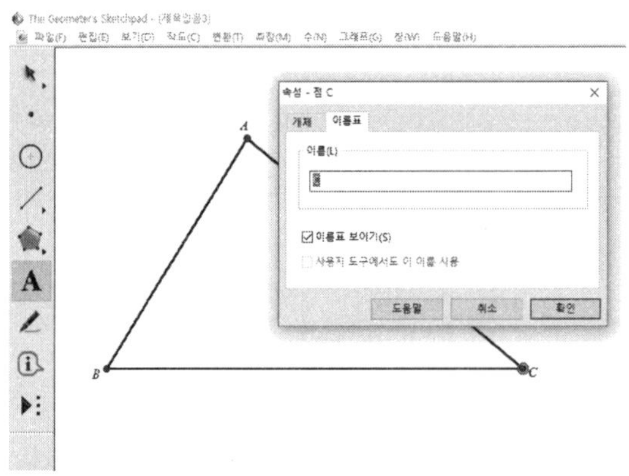

A **글 도구**를 활용하여 임의의 삼각형에 삼각형 ABC라고 이름표를 붙인다.

STEP 03

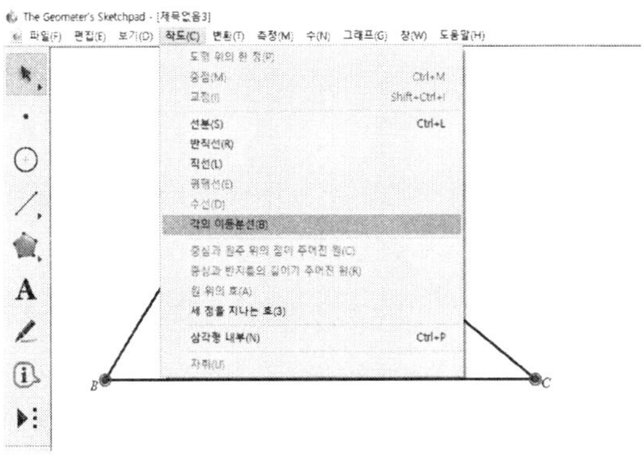

화살표 도구를 활용하여 점 A, 점 B, 점 C를 차례대로 선택한 다음(순서 중요) **작도(C)** 메뉴의 **각의 이등분선(B)**를 선택한다.

STEP 04

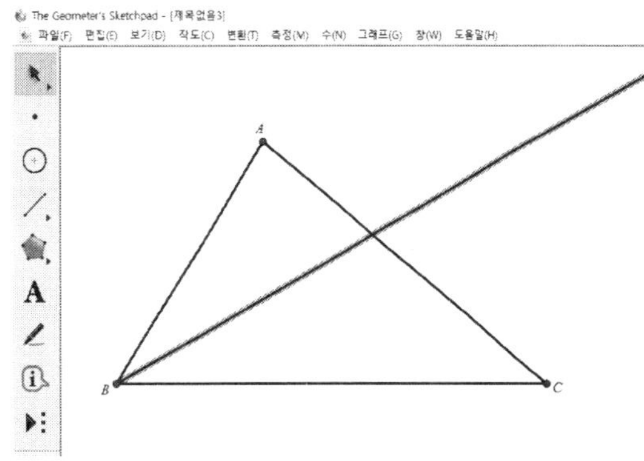

각 B를 이등분하는 선이 작도된 것을 확인할 수 있다.

STEP 05

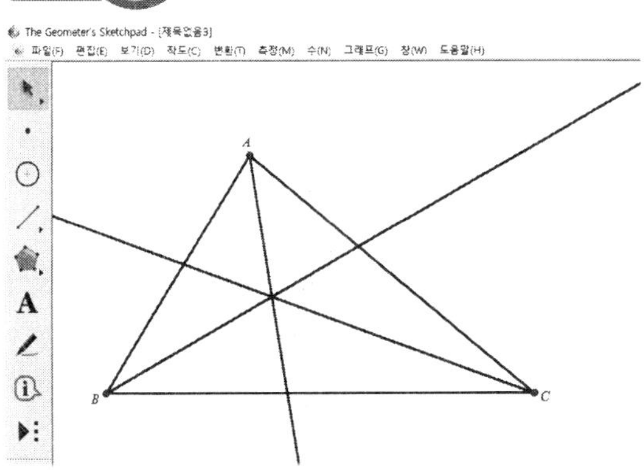

위 방법과 마찬가지로 각 A와 각 C의 이등분선도 작도한다.

STEP 06

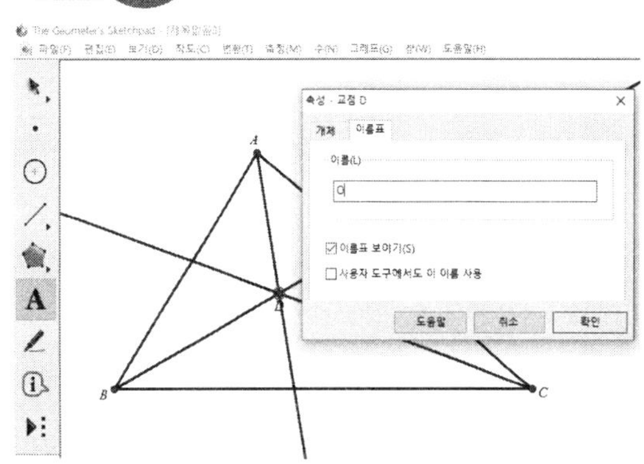

점 도구를 활용하여 각의 이등분선 3개가 만나는 지점에 점을 그린다. 그리고 **A** **글 도구**를 활용하여 **점** I라고 이름표를 붙인다.

STEP 07

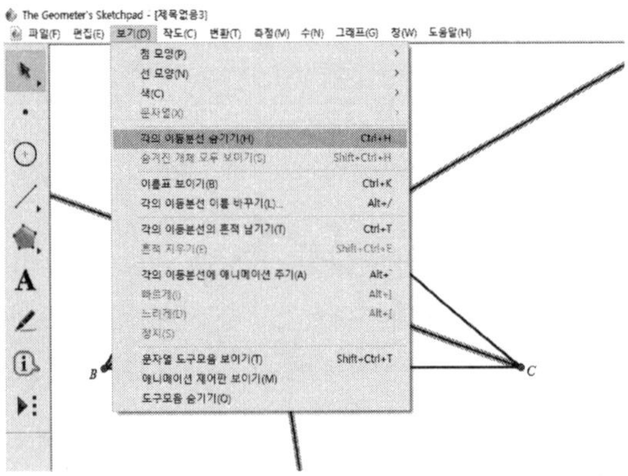

화살표 도구를 활용하여 각의 이등분선 3개를 모두 선택한 후 **보기(D)** 메뉴의 **각의 이등분선 숨기기(H)**를 선택한다.

STEP 08

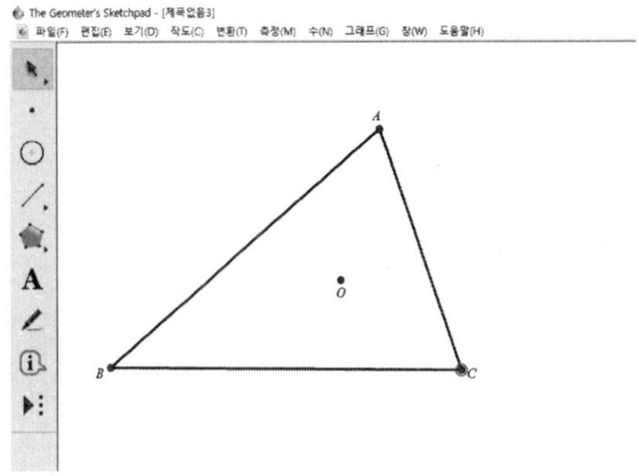

삼각형 내부의 내심 I가 작도된 것을 확인할 수 있다.

STEP 09

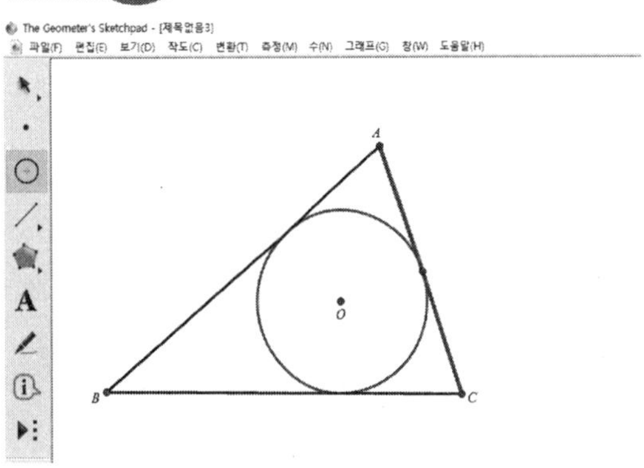

내심의 성질을 확인하기 위해 **원 도구**를 활용하여 **점 I**와 **임의의 한 변**이 맞닿는 원을 그린다.

STEP 10

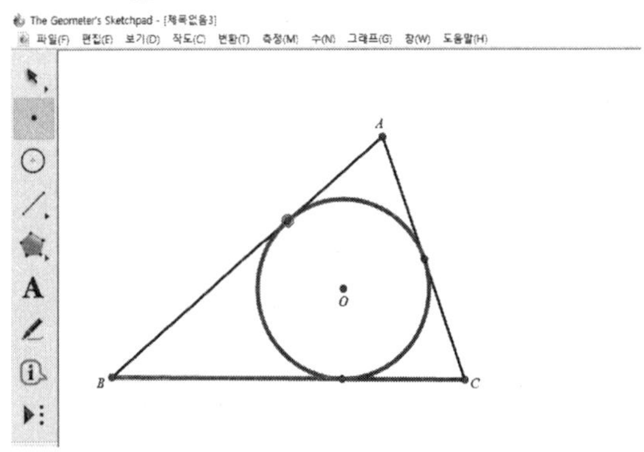

점 도구를 활용하여 작도한 원과 삼각형의 각 변이 만나는 지점에 점을 그린다.

STEP 11

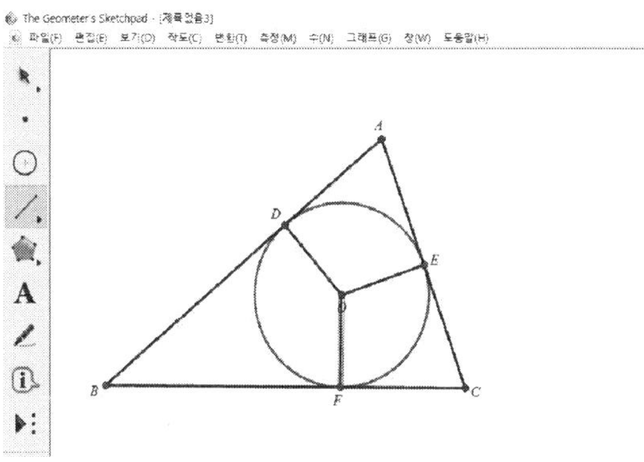

A 글 도구를 활용하여 각 점에 D, E, F라고 이름표를 붙이고 **선분 도구**를 이용하여 **선분 DI, 선분 EI, 선분 FI** 를 작도한다.

STEP 12

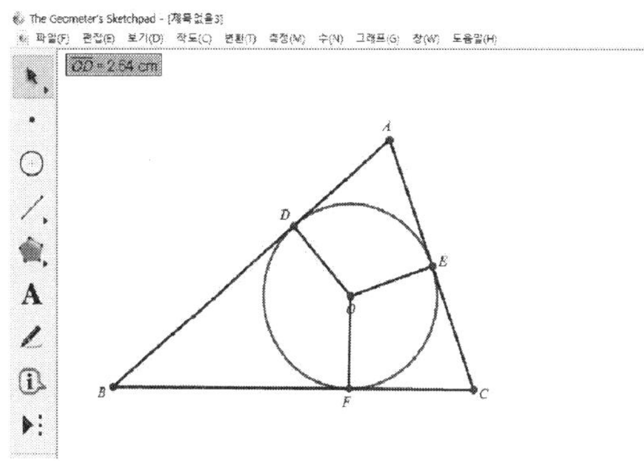

화살표 도구를 활용하여 **선분 DI** 를 선택하고 **측정(M)** 메뉴의 **길이(L)를** 선택하면 선분 DO의 길이가 측정된 것을 확인할 수 있다.

STEP 13

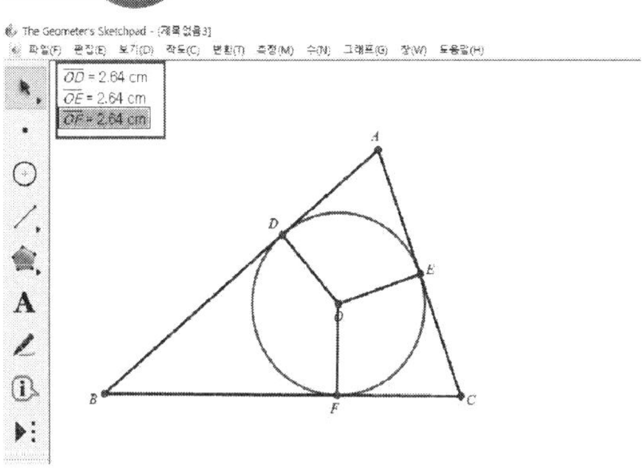

마찬가지로 나머지 두 선분의 길이도 같음을 알 수 있다. 이를 통해 **삼각형의 내심에서 세 변의 이르는 거리가 같음**을 알 수 있다.

활동3

삼각형의 수심 그리기

활용 기능

A 작도(C) 보기(D) 측정(M)

STEP 01

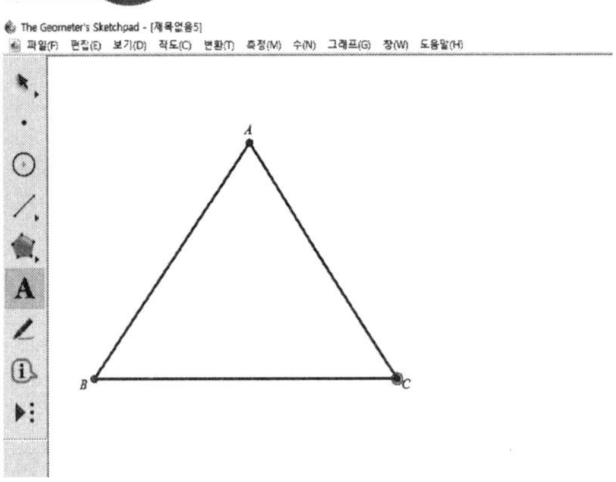

선분 도구를 활용하여 임의의 삼각형을 하나 그리고 A 글 도구를 활용하여 삼각형 ABC의 이름표를 붙인다.

선분 도구를 활용하여 임의의 삼각형을 하나 그리고 **글 도구**를 활용하여 삼각형 ABC의 이름표를 붙인다.

STEP 02

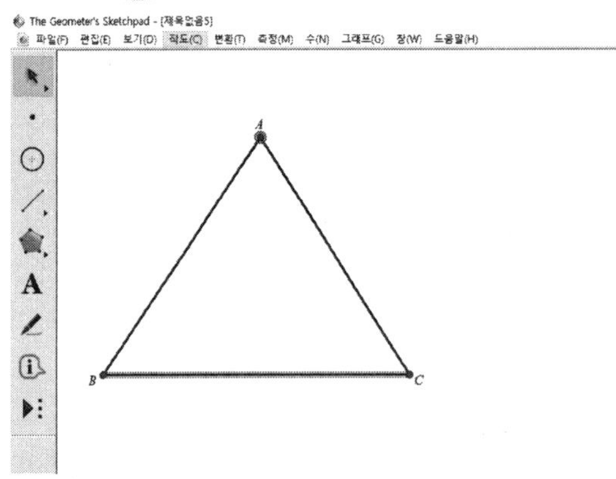

화살표 도구를 활용하여 점 A와 선분 BC를 차례로 모두 선택한다.

STEP 03

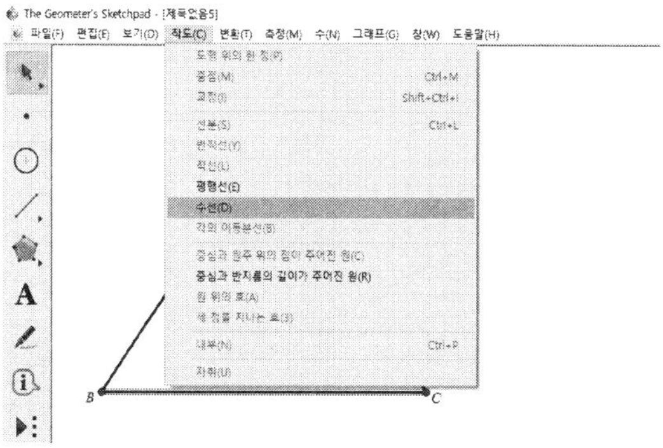

점 A와 선분 BC 사이의 수선을 작도하기 위해 **작도(C)** 메뉴를 활용하여 **수선(D)**를 선택한다.

STEP 04

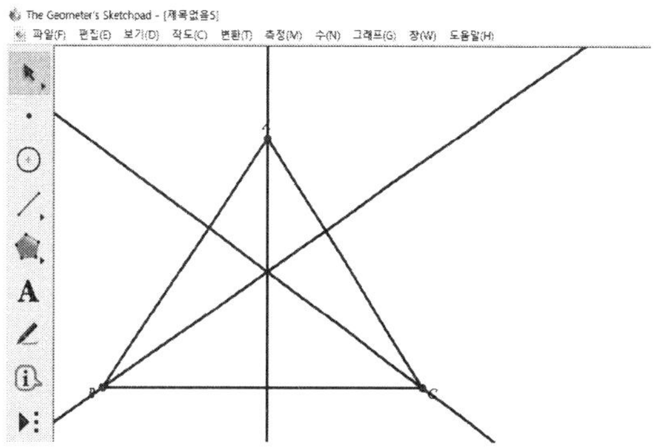

위와 마찬가지의 방법으로 점 B와 선분 AC 사이의 수선, 점 C와 선분 AB 사이의 수선을 작도한다.

STEP 05

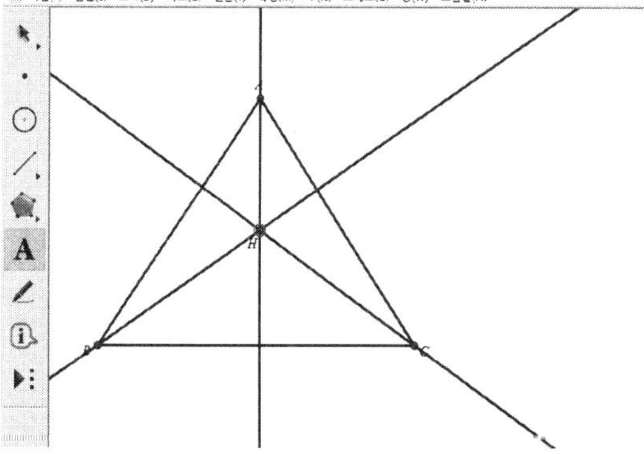

수선 3개가 모이는 지점에 **점 도구**를 활용하여 점을 그리고 **A** **글 도구**를 활용하여 점 H의 이름표를 붙인다.

STEP 06

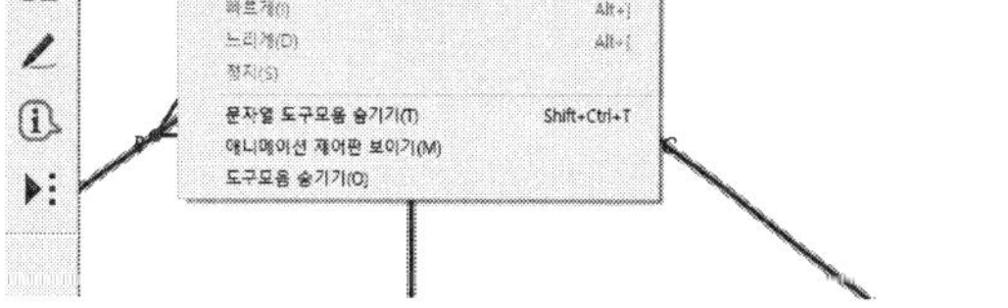

화살표 도구를 활용하여 수선 3개를 모두 선택한 후 **보기(D)** 메뉴의 **수선숨기기(H)**를 선택한다.

STEP 07

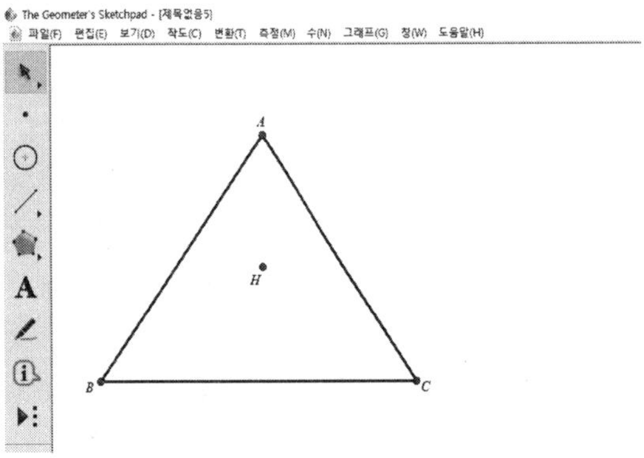

삼각형 ABC의 수심 H가 작도된 것을 확인할 수 있다.

STEP 08

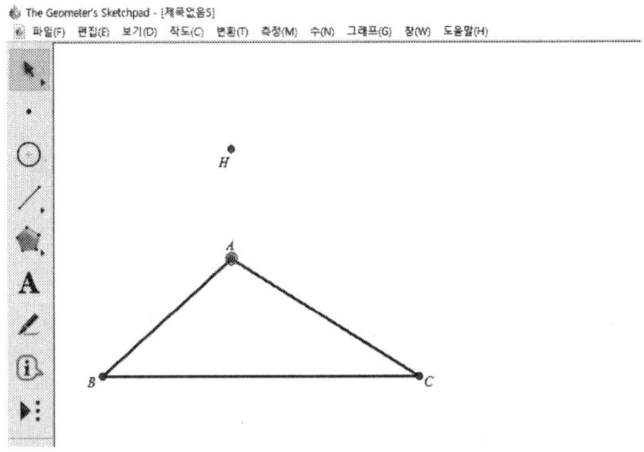

화살표 도구를 활용하여 점 A를 드래그하여 **둔각 삼각형**으로 만들면 **수심이 삼각형 밖에 위치**하는 것을 확인할 수 있다.

STEP 09

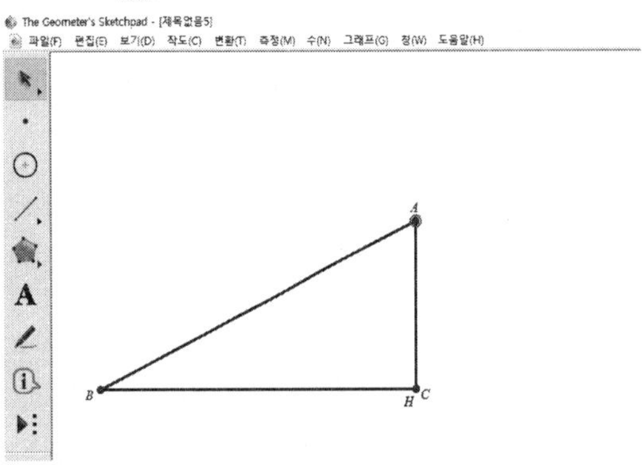

화살표 도구를 활용하여 점 A를 드래그하여 **직각 삼각형**으로 만들면 **수심이 삼각형의 꼭짓점에 위치**하는 것을 확인할 수 있다.

STEP 10

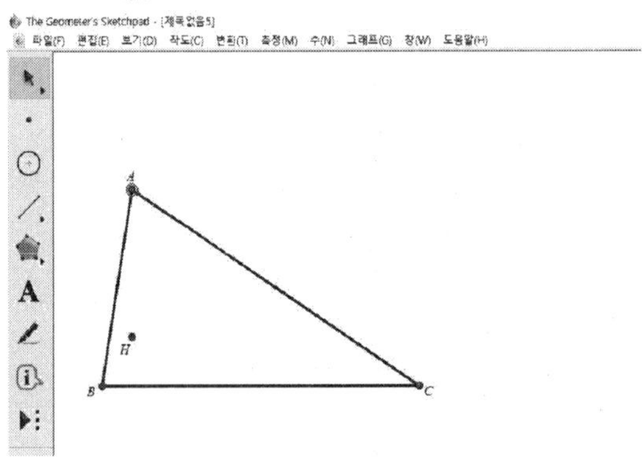

자유롭게 삼각형의 모양을 변형시켜 수심의 위치가 달라짐을 확인할 수 있다.

활동4

삼각형의 무게중심 그리기

활용 기능

A 작도(C) 보기(D) 측정(M)

STEP 01

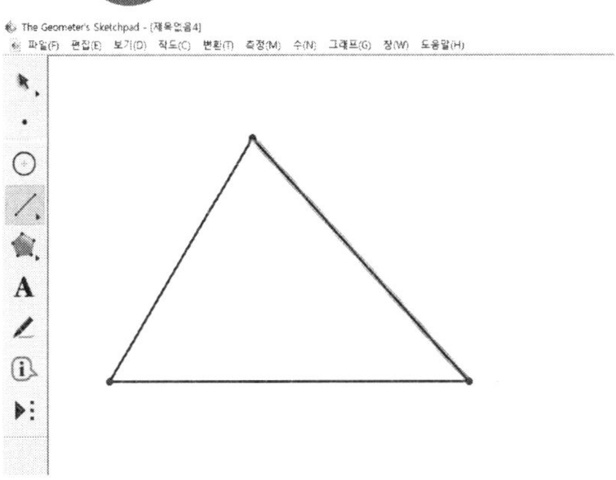

선분 도구를 활용하여 임의의 삼각형을 그린다.

STEP 02

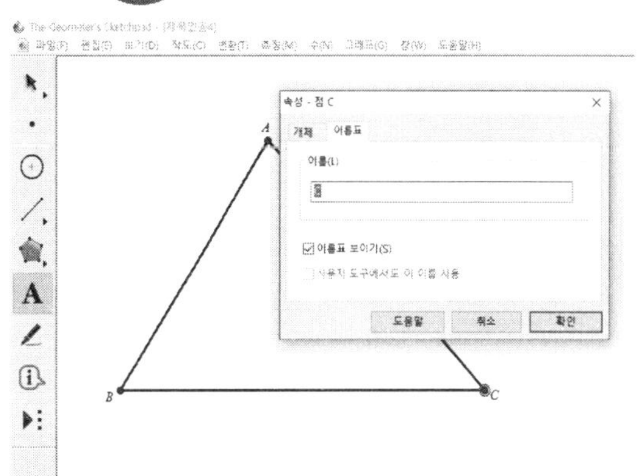

A **글 도구**를 활용하여 삼각형 ABC라고 이름표를 붙인다.

STEP 03

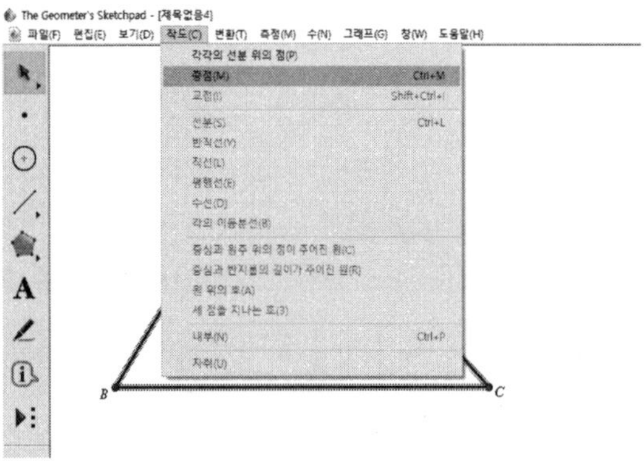

화살표 도구를 활용하여 3개의 선분을 차례로 모두 선택한 후 **작도(C)** 메뉴의 **중점(M)**을 선택한다.

STEP 04

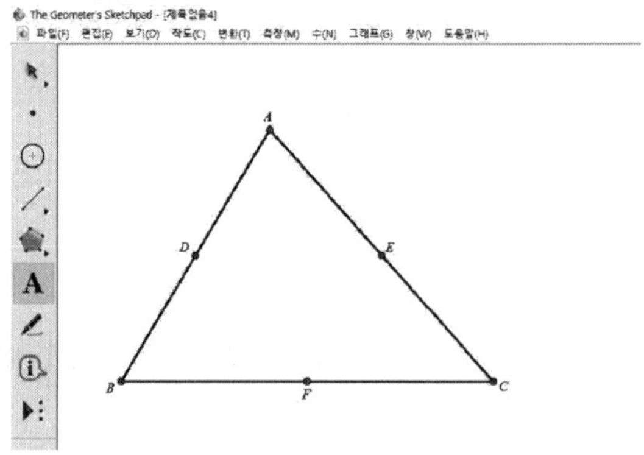

3개의 중점이 작도된 것을 확인할 수 있다. **글 도구**를 활용하여 각 중점에 D, E, F라고 이름표를 붙인다.

STEP 05

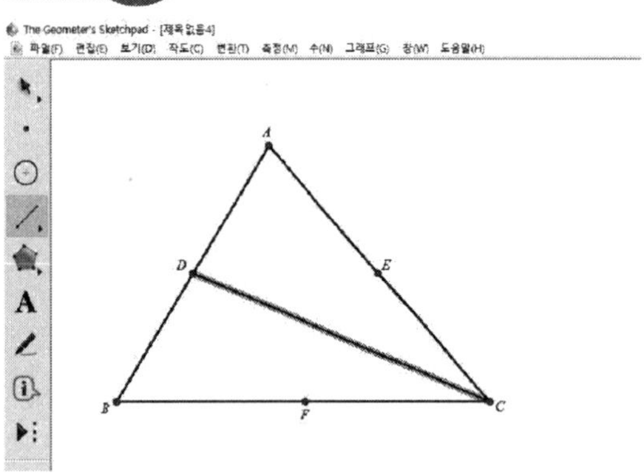

선분 도구를 활용하여 한 꼭짓점과 마주 보는 변의 중점을 이어 선분을 작도한다.

STEP 06

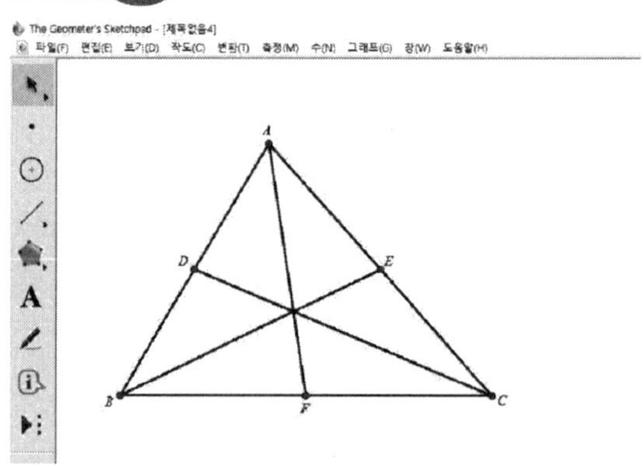

마찬가지 방법으로 **선분 도구**를 활용하여 선분 AF, 선분, BE를 작도한다.

STEP 07

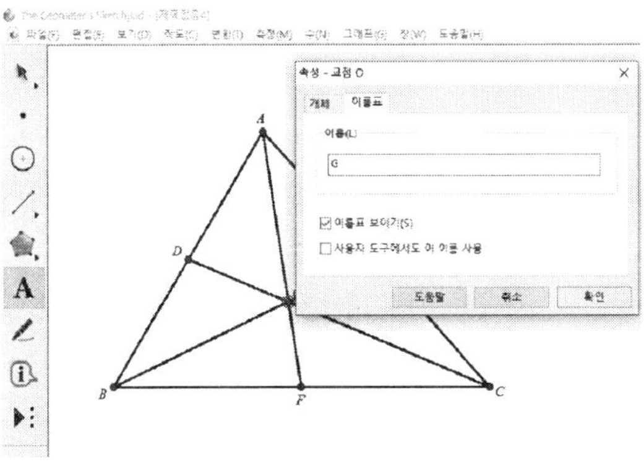

점 도구를 활용하여 3개의 선분이 만나는 지점에 점을 그리고 **글 도구**를 활용하여 **점 G**의 이름표를 붙여준다.

STEP 08

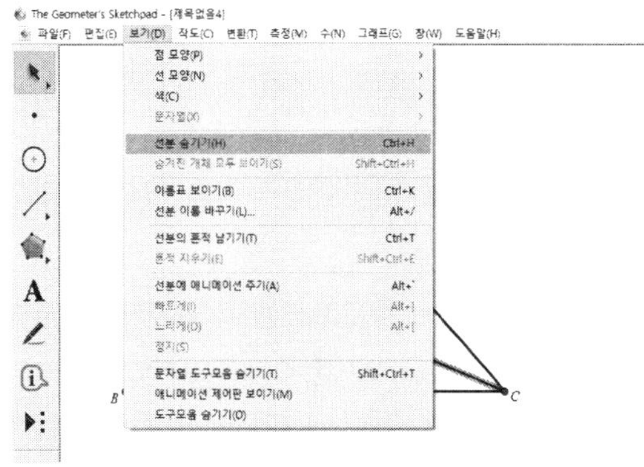

화살표 도구를 활용하여 3개의 선분을 차례로 모두 선택한 후 **보기(D)** 메뉴의 **선분 숨기기(H)**를 선택한다.

STEP 09

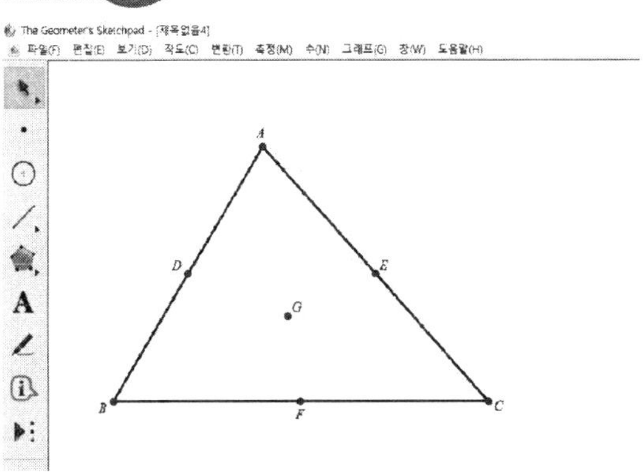

삼각형 내부에 무게중심 G가 작도된 것을 확인할 수 있다.

STEP 10

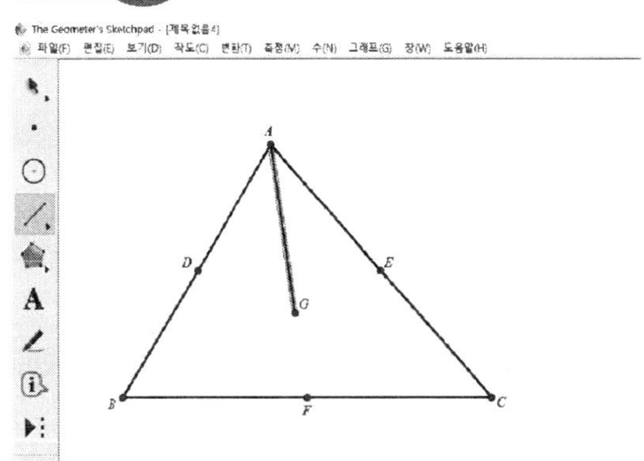

무게중심의 성질을 알아보기 위해 **선분 도구**를 활용하여 선분 AG를 작도한다.

STEP 11

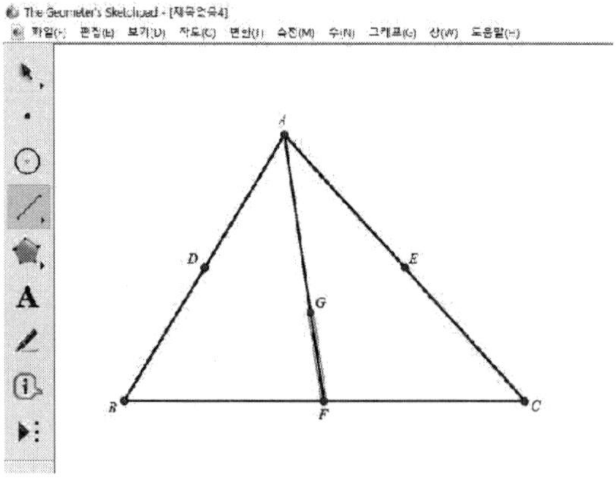

계속해서 선분 도구를 활용하여 선분 GF를 작도한다.

STEP 12

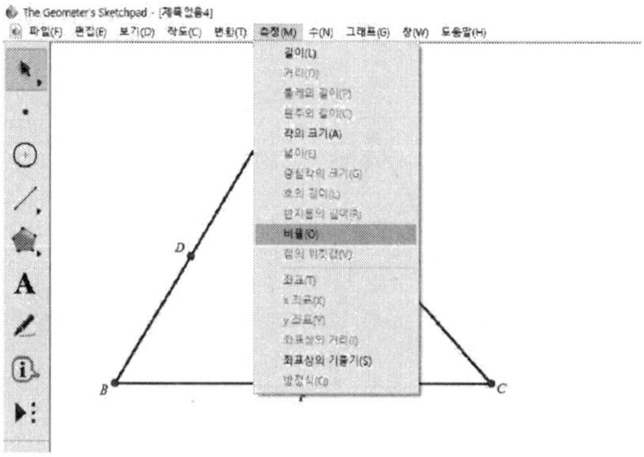

화살표 도구를 활용하여 선분 AG와 선분 GF를 차례로 모두 선택한 후, **측정(M)** 메뉴의 **비율(O)**을 선택한다.

STEP 13

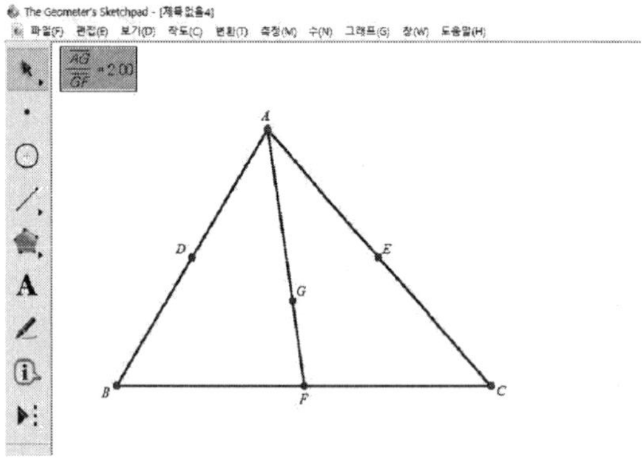

비율의 결과로 보아 삼각형의 무게중심이 중선을 꼭짓점 A로부터 2:1로 나눈다는 것을 알 수 있다.

STEP 14

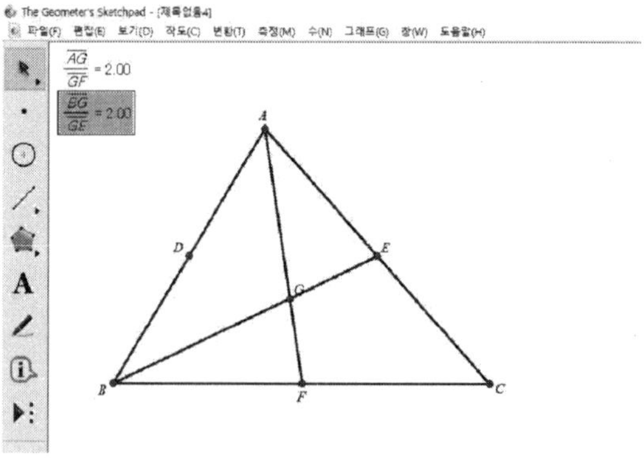

선분 BG와 GE를 작도하고 나서 위와 같이 측정을 하면 마찬가지로 무게중심이 중선을 점 B로부터 2:1로 나눈다는 것을 알 수 있다.

STEP 15

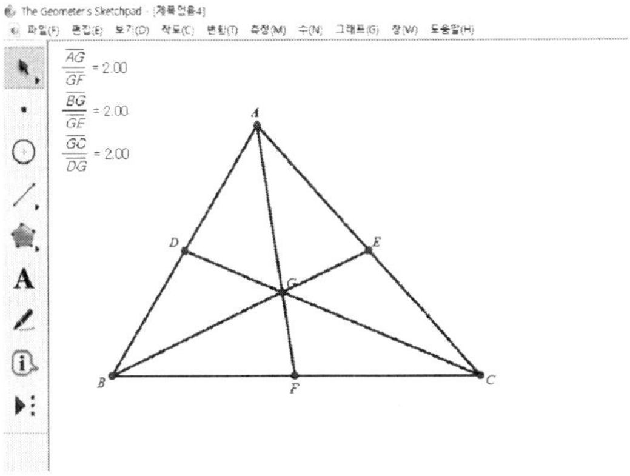

나머지 한 중선도 역시 무게중심이 중선을 꼭짓점으로부터 2:1로 나눈다는 것을 보여준다. 이것으로 삼각형의 무게중심의 성질을 알 수 있다.

활동5

삼각형의 방심 그리기

활용 기능

STEP 01

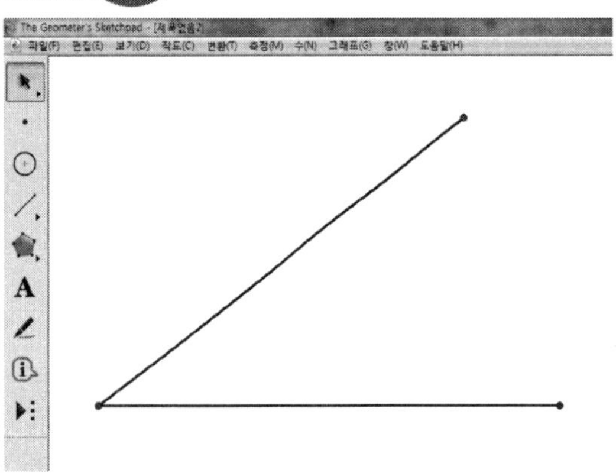

선분 도구를 활용하여 삼각형의 두 변을 그린다.

STEP 02

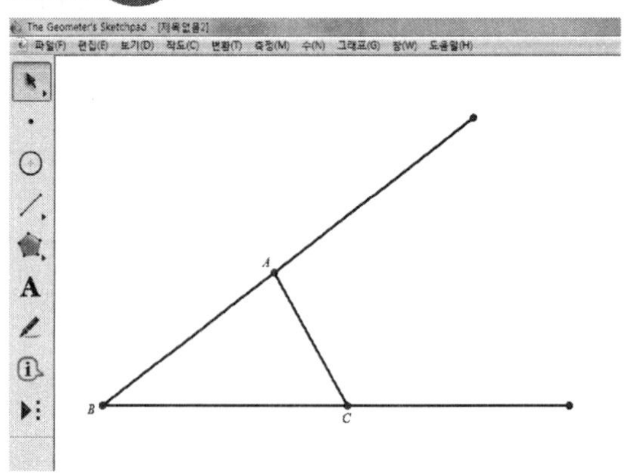

방심을 작도하기 위해 두 변의 연장선이 생기도록 **선분 도구**를 활용하여 삼각형을 작도하고 **글 도구**를 활용하여 삼각형 ABC의 이름표를 붙인다.

STEP 03

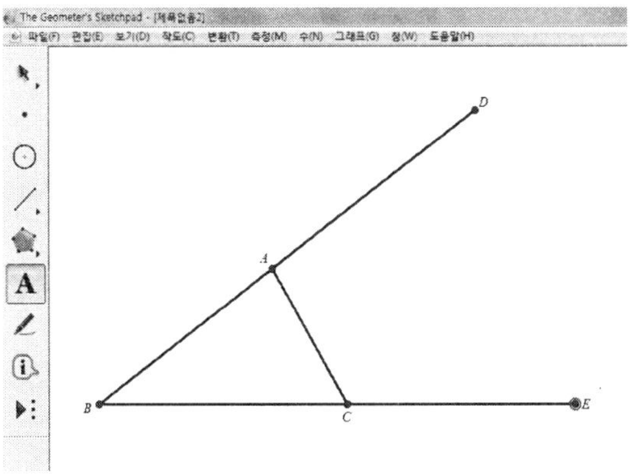

왼쪽 그림과 같이 **점 도구**와 **글 도구**를 활용하여 선분 AB와 선분 BC의 연장선 끝에도 편의상 점 D와 점 E를 작도한다.

STEP 04

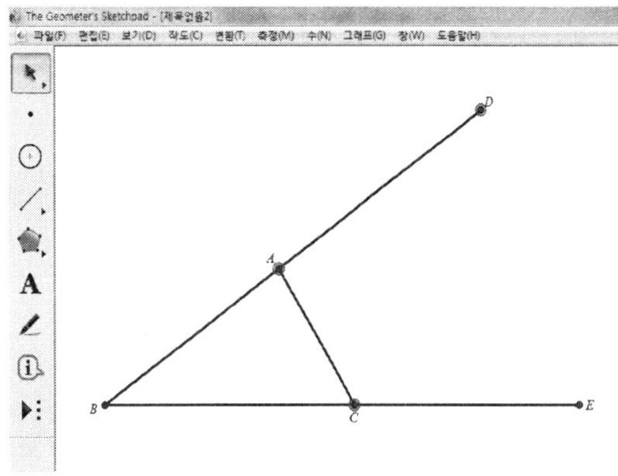

화살표 도구를 활용하여 점 D, 점 A, 점 C를 차례대로 모두 선택한다. (순서 중요)

STEP 05

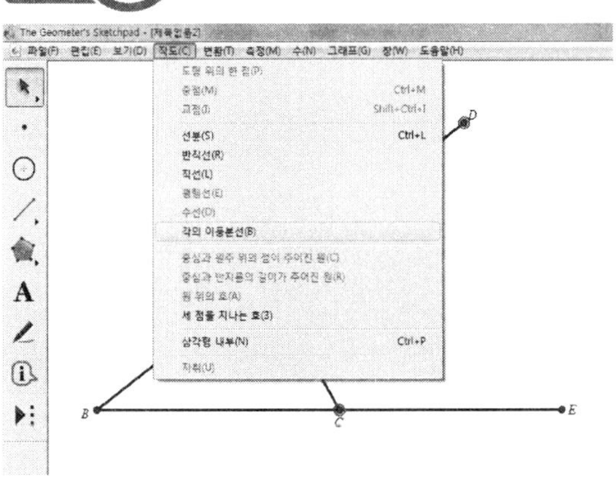

작도(C) 메뉴의 **각의 이등분선(B)** 을 선택한다.

STEP 06

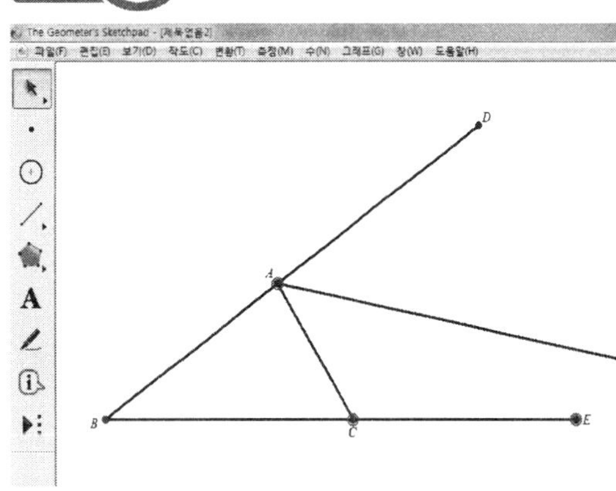

마찬가지로 화살표 도구를 활용하여 점 E, 점 C, 점 A를 차례대로 모두 선택한다. (순서 중요)

STEP 07

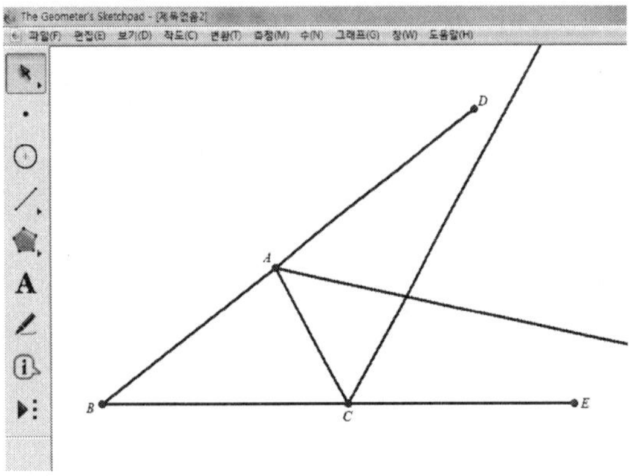

역시 **작도(C)** 메뉴의 **각의 이등분선(B)**을 선택한다.

STEP 08

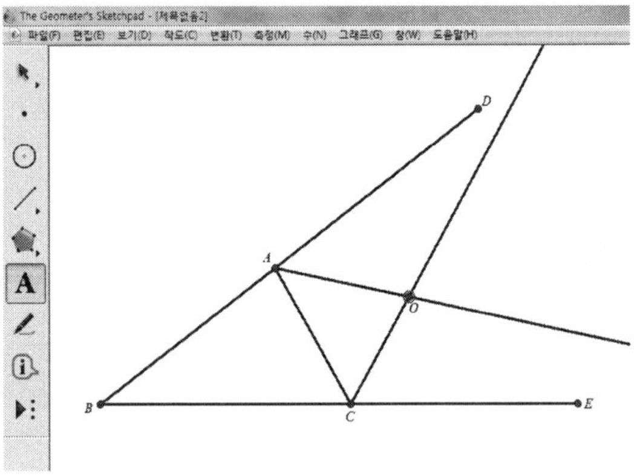

점 도구를 활용하여 각의 이등분선이 교차하는 지점에 점을 그리고 **A** **글 도구**를 활용하여 **점 O**의 이름표를 붙인다.

STEP 09

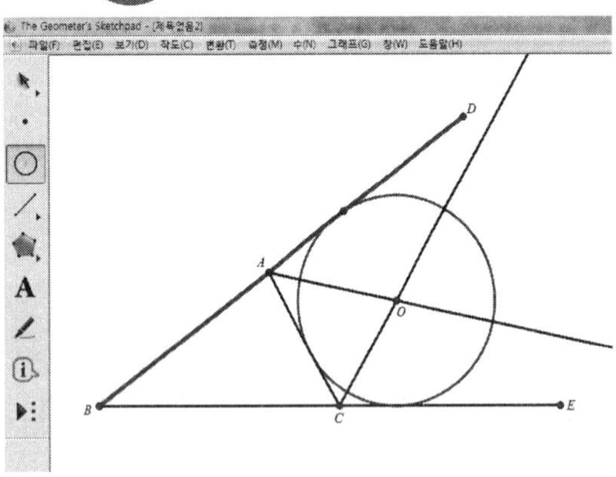

원 도구를 활용하여 점 O를 중심으로 선분 AD에 맞닿는 원을 작도한다.

STEP 10

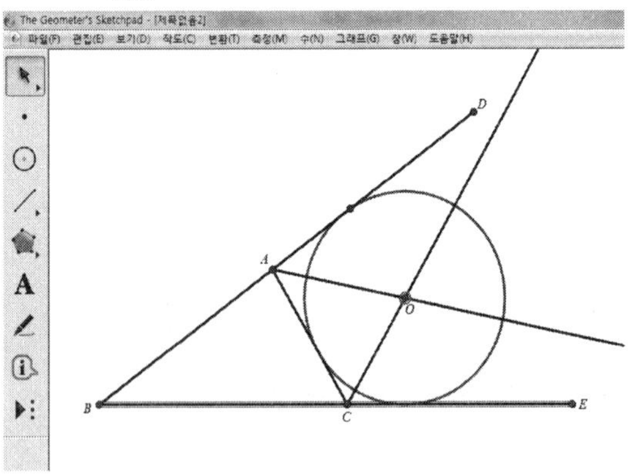

방심의 성질을 알아보기 위해서 **화살표 도구**를 활용하여 선분 BE와 방심 O를 차례로 선택한다.

STEP 11

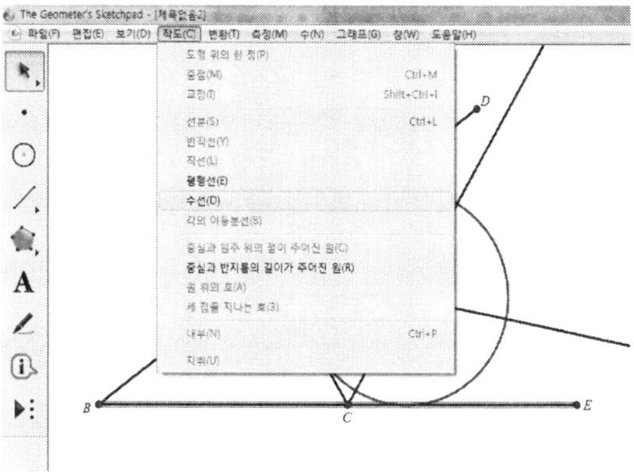

작도(C) 메뉴의 **수선(D)**을 선택한다.

STEP 12

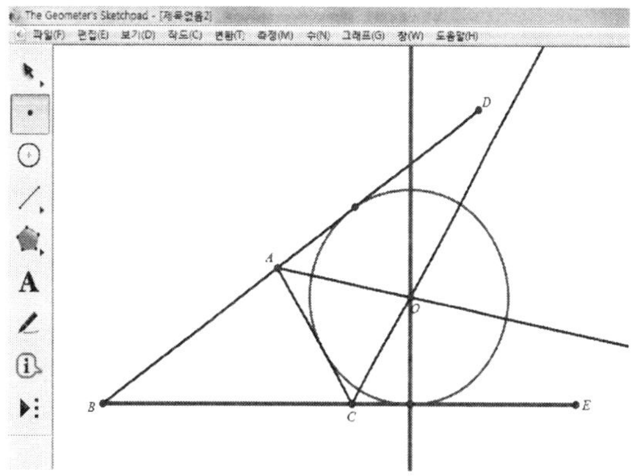

점 도구를 활용하여 수선과 선분 BE가 만나는 지점에 점을 그린다.

STEP 13

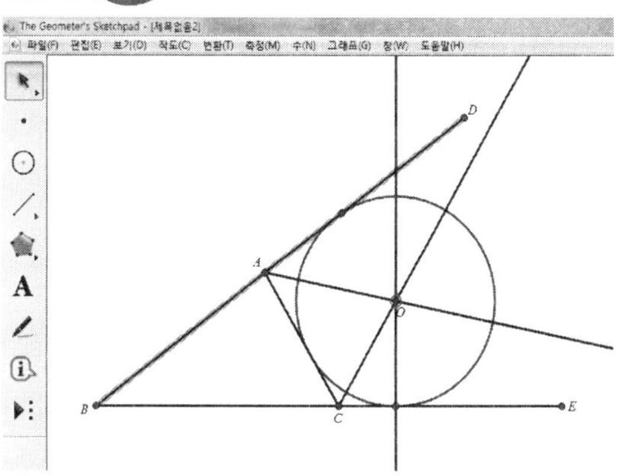

마찬가지로 **화살표 도구**를 활용하여 선분 BD와 방심O를 차례로 선택하고, **작도(C)** 메뉴의 **수선(D)**을 선택한다.

STEP 14

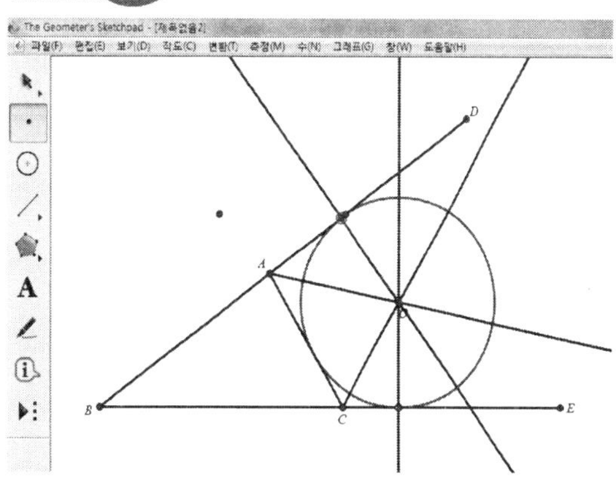

마찬가지로 **점 도구**를 활용하여 수선과 선분 BD가 만나는 지점에 점을 그린다.

STEP 15

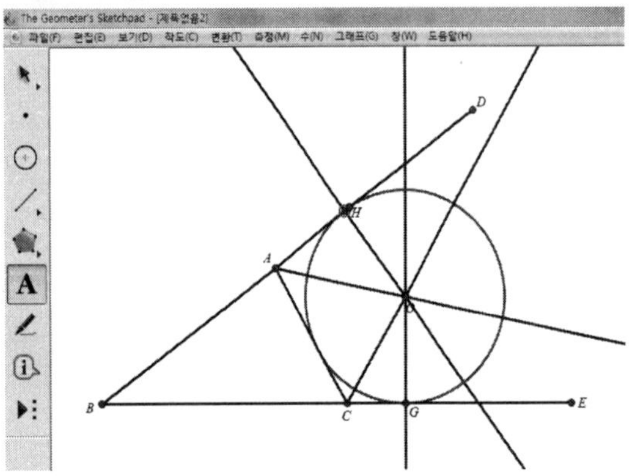

A **글 도구**를 활용하여 위에서 작도한 수선과 연장선이 교차하는 점을 점 G, 점 H라고 이름표를 붙인다.

STEP 16

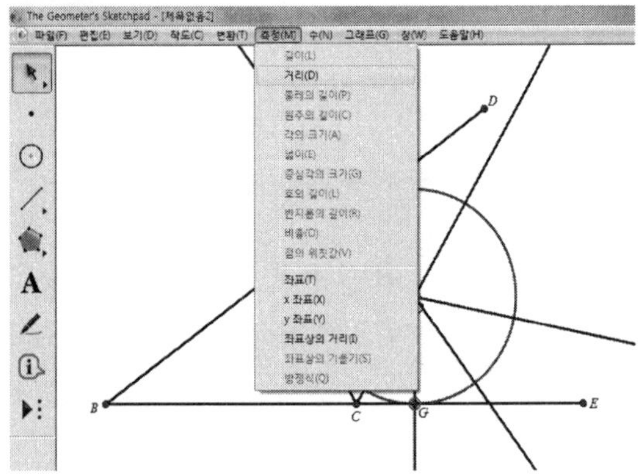

화살표 도구를 활용하여 **점** O와 **점** G를 모두 선택한 후 **측정(M)** 메뉴의 **거리(D)**를 선택한다.

STEP 17

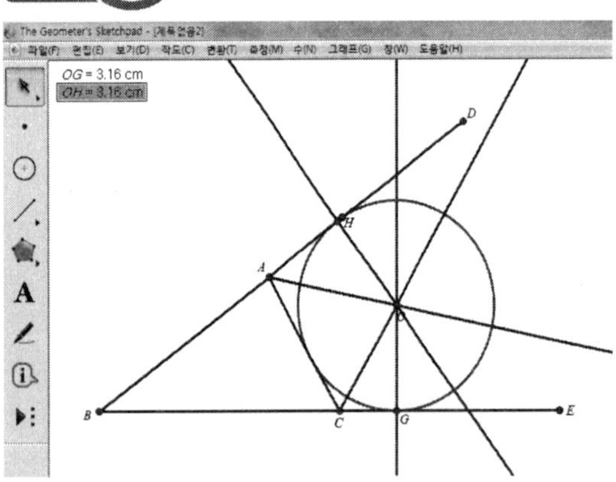

마찬가지로 **화살표 도구**를 활용하여 **점** O와 **점** H를 차례로 모두 선택한 후 **측정(M)** 메뉴의 **거리(D)**를 선택하여 거리가 같음을 확인할 수 있다.

STEP 18

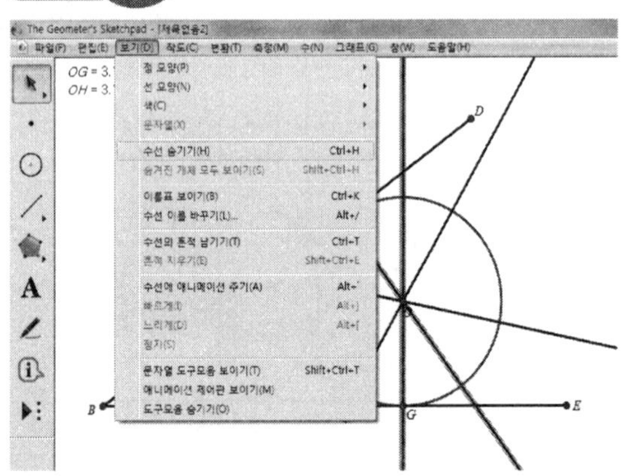

방심의 다른 성질을 알아보기 위해 **화살표 도구**를 활용하여 앞서 작도했던 수선 2개를 차례로 모두 선택한 후 **보기(D)** 메뉴의 **수선 숨기기(H)** 를 선택한다.

STEP 19

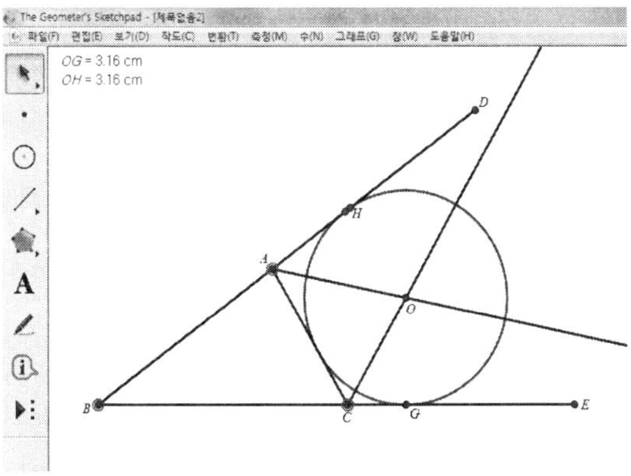

화살표 도구를 활용하여 점 A, 점 B, 점 C를 차례로 모두 선택한다. (순서 중요)

STEP 20

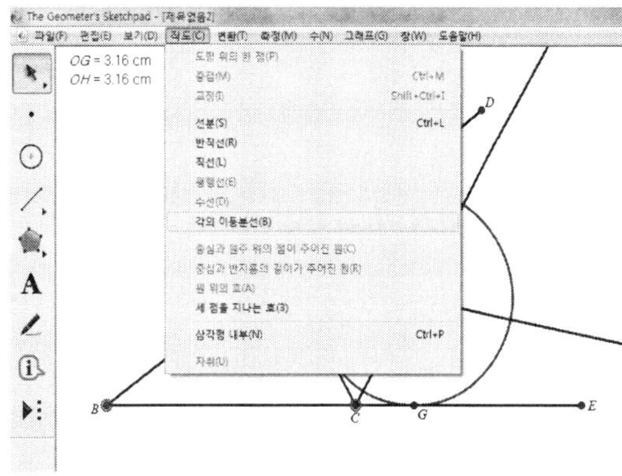

작도(C) 메뉴의 **각의 이등분선(B)**을 선택한다.

STEP 21

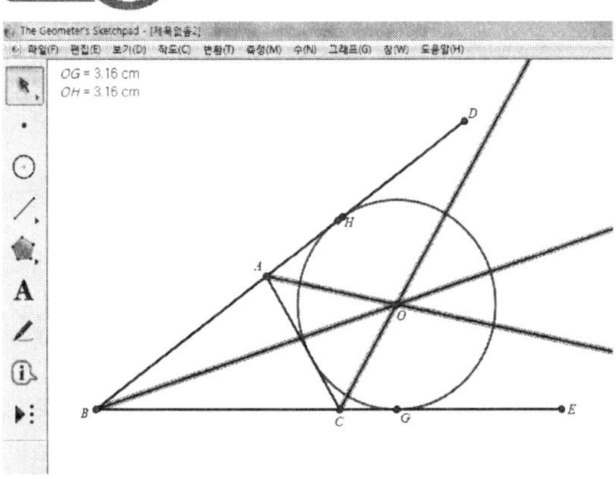

삼각형의 한 내각의 이등분선과 다른 두각의 외각의 이등분선이 한 점 O(방심)에서 만나는 것을 알 수 있다.

심화 활동

삼각형 외심그리기 활동에서 예각삼각형의 내심 그리기를 해보았습니다. 이번에는 직각 삼각형과 둔각 삼각형의 외심이 각각 다른 곳에 위치하고 있다는 것을 GSP로 그려서 확인하고 각각의 외심에서 삼각형의 꼭짓점까지의 거리가 모두 같다는 것을 측정 기능을 활용해 확인해 봅시다.

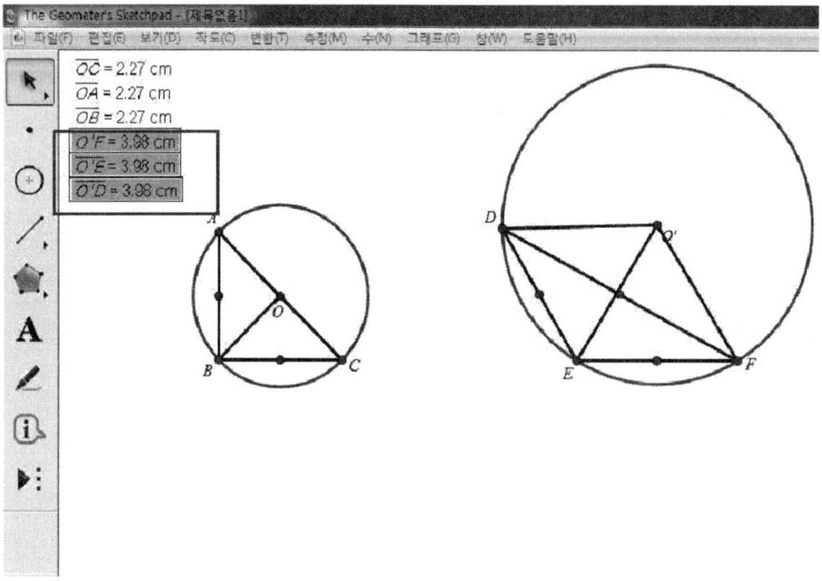

심화 활동 모범답안

STEP 01

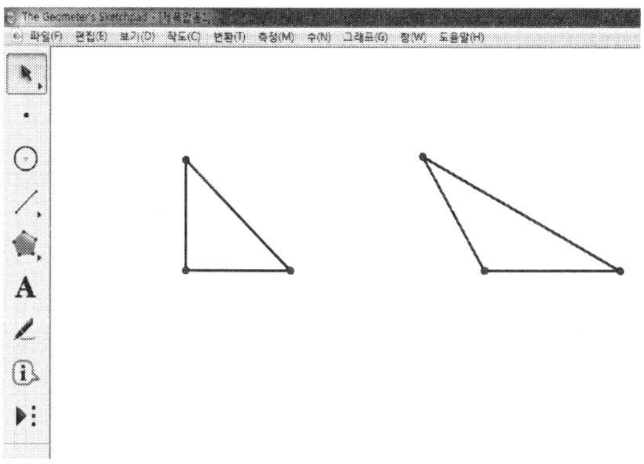

선분 도구를 활용하여 직각삼각형과 둔각삼각형을 그린다. (Shift 키를 누른 채로 선분을 그리면 직각삼각형을 그릴 수 있다.)

STEP 02

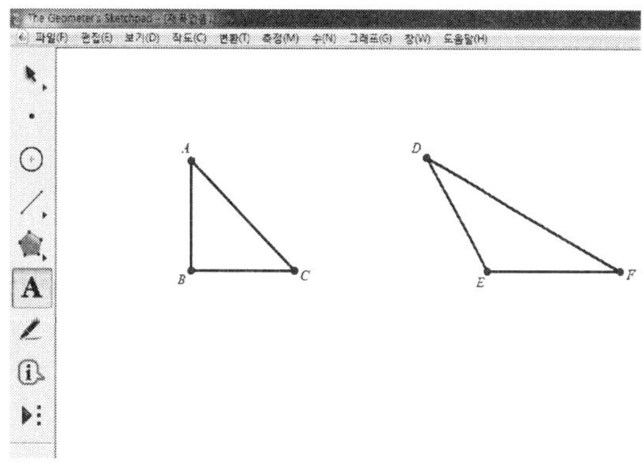

A **글 도구**를 활용하여 직각삼각형 ABC와 둔각삼각형 DEF의 이름표를 붙인다.

STEP 03

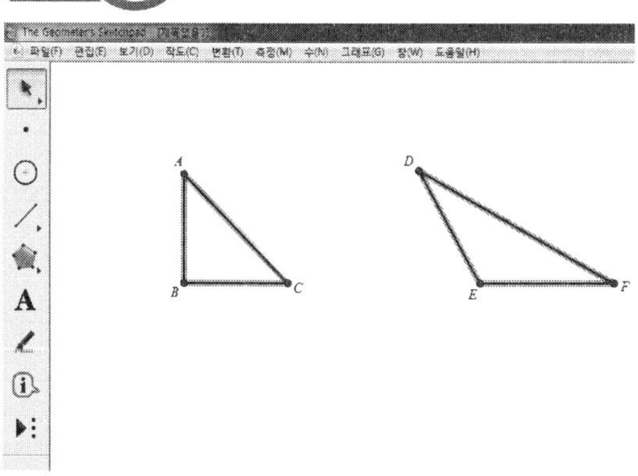

화살표 도구를 활용하여 선분 여섯 개를 모두 선택한다.

STEP 04

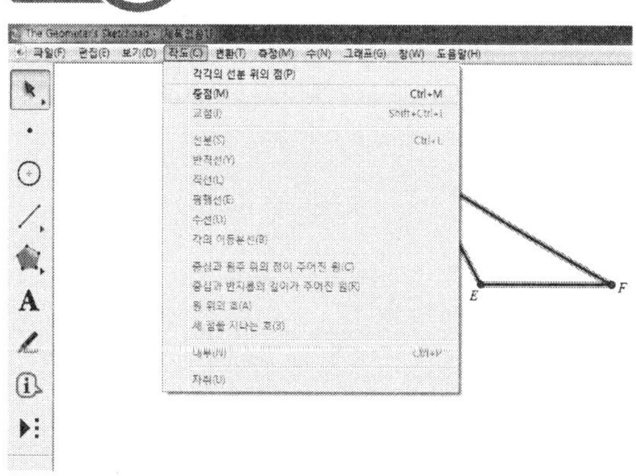

작도(C) 메뉴의 **중점(M)**을 선택한다.

STEP 05

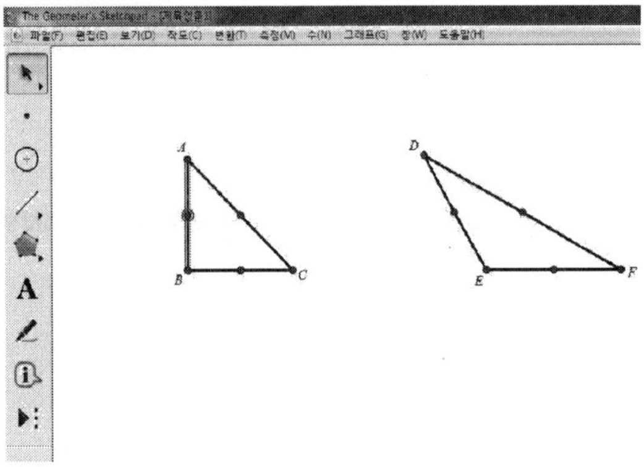

두 삼각형의 모든 변에 중점이 작도된 것을 확인한 후, **화살표 도구**를 활용하여 선분 AB와 선분 AB의 중점을 차례로 선택한다.

STEP 06

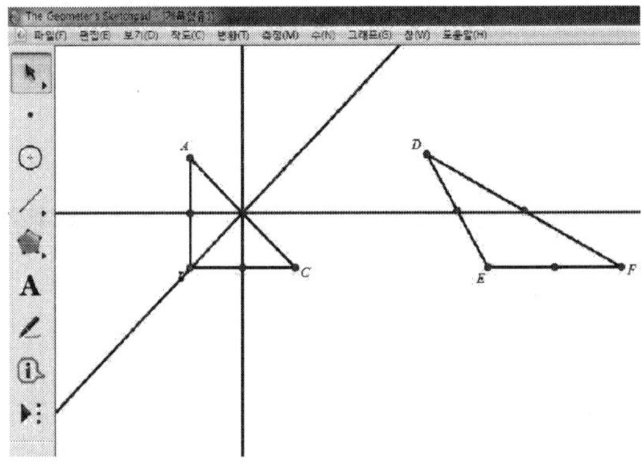

작도(C) 메뉴의 **수선(D)**을 선택하면 수선이 작도된 것을 확인할 수 있다. 같은 방법으로 선분 BC와 그 중점, 선분 AC와 그 중점의 수선도 그린다.

STEP 07

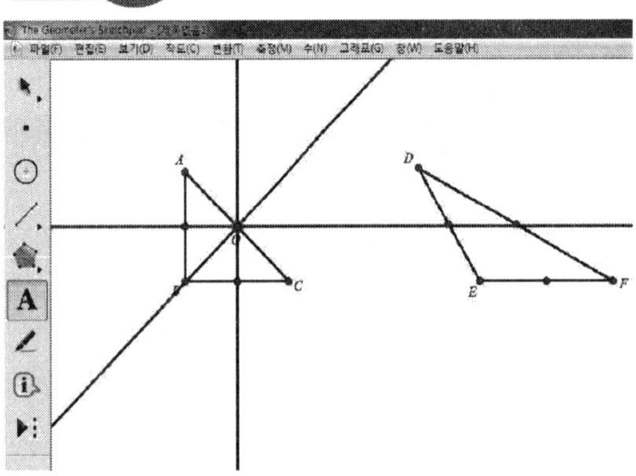

3개의 중점이 만나는 지점에 **점 도구**를 활용하여 점을 그리고 **글 도구**를 활용하여 **점 O**라 이름표를 붙인다.

STEP 08

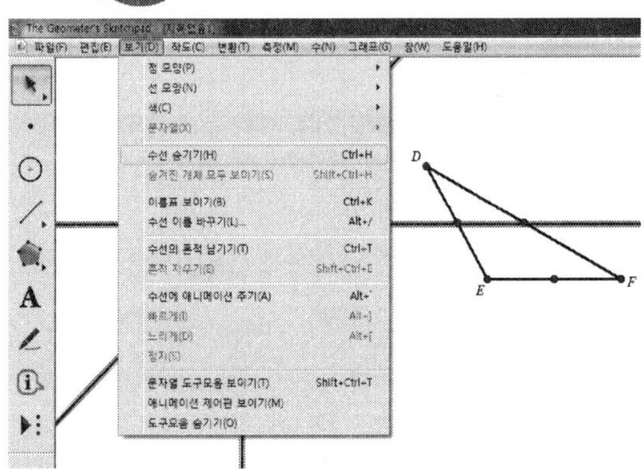

화살표 도구를 활용하여 작도한 수선 3개를 모두 선택하고 **보기(D)** 메뉴의 **수선숨기기(H)**를 선택한다.

STEP 09

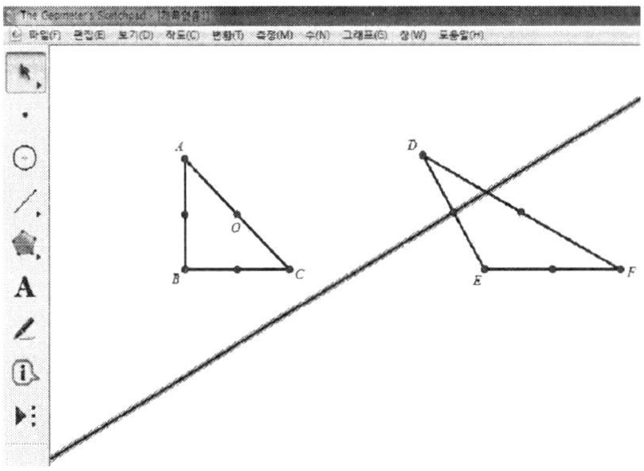

이번에는 둔각삼각형의 외심을 작도하기 위해 선분 DE와 그 중점을 선택하고, **작도(C)** 메뉴의 **수선(D)**을 선택하면 수선이 작도된 것을 볼 수 있다.

STEP 10

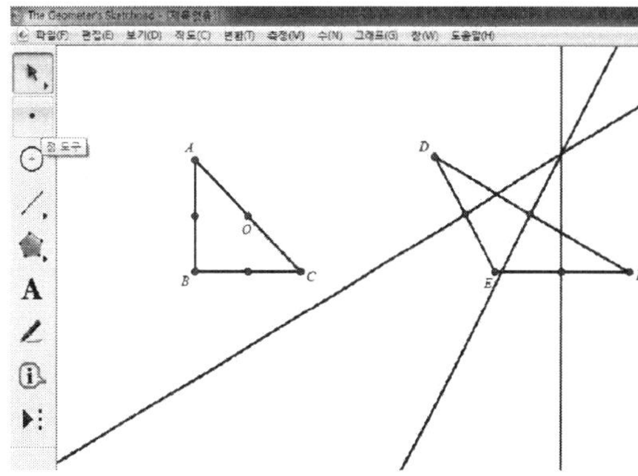

같은 방법으로 선분 DF와 그 중점, 선분 EF와 그 중점의 수선도 그린다.

STEP 11

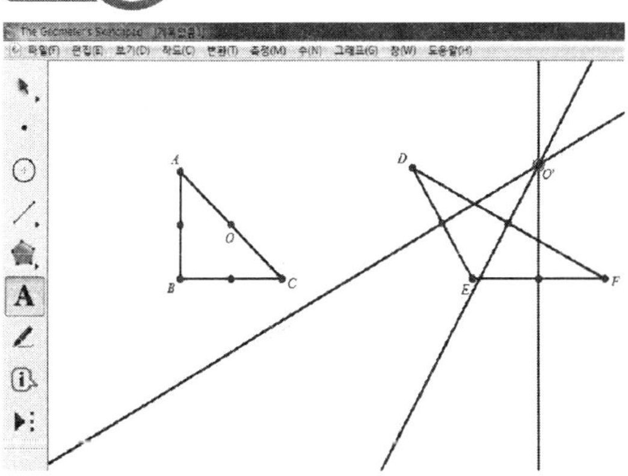

세 수선이 만나는 지점에 **점 도구**를 활용하여 점을 그리고 **A** **글 도구**를 활용하여 **점 O'**라 이름표를 붙인다.

STEP 12

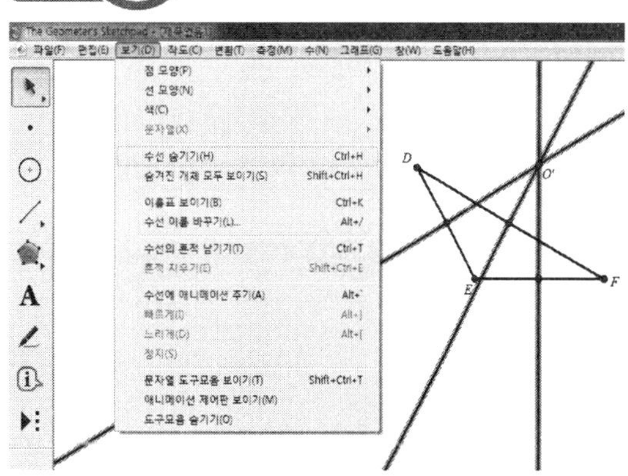

화살표 도구를 활용하여 작도한 수선 3개를 모두 선택하고 **보기(D)** 메뉴의 **수선숨기기(H)**를 선택한다.

STEP 13

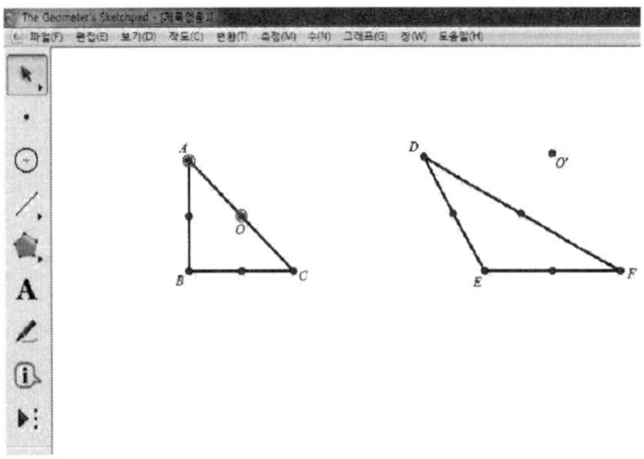

직각 삼각형과 둔각 삼각형의 외심이 작도된 것을 볼 수 있다. 외접원을 그리기 위해 **화살표 도구**를 활용하여 점 A와 점 O(더블클릭으로 중심지정)를 선택한다.

STEP 14

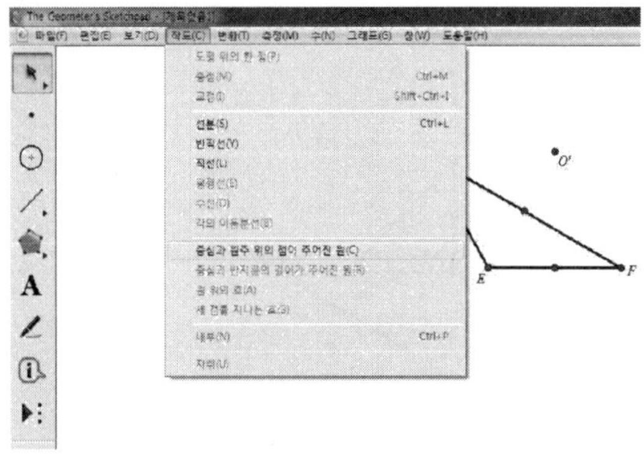

작도(C) 메뉴의 **중심과 원주 위의 점이 주어진 원**(C)을 선택한다.

STEP 15

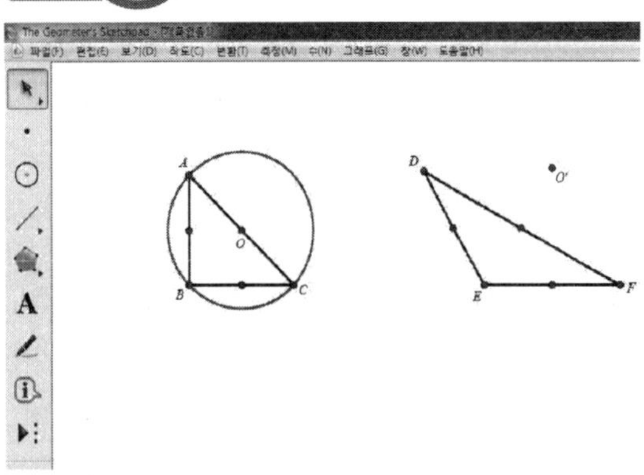

직각 삼각형 ABC의 외접원이 작도된 것을 확인할 수 있다.

STEP 16

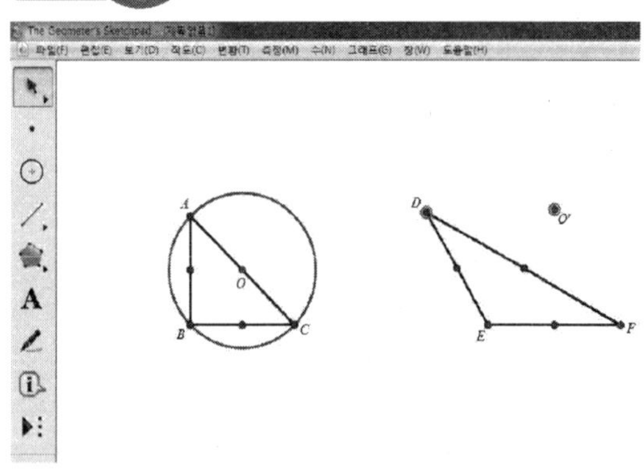

둔각 삼각형의 외접원을 그리기 위해 **화살표 도구**를 선택하여 **점 O′**와 **점 D**를 차례로 선택하고 작도(C) 메뉴의 **중심과 원주 위의 점이 주어진 원**(C)을 선택한다.

STEP 17

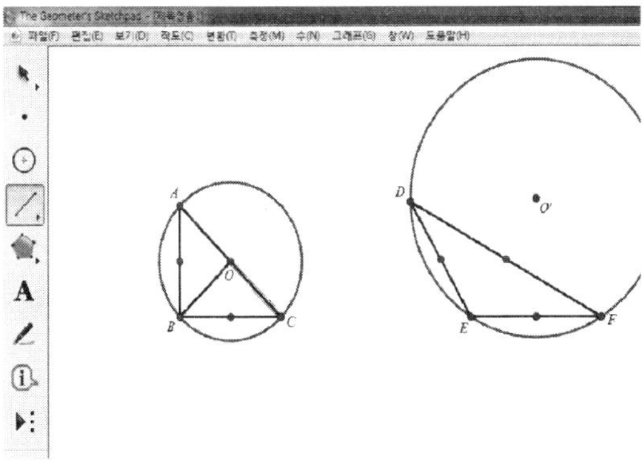

직각 삼각형과 둔각 삼각형의 외접원이 완성되었다. 거리 측정을 위해 선분을 그리기 위해 **선분 도구**를 활용하여 선분 AO, 선분 BO, 선분 CO를 그린다.

STEP 18

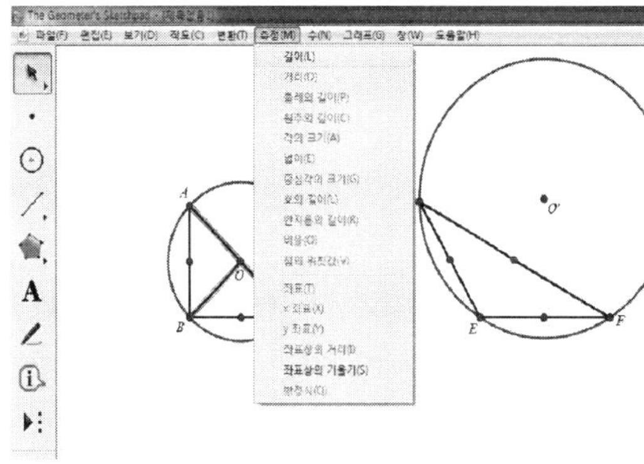

화살표 도구를 활용하여 선분 AO를 선택한 후 **측정(M)** 메뉴의 **길이(L)**를 선택한다.

STEP 19

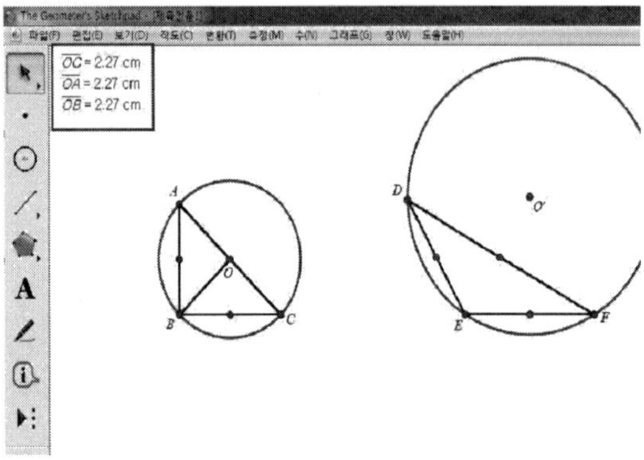

같은 방법으로 선분 BO, 선분 CO의 길이를 측정하면 모두 같음을 알 수 있다.

STEP 20

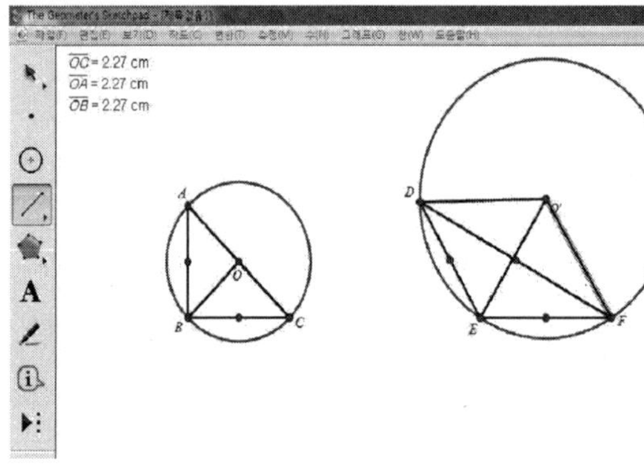

둔각 삼각형도 마찬가지로 길이 측정을 위해 **선분 도구**를 활용하여 선분 DO′, 선분 EO′, 선분 FO′를 그린다.

STEP 21

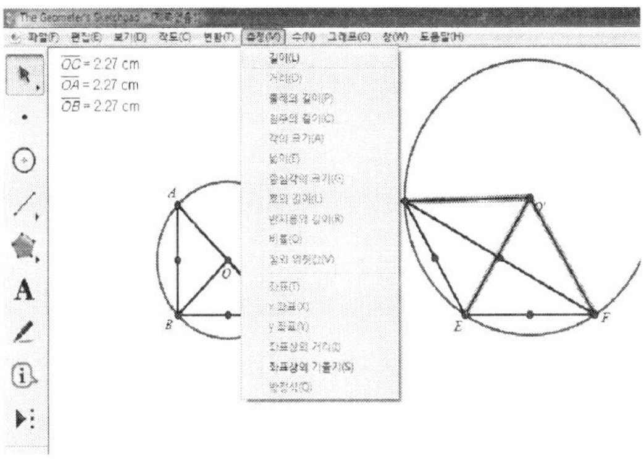

화살표 도구를 활용하여 선분 DO′, 선분 EO′, 선분 FO′를 모두 선택한 후 **측정(M)** 메뉴의 **길이(L)**를 선택한다.

STEP 22

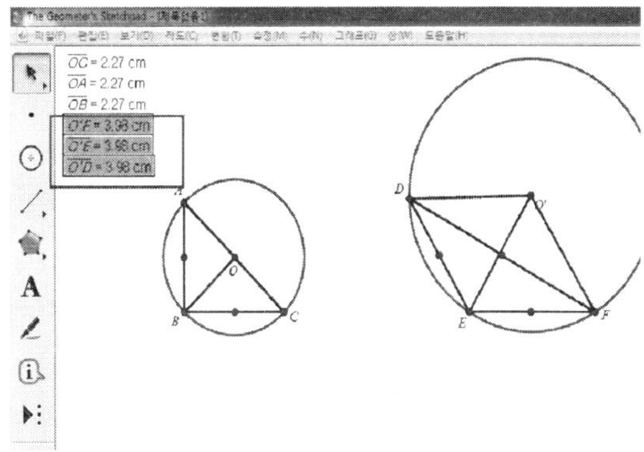

둔각 삼각형에서도 역시 외심으로부터 삼각형의 각 꼭짓점의 거리가 모두 같음을 알 수 있다.

Line Designs

고대 수학의 작도

고대 그리스에서는 눈금 없는 자와 컴퍼스만을 사용하여 도형을 그리는 것을 작도라고 하였다. 컴퍼스는 주어진 점을 중심으로 반지름을 지닌 원을 그리거나 길이를 옮기는 데 쓰이며 눈금 없는 자는 두 점을 지나는 직선을 긋거나 선분을 연장하는데 쓰인다. 작도는 고대 그리스인들의 노동이 아닌 하나의 놀이 문화로서 그들이 문화를 꽃 피우는데 도움을 주었다. 그리스의 웅장하고 아름다운 파르테논 신전도 자와 컴퍼스란 간단한 도구로 설계하여 세운 것이다. 대부분의 수학자들은 수학의 아름다움을 인식하였고 바로 이 아름다움이 그들이 수학 연구에 커다란 원동력이 되었다고 한다.

작도를 통해 기하학적인 도형이나 황금 분할 등을 보면 그 절묘함과 정교성을 느낄 수 있으며, 수의 신비한 성질이나 수학의 형식성 등의 아름다움을 느낄 수 있다. 이러한 수학의 미적 가치를 느낄 수 있는 수학 활동 중의 하나가 바로 'Line Desgins'이다.

대부분 Line Desgins 작품을 처음 접하게 되면 컴퍼스를 이용한 곡선으로 그린 모양일 것으로 착각하지만 곧은 선만을 이용한 그린 것이라는 점에서 Line Designs이 매력적이라 할 수 있다.

Line Designs를 하기 위해서는 각 변에 똑같은 개수의 점이 찍혀 있어야 하고 첫 번째 점에서 인접한 변의 첫 번째 점으로 점을 잇는 규칙으로 계속해서 선분을 긋는다. 즉 긋는 선분이 이미 그려진 선분과 최대한 많이 만나도록 선분을 긋는 것이다.

실제로 Line Designs를 자와 필기도구를 이용하여 그리다보면 많은 시간과 노력이 필요하다는 것을 알 수 있다. 학생들이 Line Designs 작도의 원리를 익히고 실제로 Line Designs를 그려본 이후에는 보다 다양하고 창의적인 Line Designs를 그리기 위해서 GSP 프로그램을 활용하는 것이 유용하다. 원리가 생각보다 간단한 반면에 하나의 작품을 만들기 위해서는 많은 선분을 반복적으로 그어야 하기 때문에 지루해하고, 과제집착력이 부족한 학생에게는 보다 쉽게 자신의 작품을 완성하게 하여 성취감을 느끼게 할 수 있을 것이다. 또한 GSP 프로그램으로 Line Designs를 작도하는 과정을 통해 Line Designs의 원리를 이해함과 동시에 손으로 직접 그린 Line Designs보다 정교하다는 측면에서 수학의 아름다움을 느낄 수 있는 좋은 기회를 제공할 것이다.

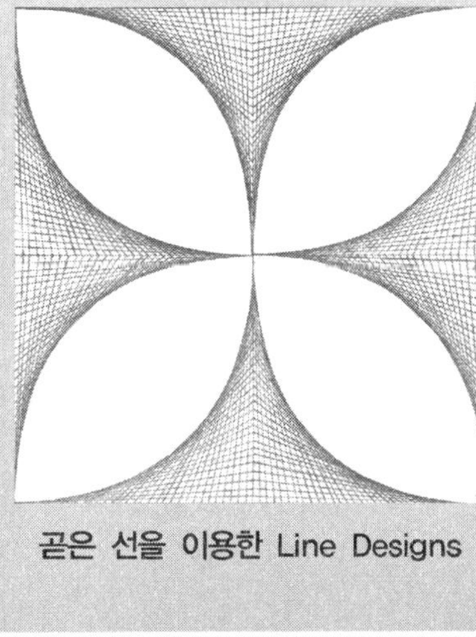

곧은 선을 이용한 Line Designs

학습목표

- ✔ Line Designs의 원리를 익힐 수 있다.
- ✔ GSP를 활용하여 기본 도형을 그릴 수 있다.
- ✔ GSP를 활용하여 Line Designs를 그릴 수 있다.

관련 교육과정

학년군	영역	단원	성취기준
3~4학년	도형	도형의 기초	[4수02-01] 직선, 선분, 반직선을 알고 구별할 수 있다.
3~4학년	도형	평면도형의 이동	[4수02-05] 평면도형의 이동을 이용하여 규칙적인 무늬를 꾸밀 수 있다.
3~4학년	도형	다각형	[4수02-12] 주어진 도형을 이용하여 여러 가지 모양을 만들거나 채울 수 있다.

지도계획

전개단계	활동명	주요 수업활동	주요수업 형태
계획 수립하기	Line Designs 알기	• 단원 소개 • Line Designs를 이루는 기본 요소	• 교사 강의 • 전체 토론
지식 및 기능 습득하기	1. 선분 그리기	• 작도 메뉴를 이용하여 선분 그리기 • 선분 도구를 이용하여 선분 그리기	• 교사 강의 • 개인 실습
	2. 정삼각형 그리기	• 중심과 반지름이 주어진 원을 이용하여 정삼각형 그리기	• 교사 강의 • 개인 실습
	3. 직사각형 그리기	• 수선을 이용하여 직사각형 ABCD 그리기	• 교사 강의 • 개인 실습
	4 선분의 등분점 그리기	• 닮음을 이용하여 선분의 등분점 그리기	• 교사 강의 • 개인 실습
수행하기	5. Line Designs 그리기	• 배운 기능을 활용하여 기본 Linde Designs 그리기	• 교사 강의 • 개인 실습
	6. 정삼각형을 이용한 Line Design 그리기	• 배운 기능을 활용하여 정삼각형을 이용한 Linde Designs 그리기	• 교사 강의 • 개인 실습 • 전체 토론
	7. 정사각형을 이용한 Line Design 그리기	• 배운 기능을 활용하여 정사각형을 이용한 Linde Designs 그리기	• 개인 실습 • 전체 토론

학습목표

Line Designs를 그릴 수 있다.

활동1

선분 그리기

방법1 작도 메뉴를 이용하여 선분 그리기

활용 기능

• 　↖　작도(C)　선분(S)　A

STEP 01

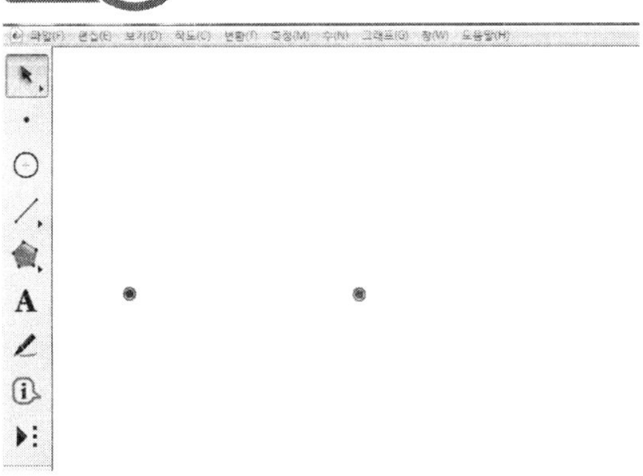

• **점 도구**로 두 점을 그린 후, ↖ **화살표 도구**로 두 점을 선택한다.

STEP 02

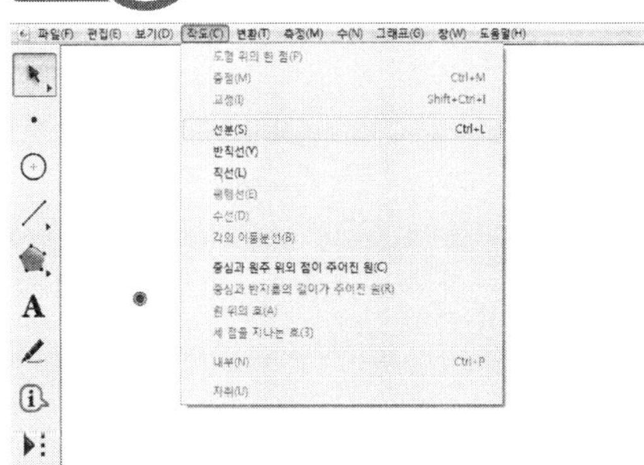

작도(C) 메뉴를 누르면 선분이 활성화된다.

STEP 03

선분(S) 을 클릭한 후, **A** **글 도구**를 사용하여 점에 이름을 붙인다.

STEP 04

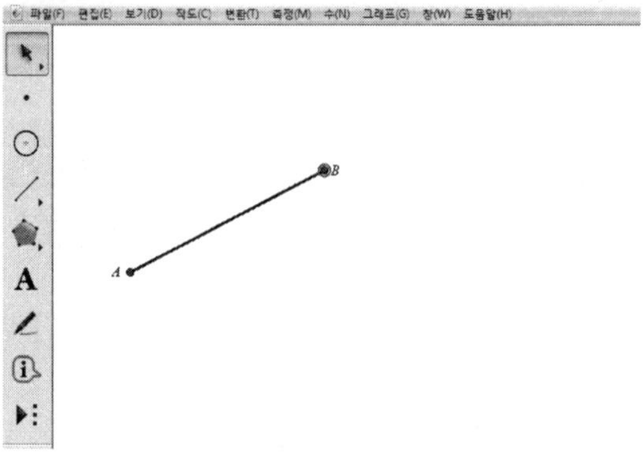

한 점 개체를 끌어서 위치를 변경하면 선분의 길이와 방향이 변한다.

방법2 선분 도구를 이용하여 선분 그리기

활용 기능

STEP 01

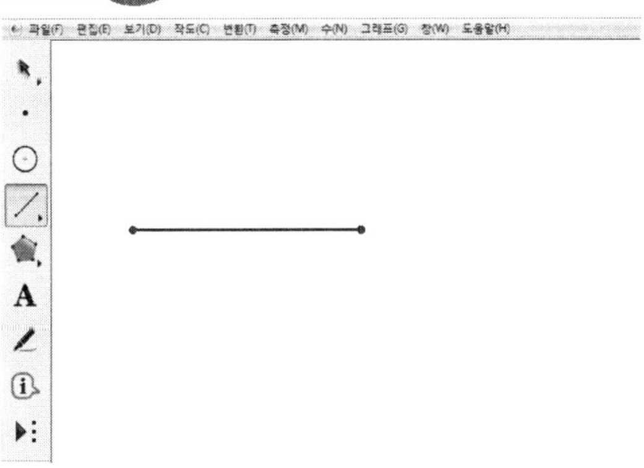

선분 도구로 선분을 그린다.

STEP 02

글 도구를 사용하여 점에 이름을 붙인다.

STEP 03

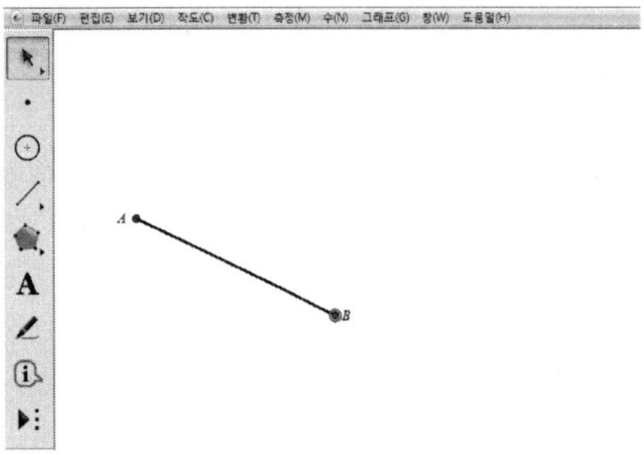

한 점 개체를 끌어서 위치를 변경하면 선분의 길이와 방향이 변한다.

활동2

정삼각형 그리기

방법 중심과 반지름이 주어진 원을 이용하여 정삼각형 그리기

활용 기능

중심과 반지름의 길이가 주어진 원(R) 원 숨기기(H)

STEP 01

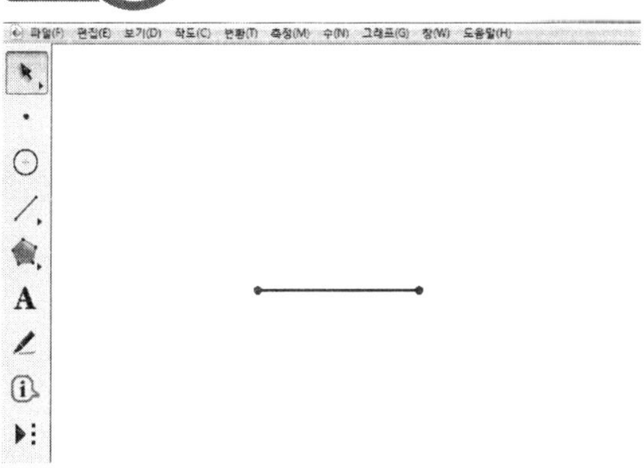

선분 도구를 활용하여 한 선분을 그린다.

STEP 02

화살표 도구로 선분 위의 왼쪽 점과 선분을 선택한다.

STEP 03

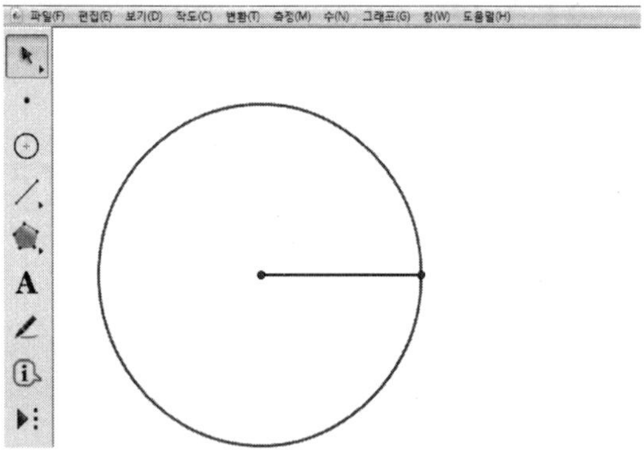

작도(C) 메뉴에서 활성화된 중심과 반지름의 길이가 주어진 원(R) 을 선택하여 원을 그린다.

STEP 04

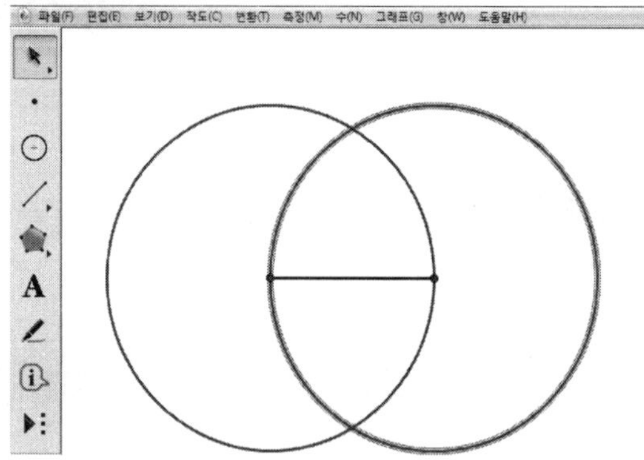

선분 위의 오른쪽 점과 선분을 선택한다. 작도(C) 메뉴에서 활성화된 중심과 반지름의 길이가 주어진 원(R) 을 선택하여 원을 그린다.

STEP 05

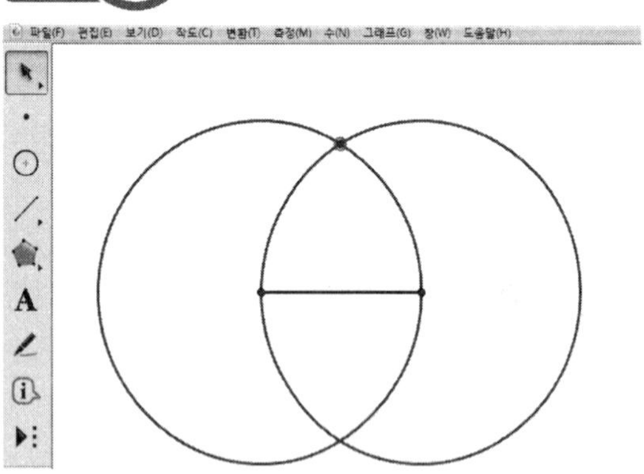

점 도구를 이용하여 두 원이 만나는 위치에 점을 그린다.

STEP 06

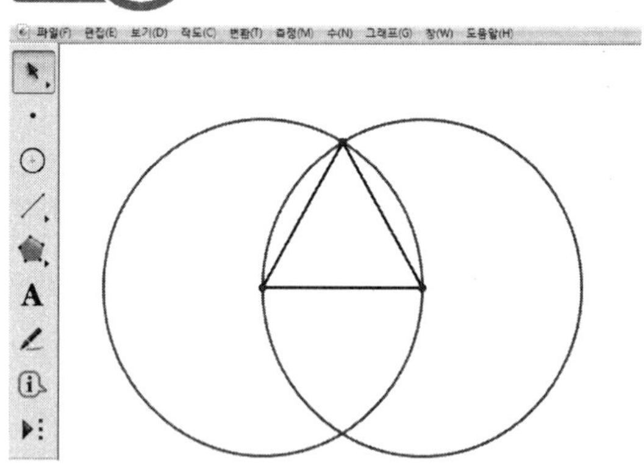

선분 도구를 이용하여 세 점을 이어 정삼각형을 완성한다.

STEP 07

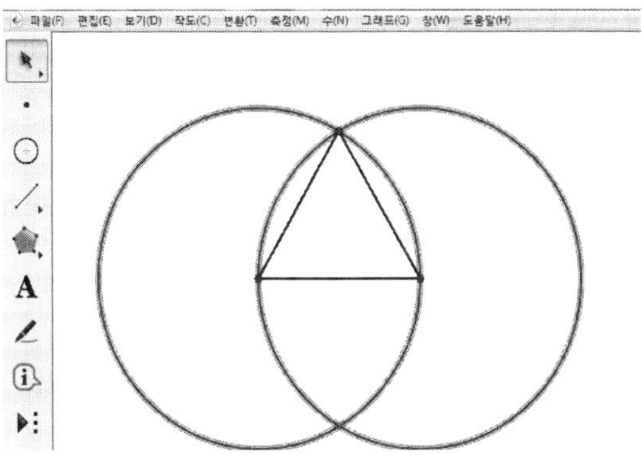

화살표 도구로 두 원을 선택한다.

STEP 08

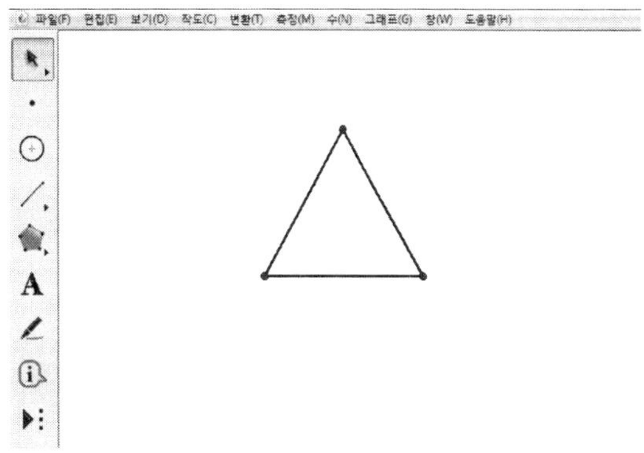

화살표 도구로 두 직선을 선택한 후, 보기(D) 메뉴의 원 숨기기(H) 를 클릭한다.

STEP 09

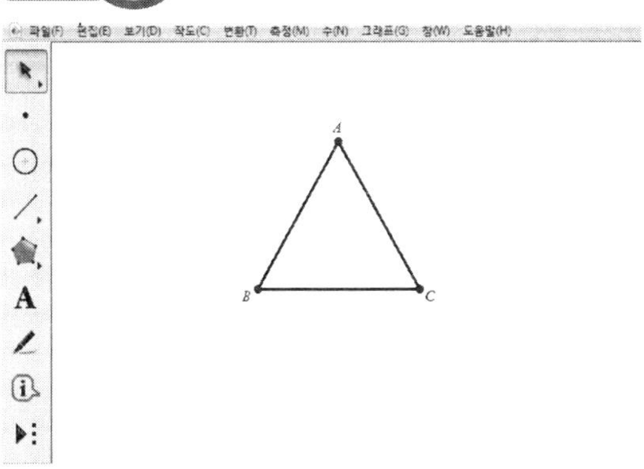

글 도구를 사용하여 정삼각형의 세 꼭짓점에 이름표를 붙인다.

STEP 10

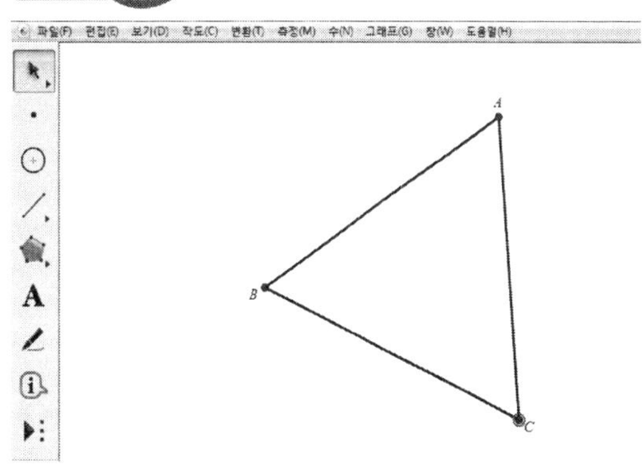

한 점 개체를 끌어서 위치를 변경하여도 정삼각형의 성질은 유지된다.

활동3

직사각형 그리기

방법 수선을 이용하여 직사각형 ABCD 그리기

활용 기능

작도(C) 수선(D) 수선숨기기(D) 선분(S) A

STEP 01

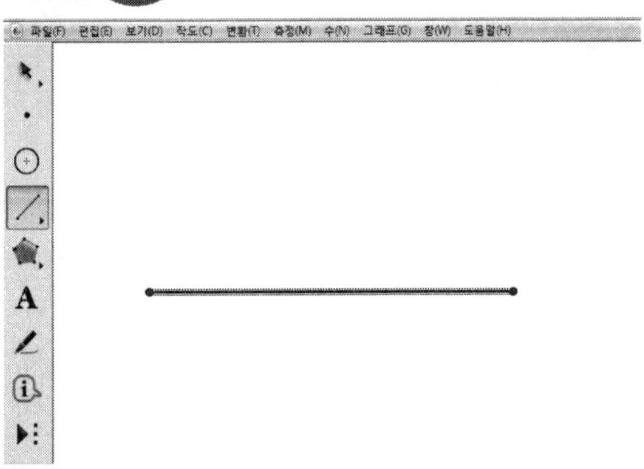

선분 도구로 선분을 그린다.

STEP 02

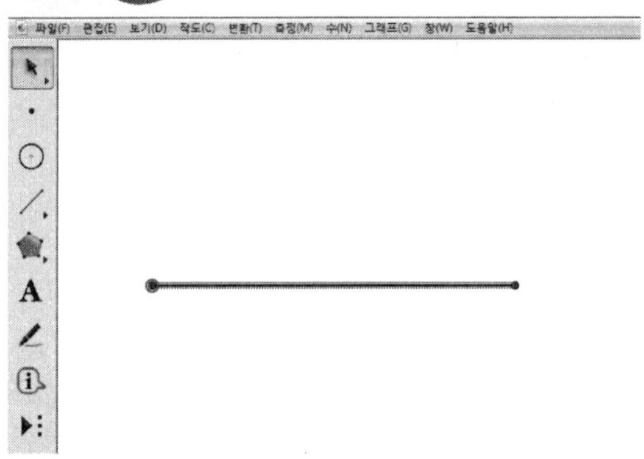

화살표 도구로 한 점과 선분을 선택한다.

STEP 03

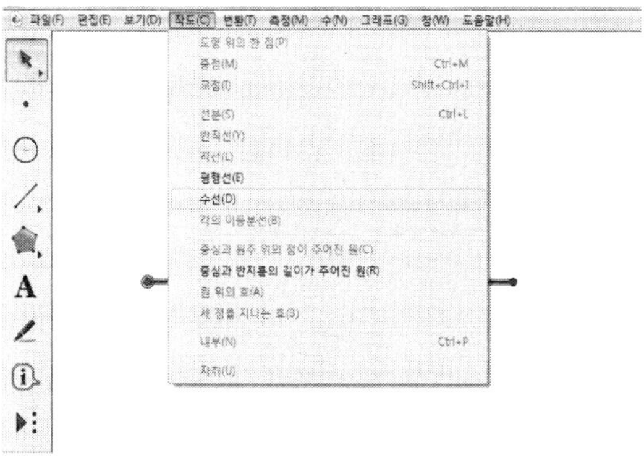

작도(C) 메뉴를 눌러 활성화된 **수선(D)** 을 선택한다.

STEP 04

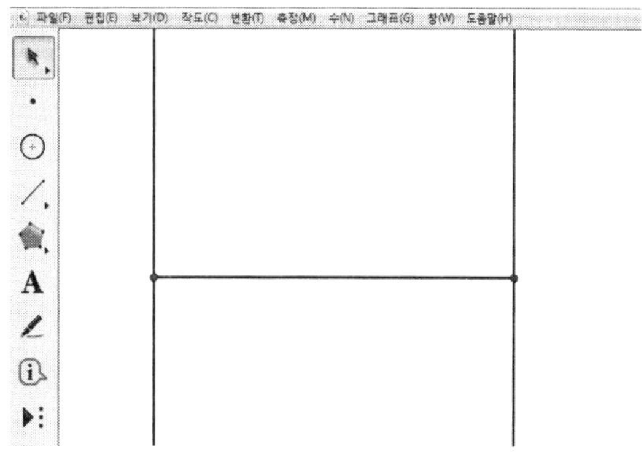

화살표 도구로 다른 한 점과 선분을 선택한 후, **작도(C)** 메뉴를 활용하여 또 다른 수선을 그린다.

STEP 05

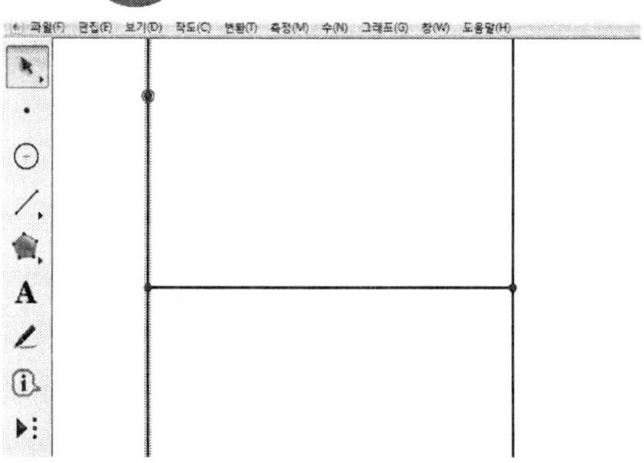

점 도구를 선택하여 한 수선 위에 점을 추가한다.

화살표 도구로 수선과 수선 위의 점을 선택한다.

STEP 06

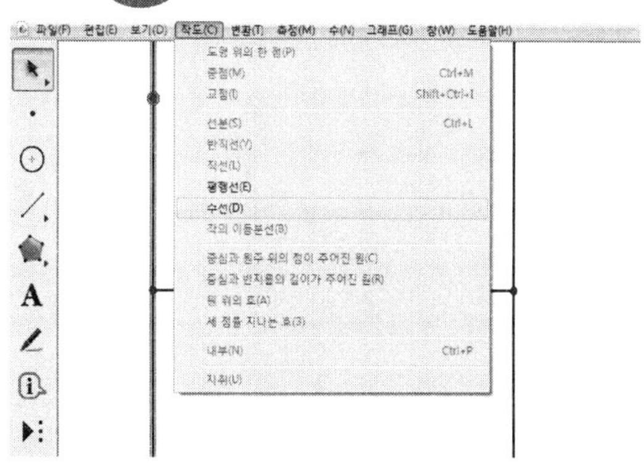

작도(C) 메뉴를 눌러 활성화된 **수선(D)** 을 선택한다.

STEP 07

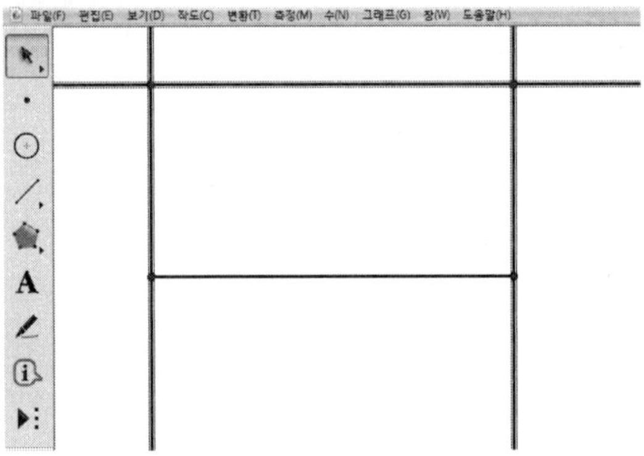

점 도구를 선택하여 수선과 수선이 만나는 지점에 점을 추가한다.

화살표 도구로 세 수선을 선택한다.

STEP 08

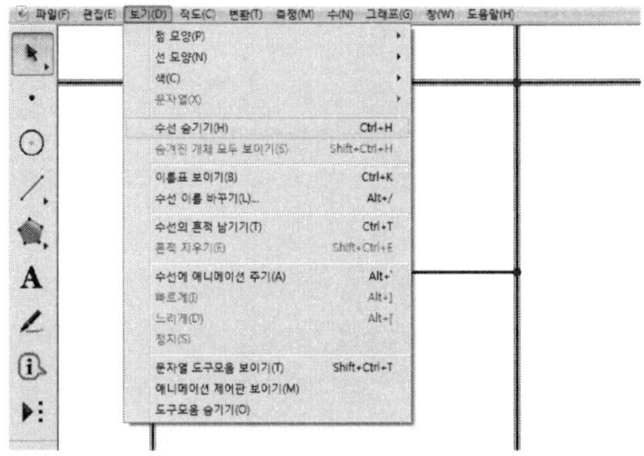

보기(D) 메뉴를 눌러 활성화된 **수선 숨기기(H)** 를 선택한다.

STEP 09

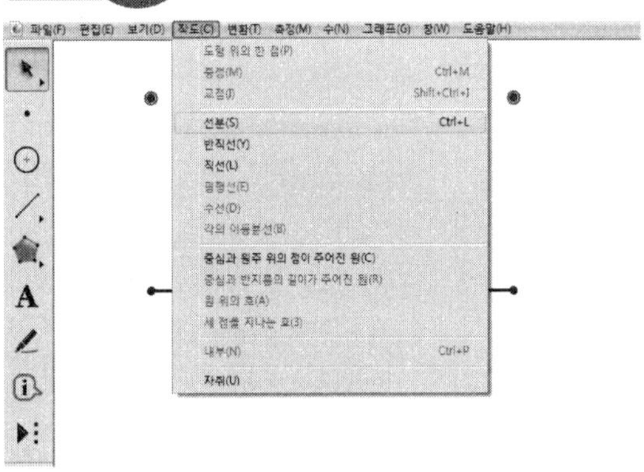

화살표 도구로 두 점을 선택하고 **작도(C)** 메뉴를 눌러 활성화된 **선분(S)** 을 선택한다.

STEP 10

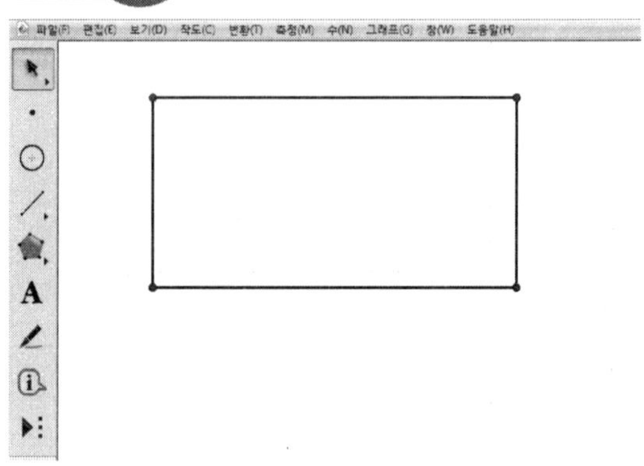

같은 방법으로 나머지 두 선분을 그어 직사각형을 완성한다.

STEP 11

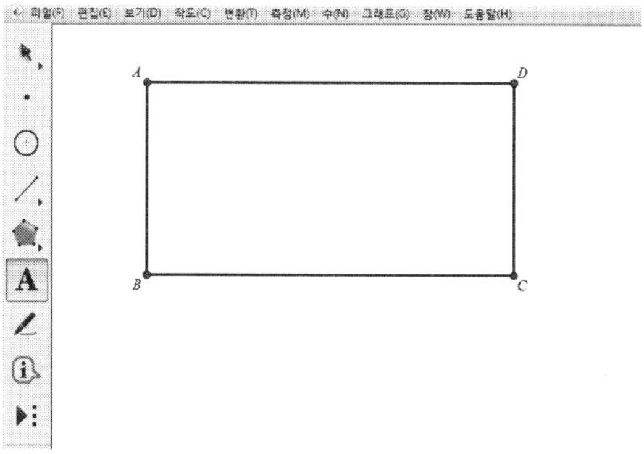

A 글 도구를 사용하여 각 점에 이름표를 붙인다.

STEP 12

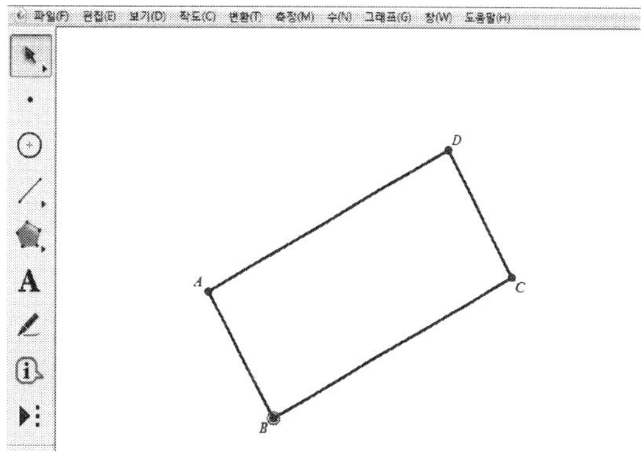

네 점 중 한 점을 끌어 위치를 변경하여도 직사각형의 성질은 유지된 채 모양만 변한다.

활동4

선분의 등분점 그리기

방법 닮음을 이용하여 선분의 등분점 그리기

활용 기능

선분(S) A 변환(T) 닮음변환(D)

STEP 01

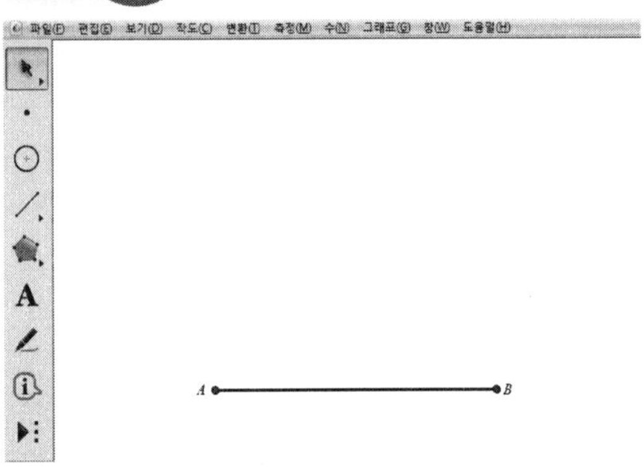

선분 도구와 **글 도구**를 이용하여 선분 AB를 그린다.

STEP 02

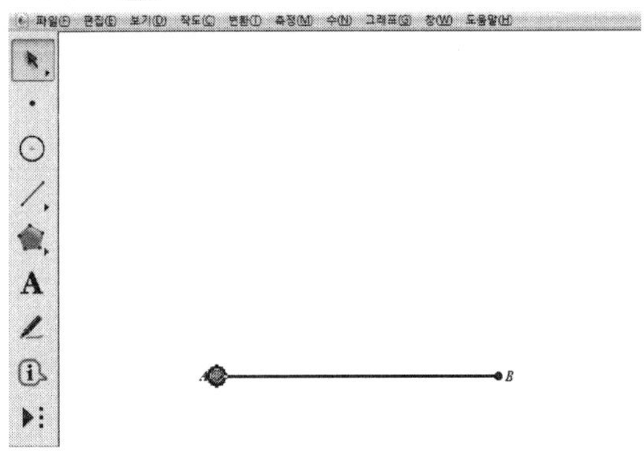

화살표 도구로 점 A를 더블클릭하여 **중심으로 지정**한다.

STEP 03

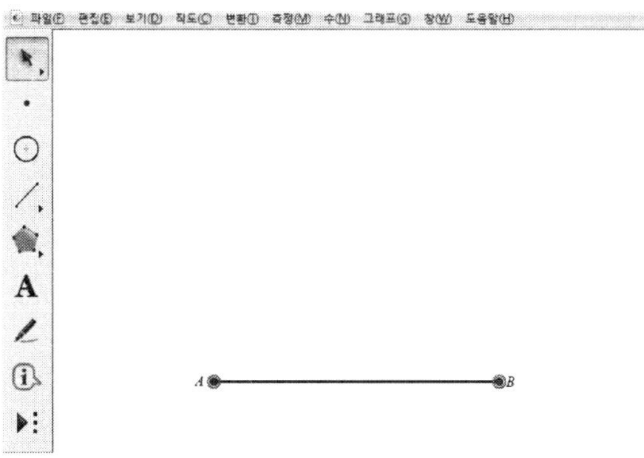

화살표 도구로 점 A와 점 B를 선택한다.

STEP 04

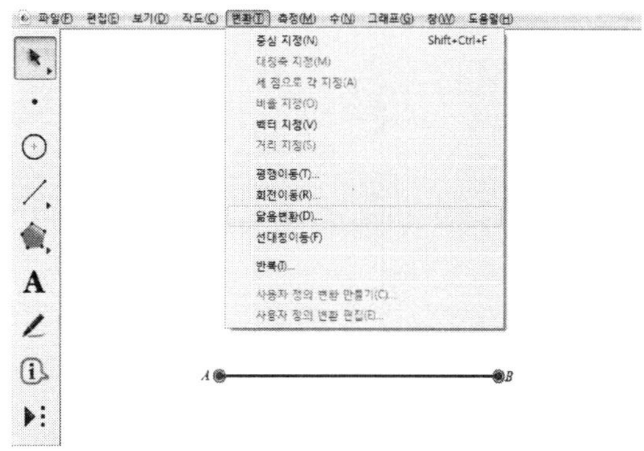

변환(T) 메뉴의 닮음변환(D) 을 선택한다.

STEP 05

직접 입력(F) 으로 $\frac{1}{3}$을 입력한다.

STEP 06

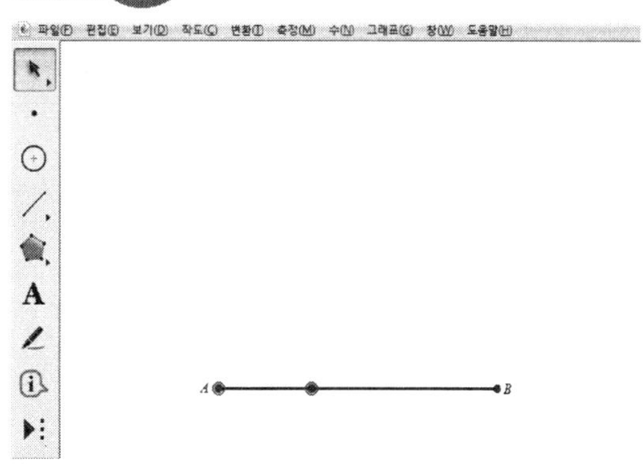

실행(R) 을 선택한다.

STEP 07

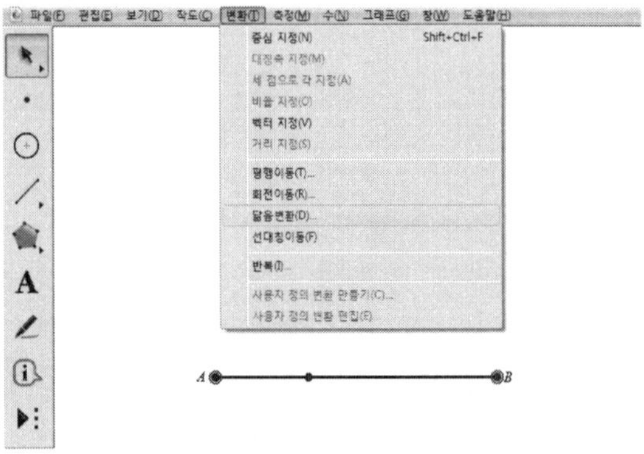

화살표 도구로 점 A와 점 B를 순서대로 선택한다. **변환(T)** 메뉴의 **닮음변환(D)** 을 선택한다.

STEP 08

직접 입력(F) 으로 $\frac{2}{3}$ 를 입력한다.

STEP 09

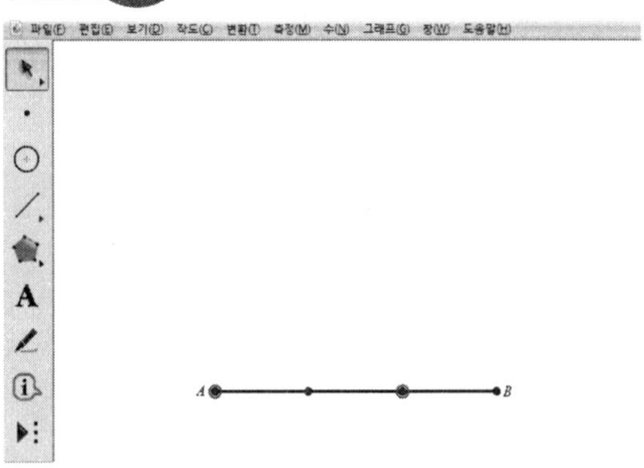

실행(R) 을 선택한다.

학습활동

GSP를 이용하여 Line Designs를 그려보자.

활동5

Line Designs 그리기

활용 기능

• / ↖ A 작도(C) 선분(S) 변환(T) 닮음변환(D)

STEP 01

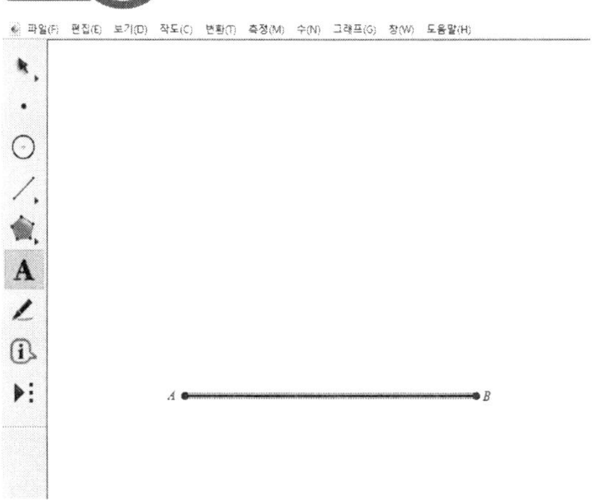

/ **선분 도구**와 **A** **글 도구**를 이용하여 선분 AB를 그린다.

STEP 02

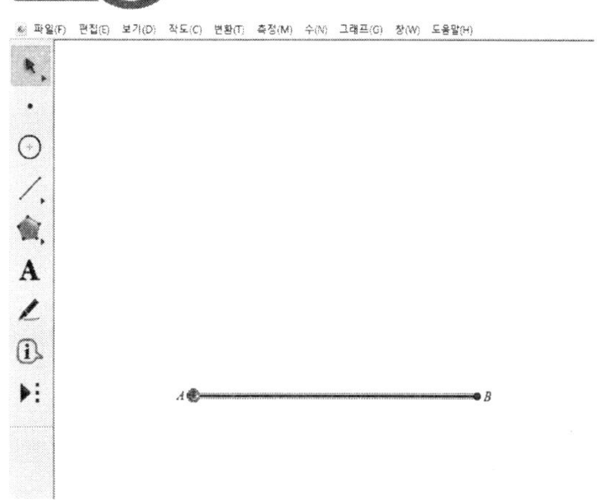

↖ **화살표 도구**로 점 A를 더블클릭하여 **중심으로 지정**한다.

STEP 03

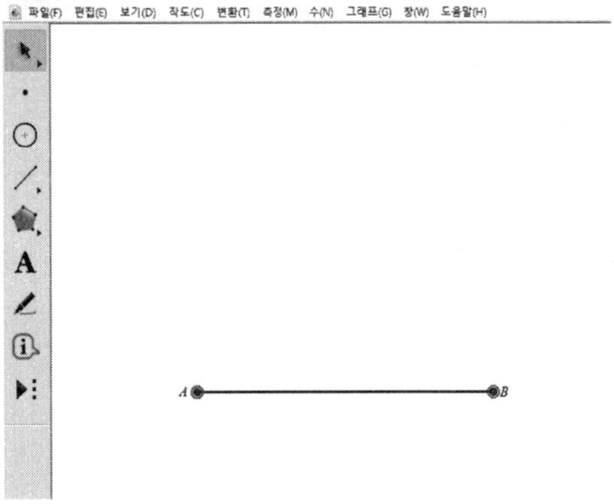

화살표 도구로 점 A와 점 B를 선택한다.

STEP 04

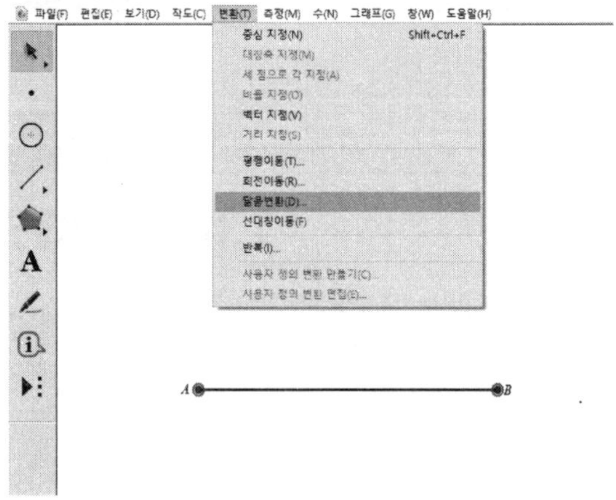

변환(T) 메뉴의 **닮음변환(D)** 을 선택한다.

STEP 05

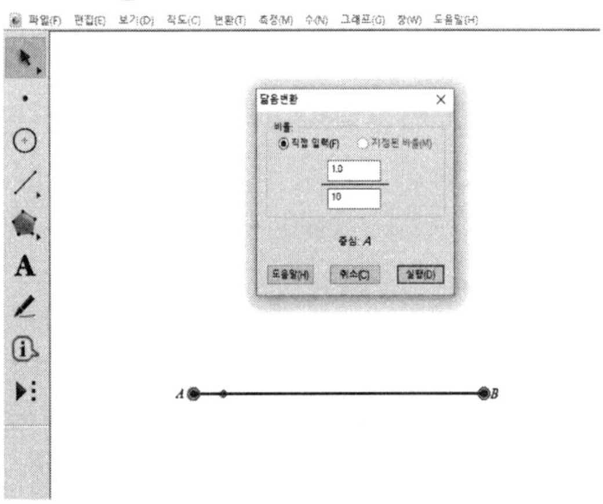

직접 입력(F) 으로 $\frac{1}{10}$ 로 입력한다.

STEP 06

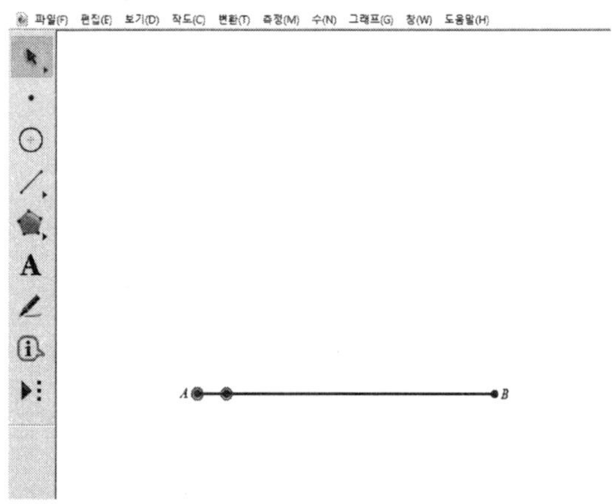

실행(R) 을 선택한다.

STEP 07

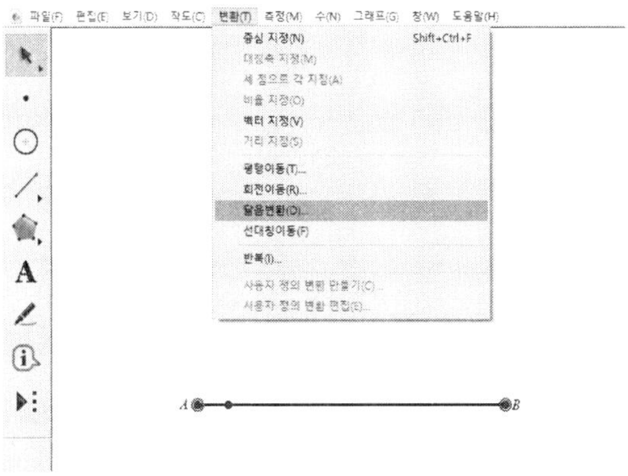

화살표 도구로 점 A와 점 B를 순서대로 선택한다. **변환(T)** 메뉴의 **닮음변환(D)** 을 선택한다.

STEP 08

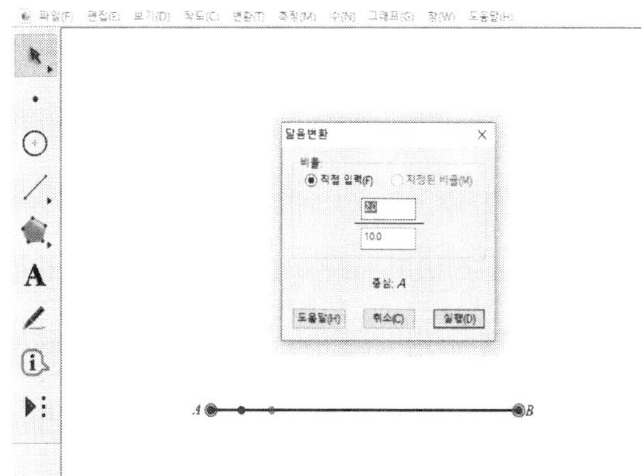

직접 입력(F) 으로 $\frac{2}{10}$ 로 입력한다.

STEP 09

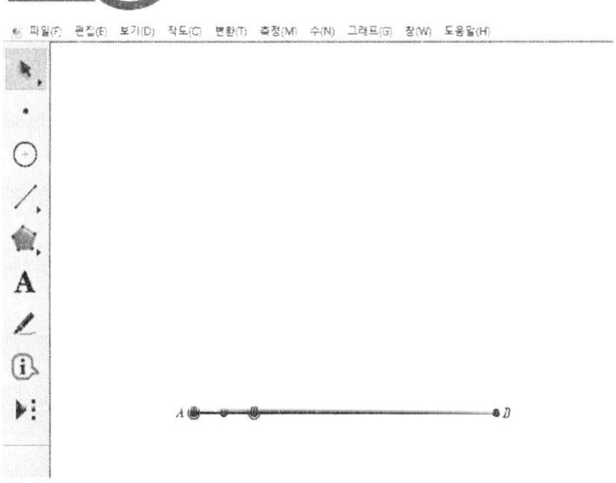

실행(R) 을 선택한다.

STEP 10

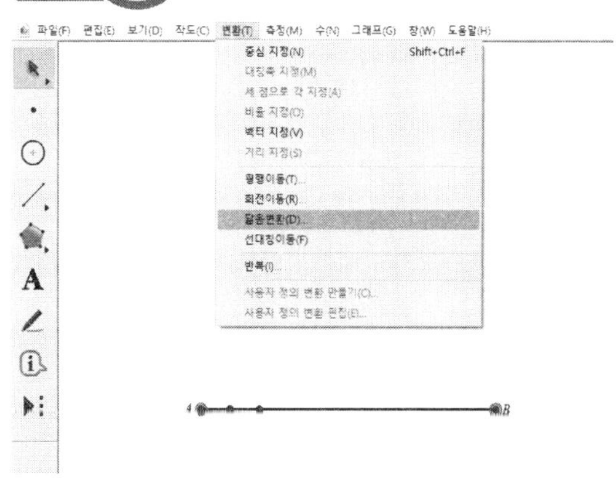

화살표 도구로 점 A와 점 B를 순서대로 선택한다. **변환(T)** 메뉴의 **닮음변환(D)** 을 선택한다.

STEP 11

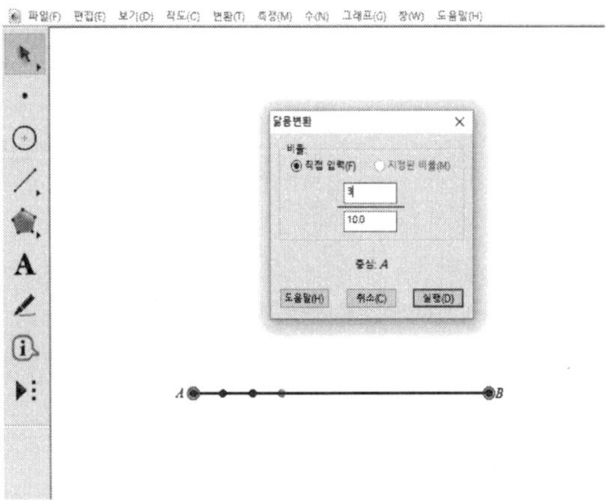

직접 입력(F) 으로 $\frac{3}{10}$ 로 입력한다.

STEP 12

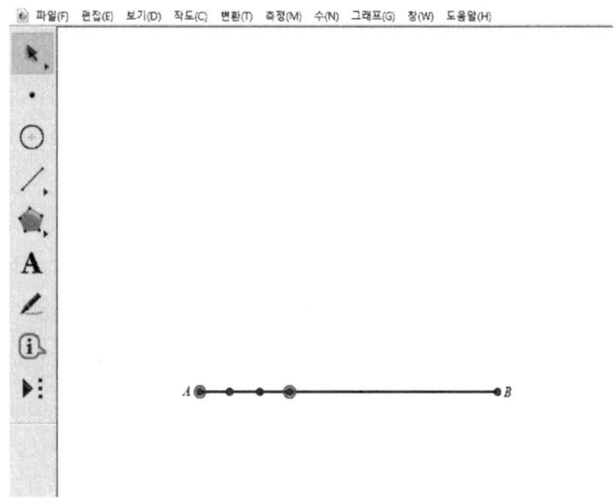

실행(R) 을 선택한다.

STEP 13

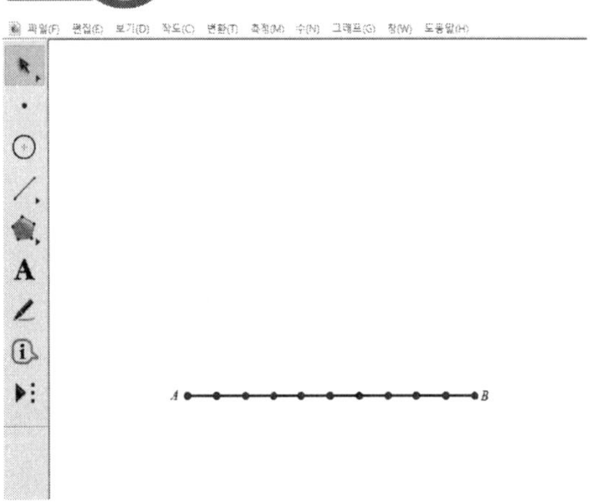

같은 과정을 반복하여 선분 AB를 10등분하는 점 9개를 그린다.

STEP 14

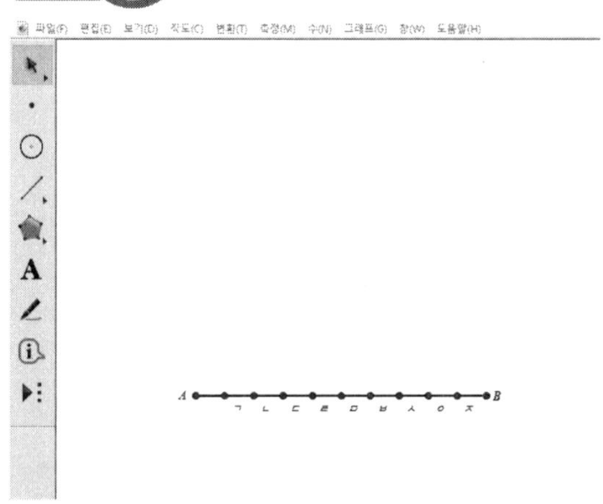

A **글 도구**를 선분 AB를 등분한 점들에 각각 ㄱ~ㅈ까지의 이름표를 붙인다.

STEP 15

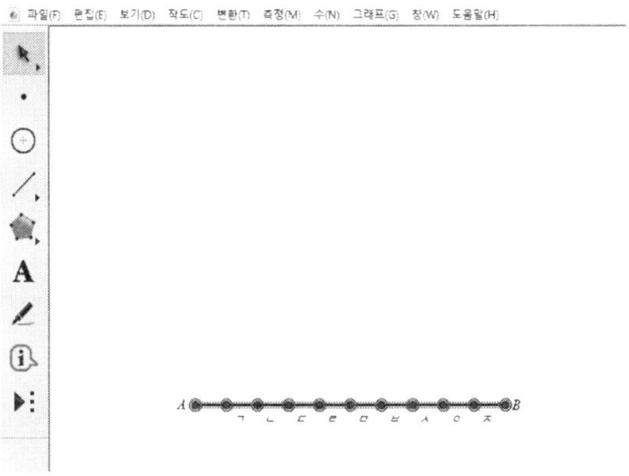

화살표 도구를 선택한 후 드래그하여 선분과 등분점을 모두 선택한다.

STEP 16

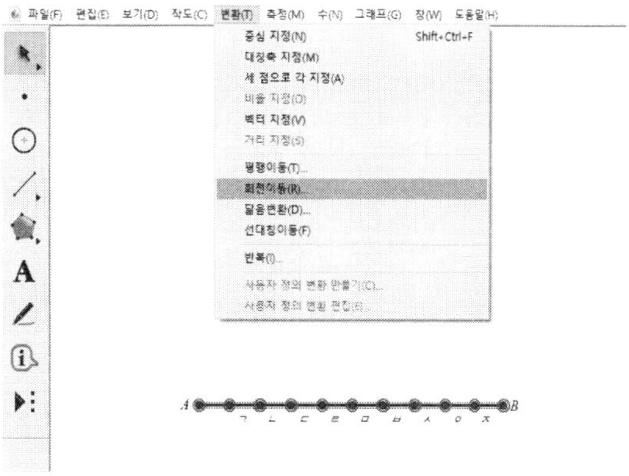

화살표 도구로 선분 AB와 등분점들을 모두 선택한다. **변환(T)** 메뉴의 **회전이동(R)** 을 선택한다.

STEP 17

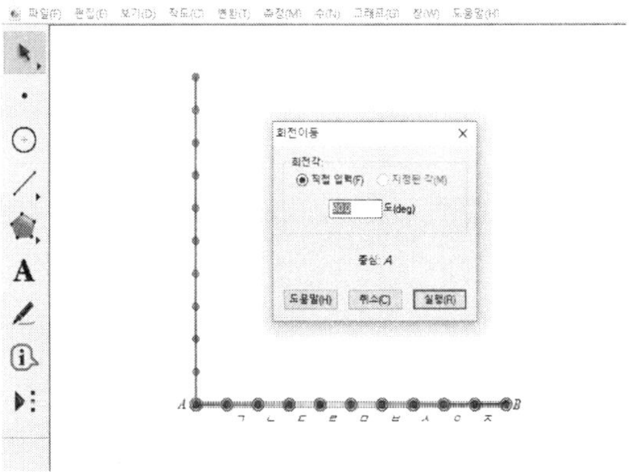

직접 입력(F) 으로 90도를 입력한다.

STEP 18

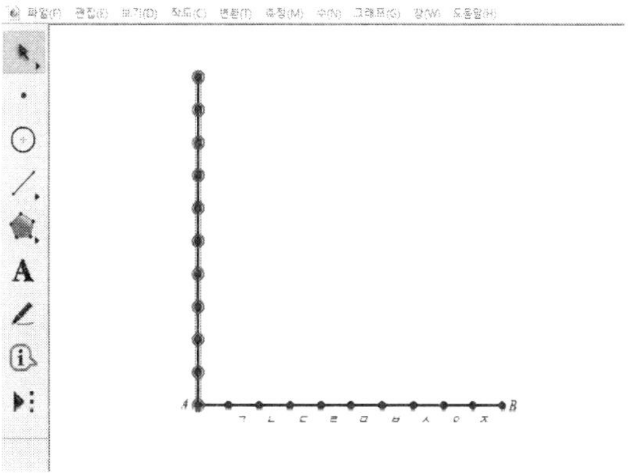

실행(R) 을 선택한다.

STEP 19

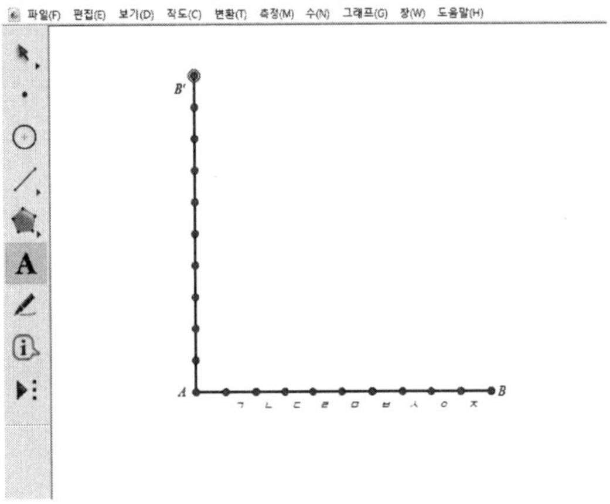

A 글 도구를 이용하여 선분 B′A의 이름표를 붙인다.

STEP 20

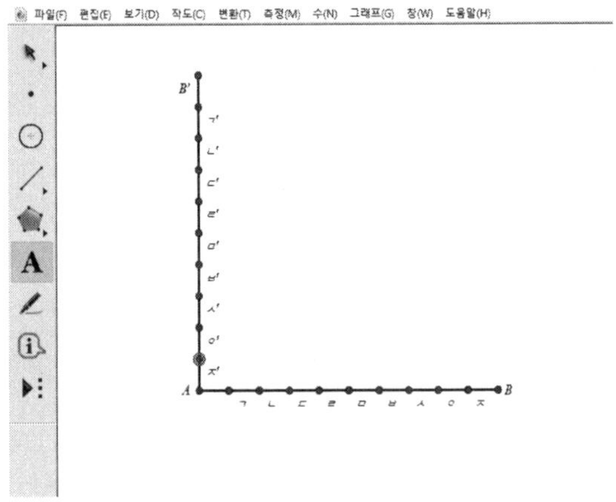

A 글 도구를 선분 B′A를 등분한 점들에 각각 ㄱ′~ㅈ′까지의 이름표를 붙인다.

STEP 21

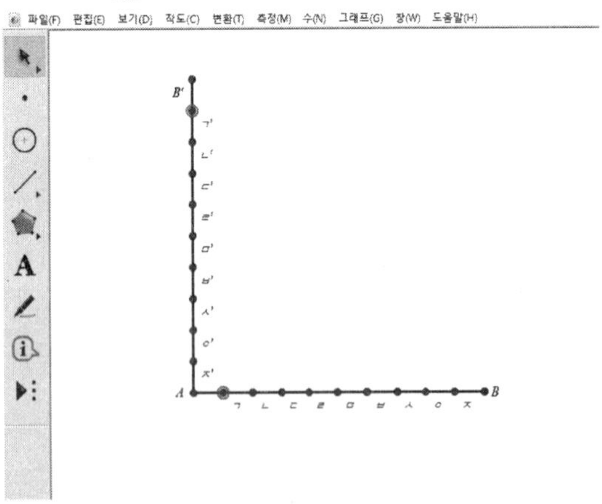

화살표 도구로 점 ㄱ와 점 ㄱ′를 선택한다.

STEP 22

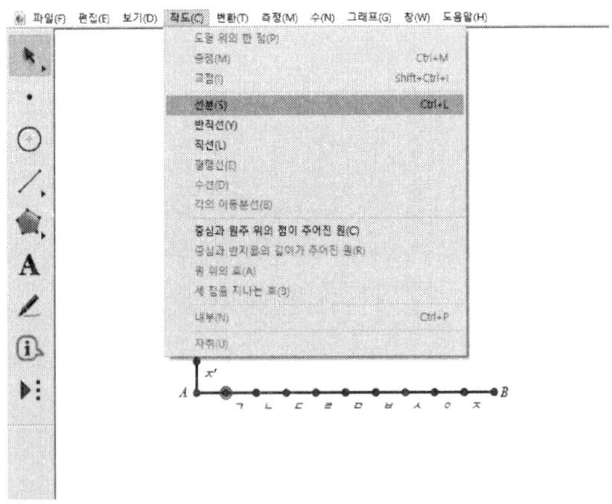

작도(C) 메뉴를 선택한다.

STEP 23

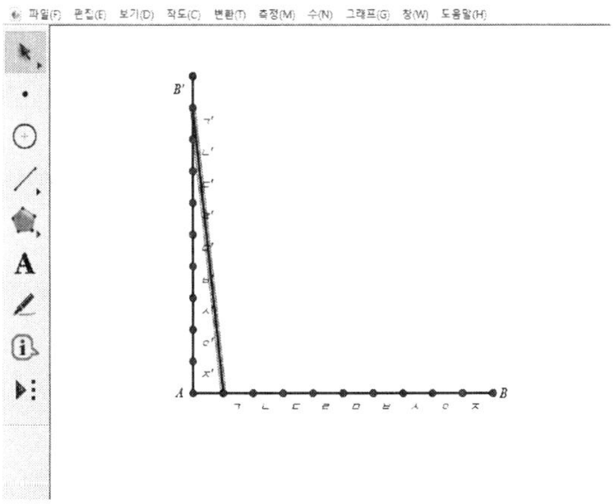

선분(S) 을 선택하여 선분 ㄱㄱ′을 그린다.

STEP 24

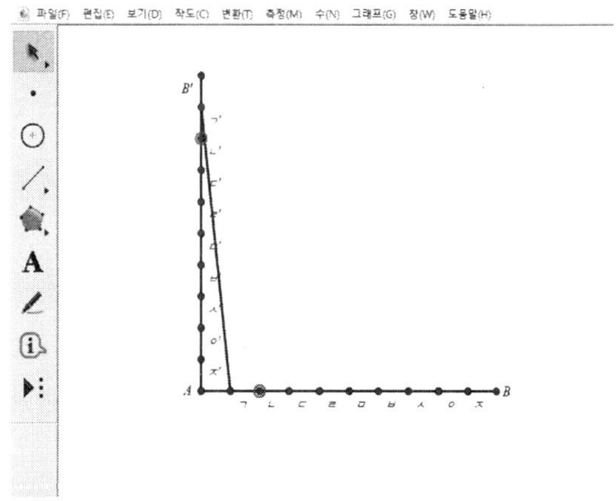

화살표 도구로 점 ㄴ와 점 ㄴ′를 선택한다.

STEP 25

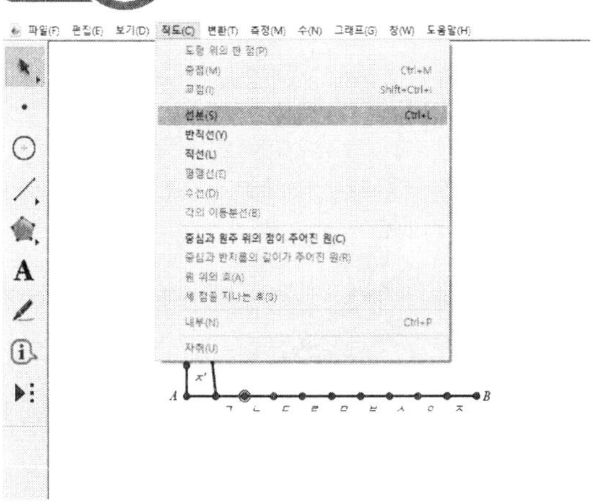

작도(C) 메뉴를 선택한다.

STEP 26

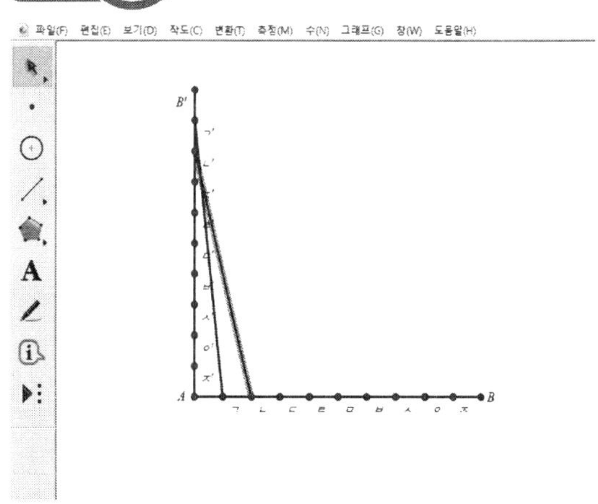

선분(S) 을 선택하여 선분 ㄴㄴ′을 그린다.

STEP 27

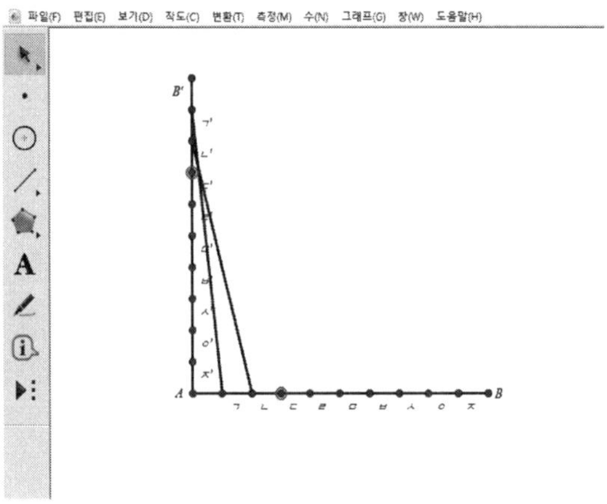

화살표 도구로 점 ㄷ와 점 ㄷ′를 선택한다.

STEP 28

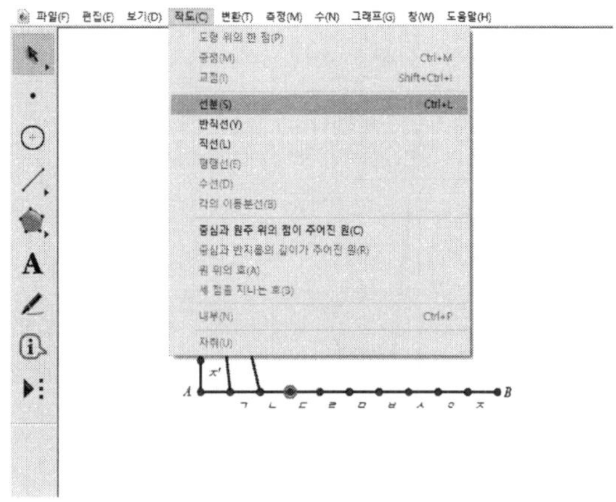

작도(C) 메뉴를 선택한다.

STEP 29

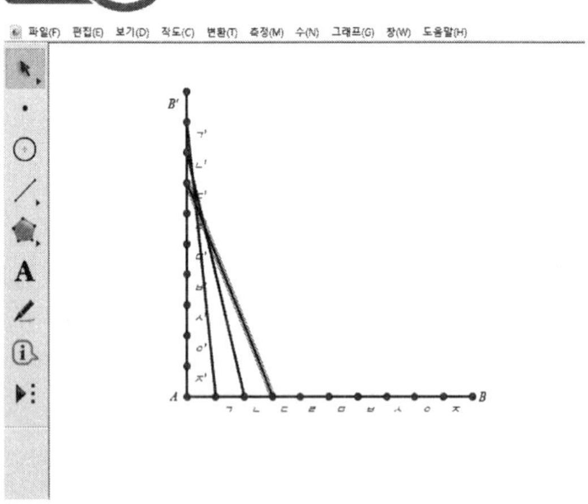

선분(S) 을 선택하여 선분 ㄷㄷ′을 그린다.

STEP 30

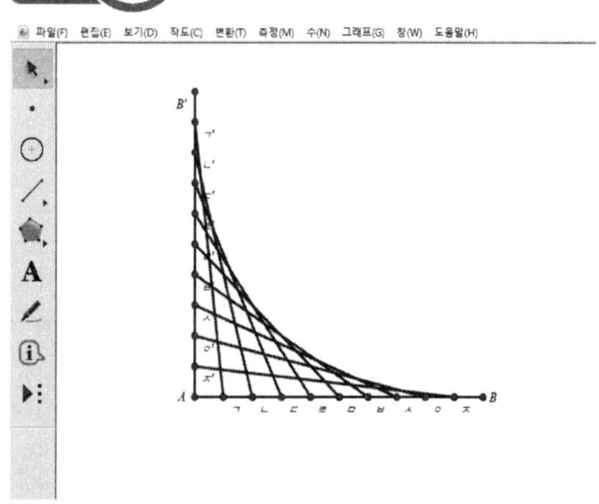

같은 방식으로 선분 ㅈㅈ″까지 그려 기본 Line Designs를 완성한다.

활동6

정삼각형을 이용한 Line Design 그리기

활용 기능

• / ↖ A 작도(C) 선분(S) 변환(T) 닮음변환(D) 회전이동(R)

STEP 01

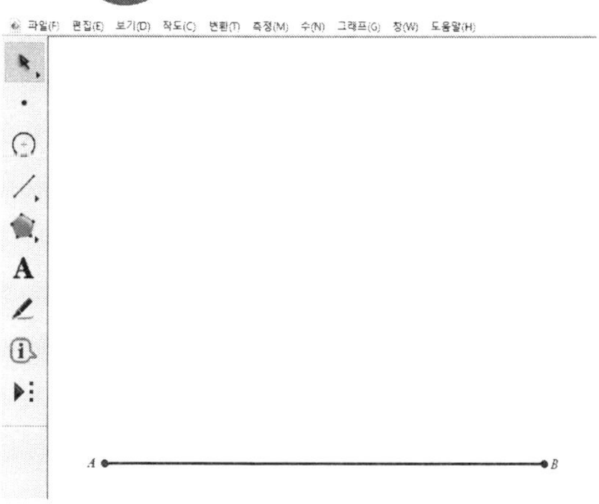

선분 도구와 A **글 도구**를 이용하여 선분 AB를 그린다.

STEP 02

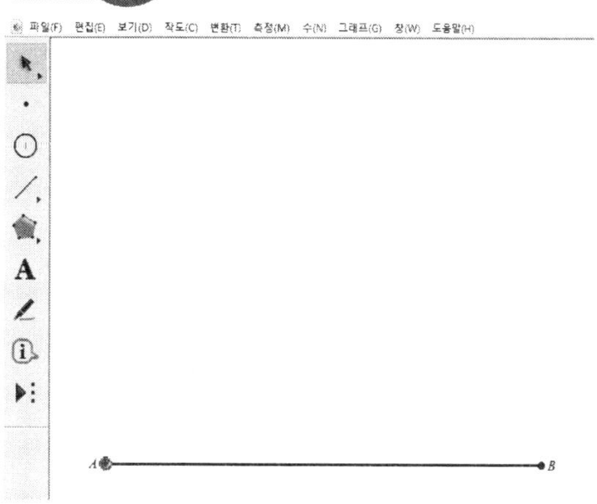

화살표 도구로 점 A를 더블클릭하여 **중심으로 지정**한다.

STEP 03

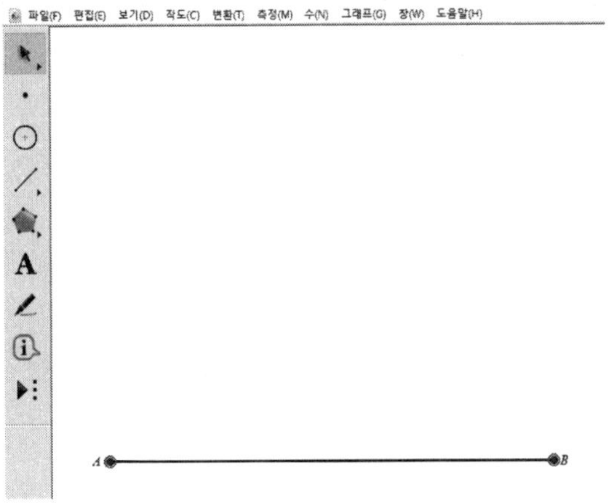

화살표 도구로 점 A와 점 B를 선택한다.

STEP 04

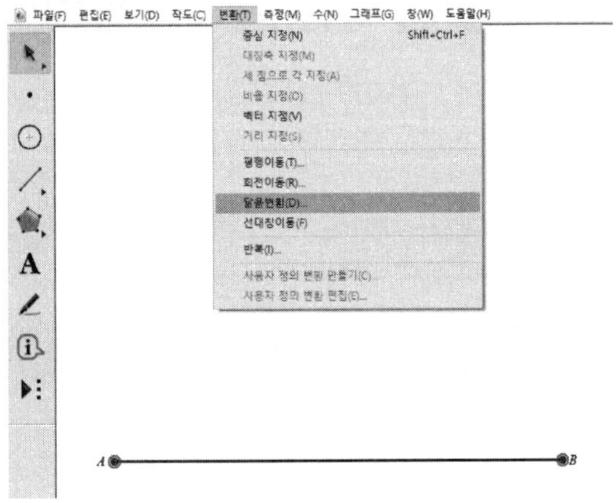

변환(T) 메뉴의 **닮음변환(D)** 을 선택한다.

STEP 05

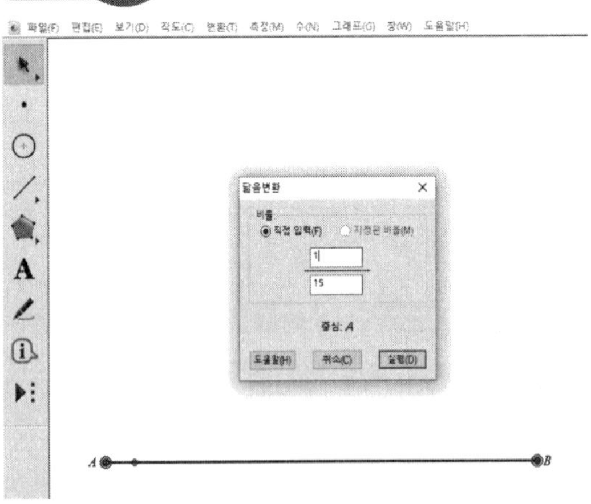

직접 입력(F) 으로 $\frac{1}{15}$ 로 입력한다.

STEP 06

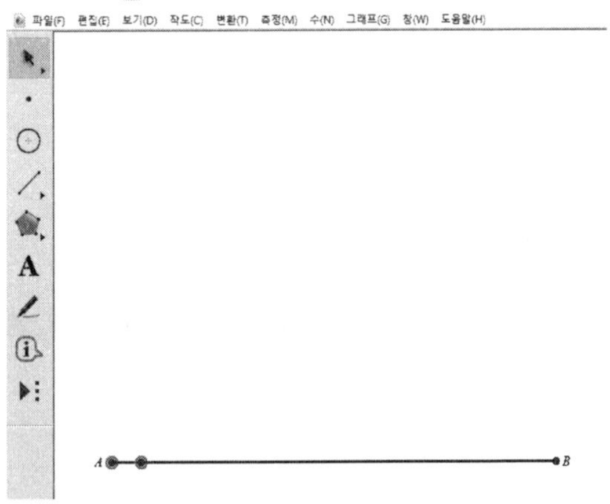

실행(R) 을 선택한다.

STEP 07

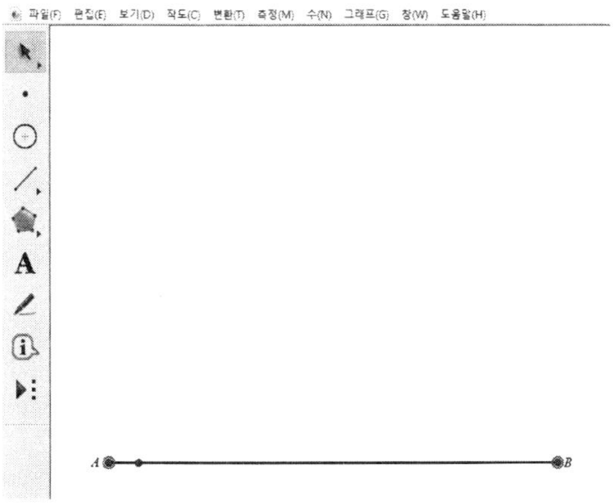

화살표 도구로 점 A와 점 B를 선택한다.

STEP 08

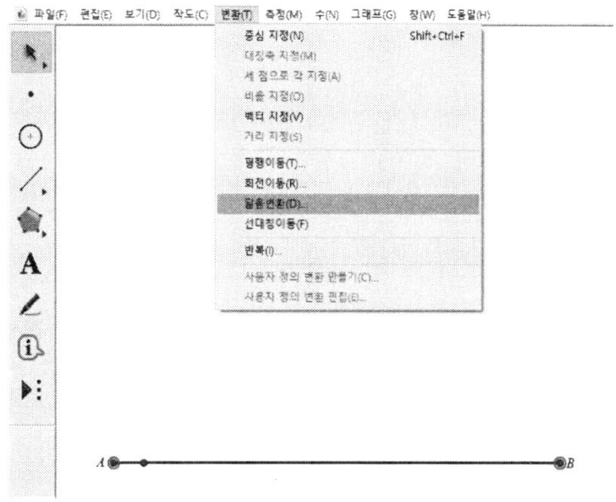

변환(T) 메뉴의 **닮음변환(D)** 을 선택한다.

STEP 09

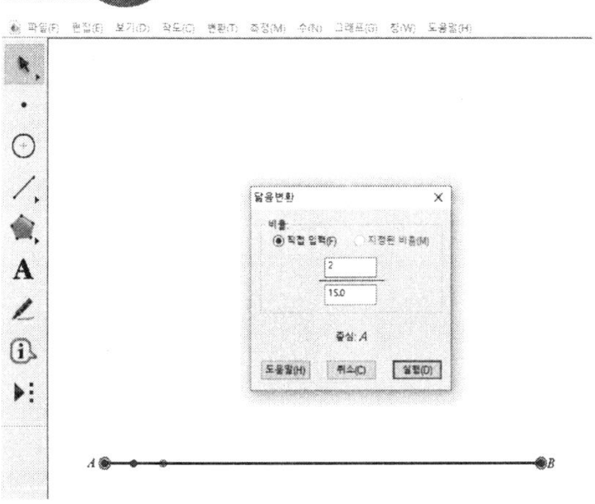

직접 입력(F) 으로 $\frac{2}{15}$ 로 입력한다.

STEP 10

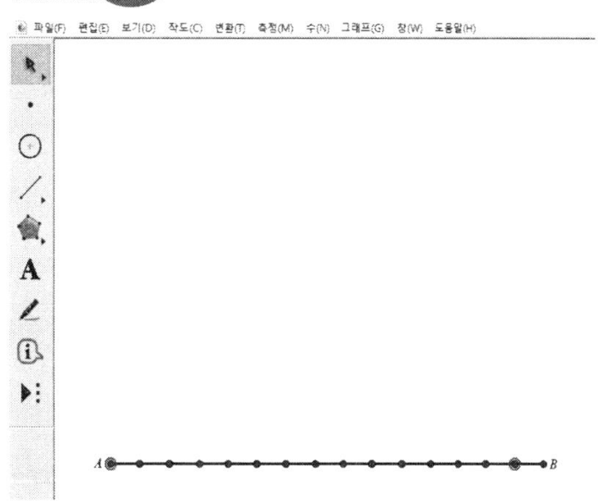

같은 과정을 반복하여 선분 AB를 15등분하는 점 14개를 그린다.

STEP 11

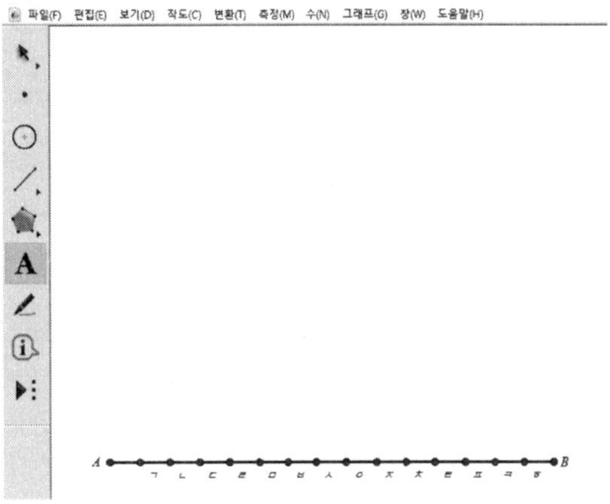

A **글 도구**를 선분 AB를 등분한 점들에 각각 ㄱ~ㅎ까지의 이름표를 붙인다.

STEP 12

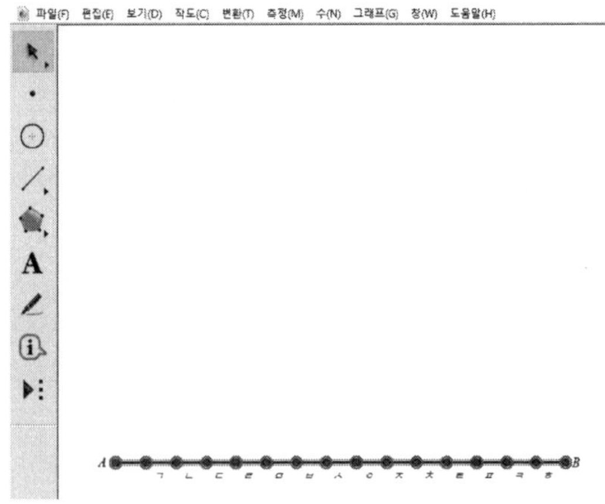

화살표 도구로 선분 AB와 등분점들을 모두 선택한다.

STEP 13

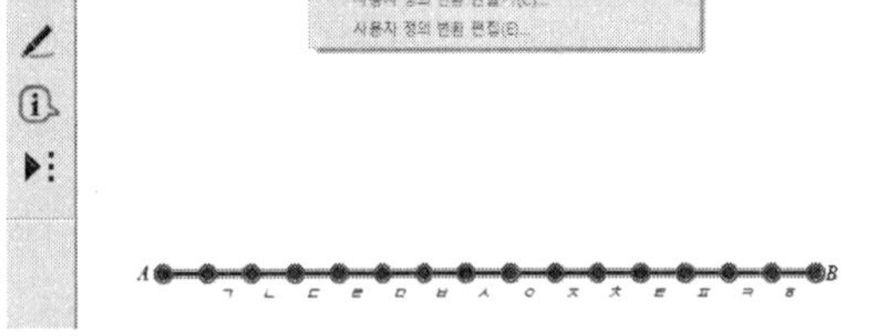

변환(T) 메뉴의 **회전이동(R)** 을 선택한다.

STEP 14

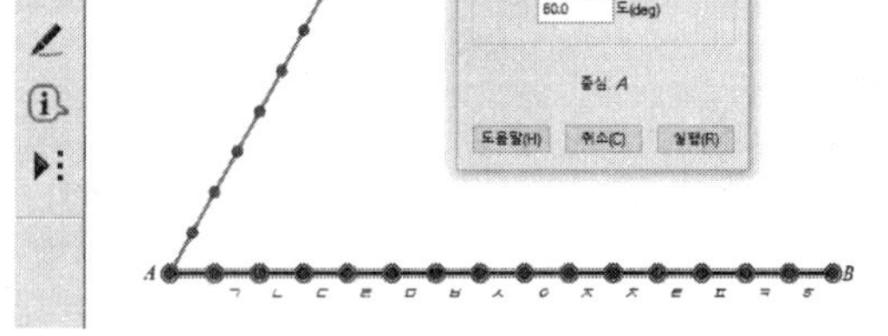

직접 입력(F) 으로 60도를 입력한다.

STEP 15

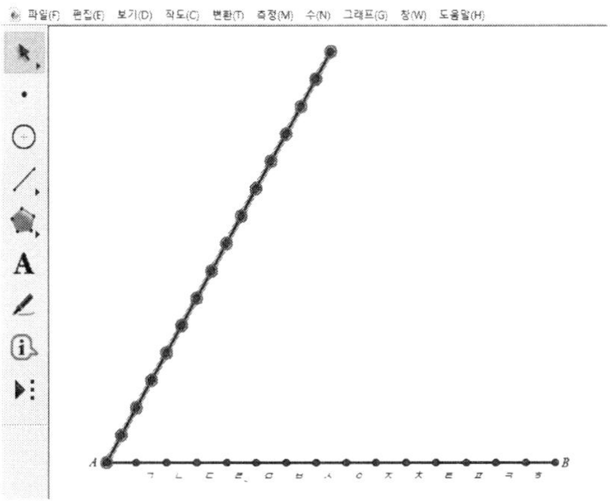

실행(R) 을 선택한다.

STEP 16

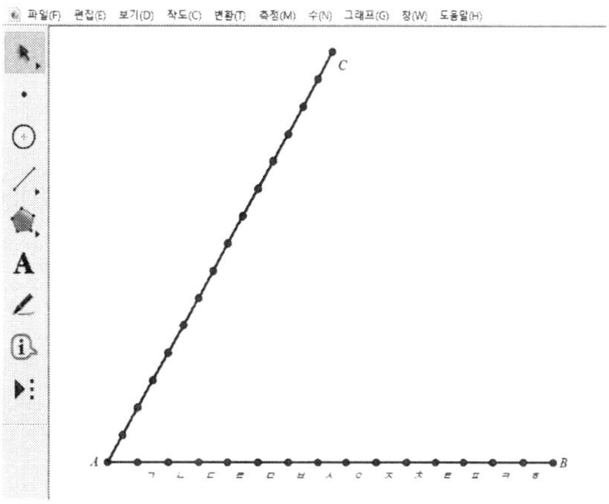

A 글 도구를 이용하여 선분 CA의 이름표를 붙인다.

STEP 17

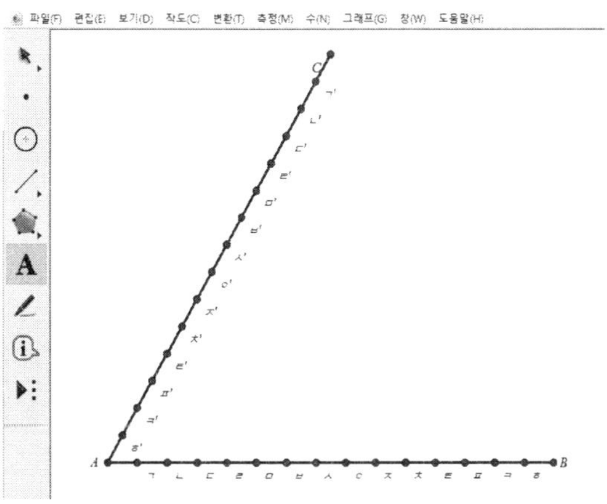

A 글 도구를 선분 CA를 등분한 점들에 각각 ㄱ′~ㅎ′까지의 이름표를 붙인다.

STEP 18

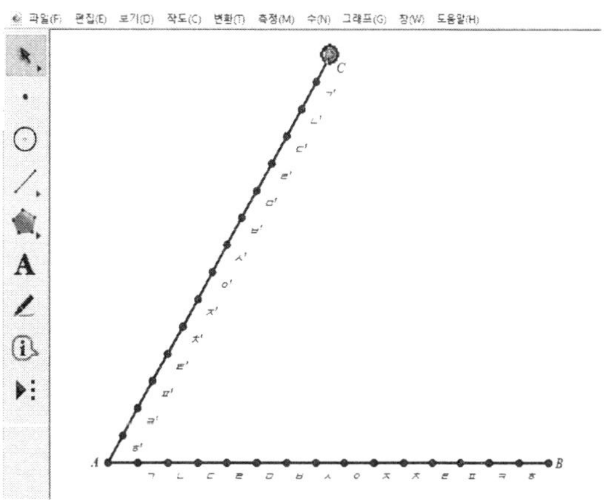

화살표 도구로 점 C를 더블클릭하여 **중심으로 지정**한다.

STEP 19

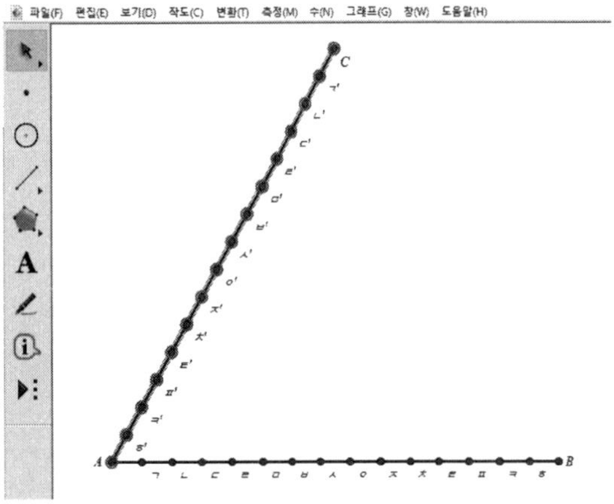

화살표 도구로 선분 CA와 등분점들을 모두 선택한다.

STEP 20

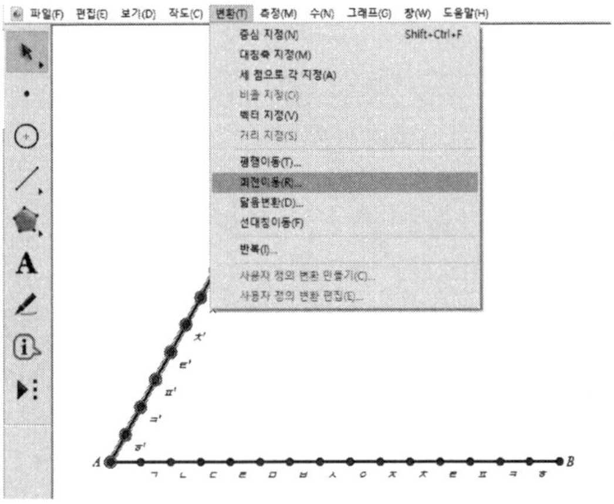

변환(T) 메뉴의 **회전이동(R)** 을 선택한다.

STEP 21

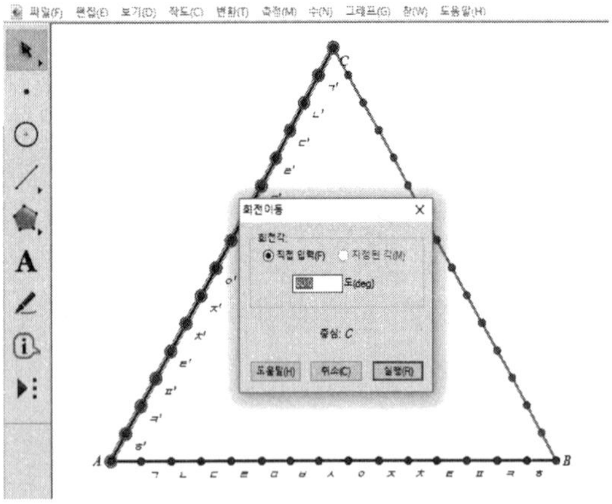

직접 입력(F) 으로 60도를 입력한다.

STEP 22

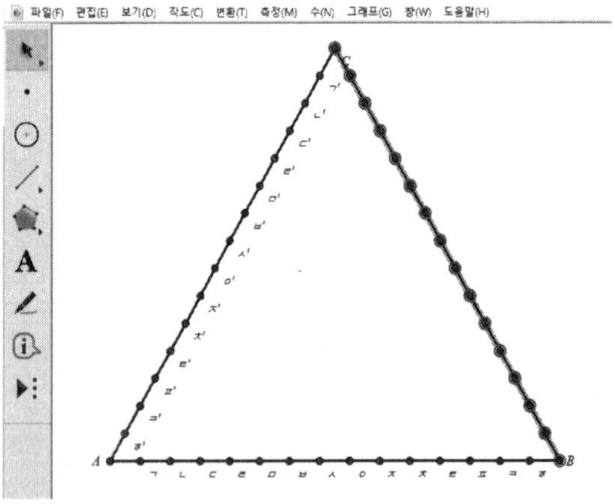

실행(R) 을 선택한다.

STEP 23

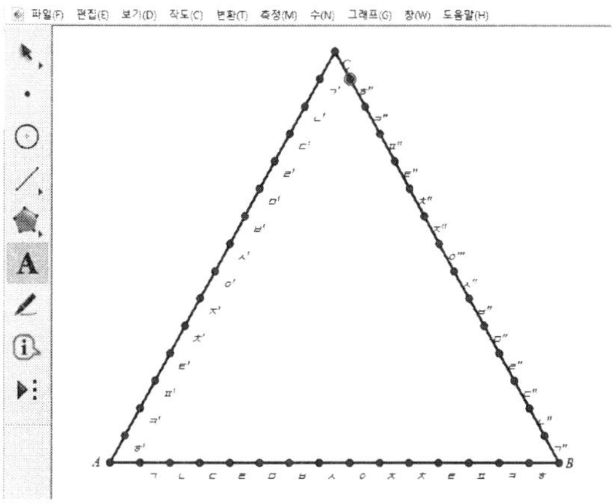

A **글 도구**를 선분 BC를 등분한 점들에 각각 ㄱ″~ㅎ″까지의 이름표를 붙인다.

STEP 24

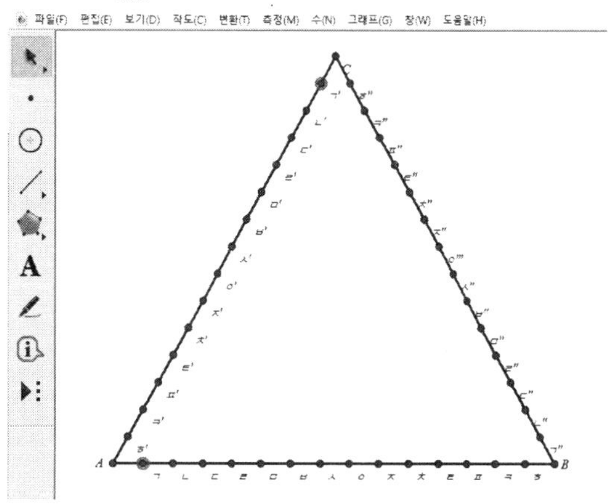

화살표 도구로 점 ㄱ와 점 ㄱ′를 선택한다.

STEP 25

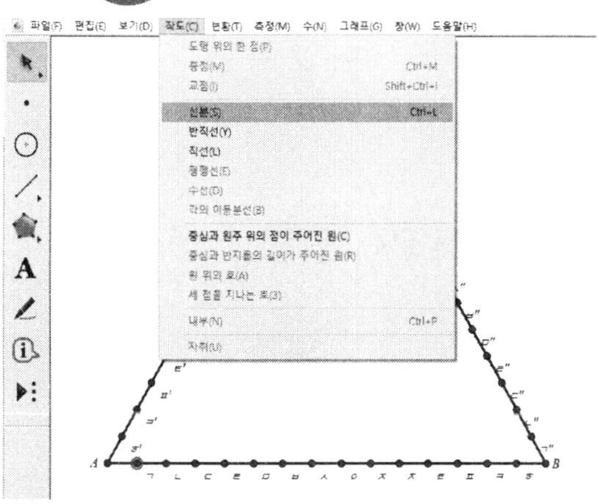

작도(C) 메뉴를 선택한다.

STEP 26

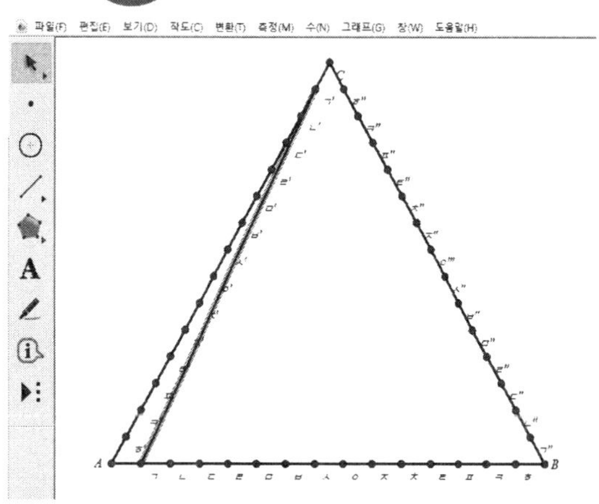

선분(S) 을 선택하여 선분 ㄱㄱ′을 그린다.

STEP 27

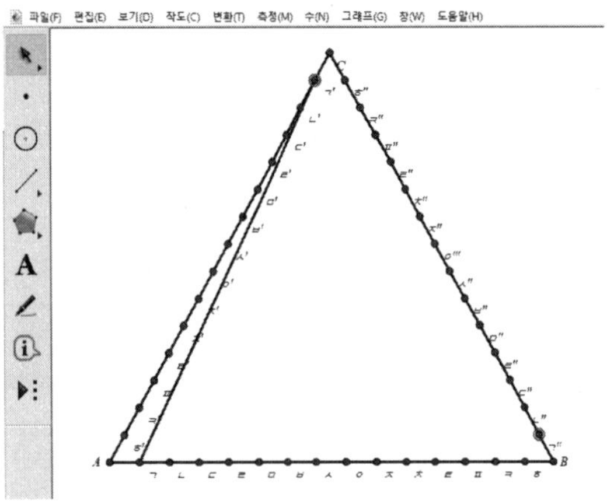

화살표 도구로 점 ㄱ′와 점 ㄱ″를 선택한다.

STEP 28

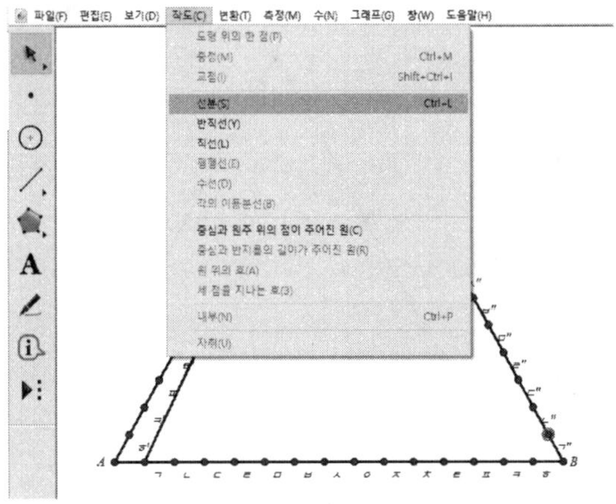

작도(C) 메뉴를 선택한다.

STEP 29

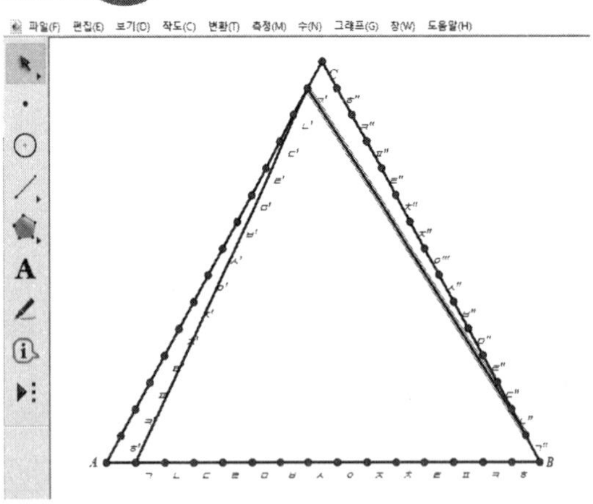

선분(S) 을 선택하여 선분 ㄱ′ㄱ″을 그린다.

STEP 30

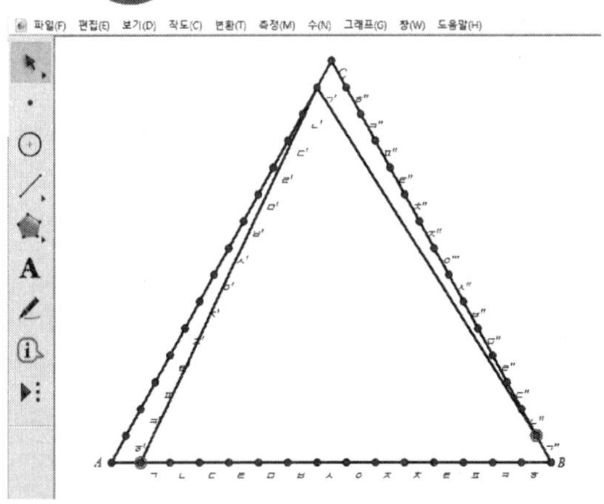

화살표 도구로 점ㄱ″와 점ㄱ를 선택한다.

STEP 31

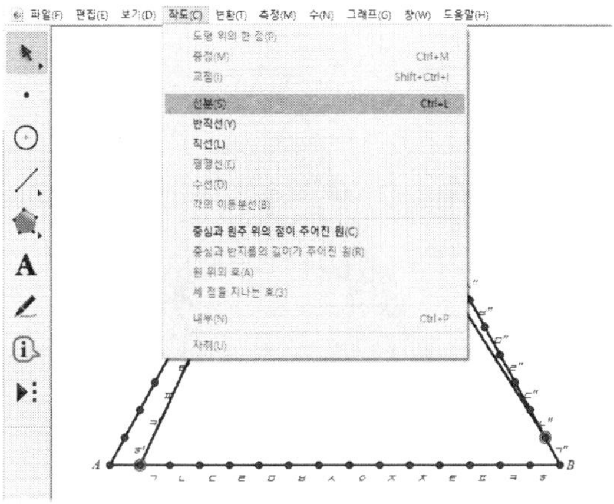

작도(C) 메뉴를 선택한다.

STEP 32

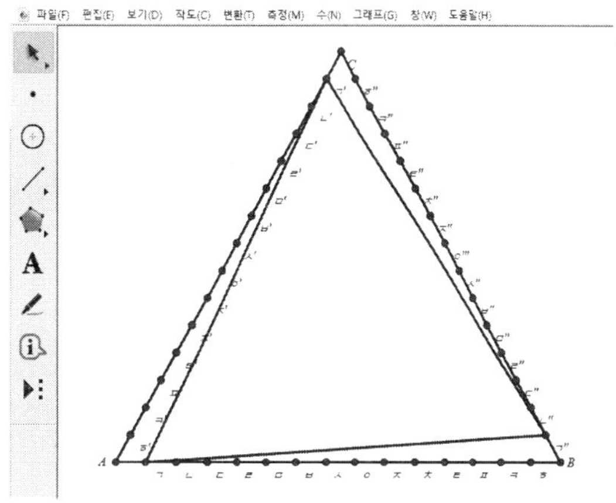

선분(S) 을 선택하여 선분 ㄱ″ㄱ을 그린다.

STEP 33

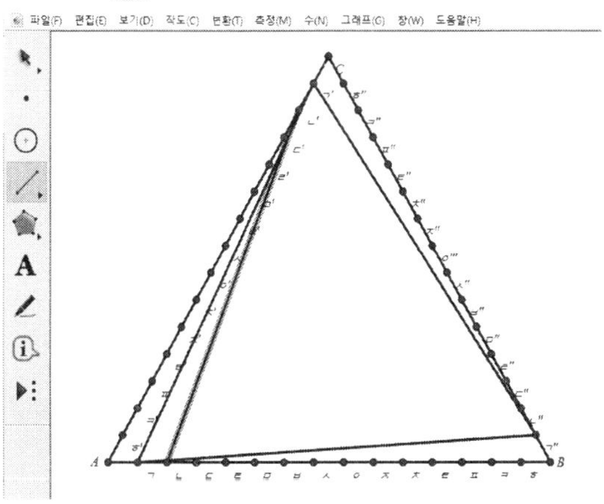

선분 도구를 이용하여 선분 ㄴㄴ′을 그린다.

STEP 34

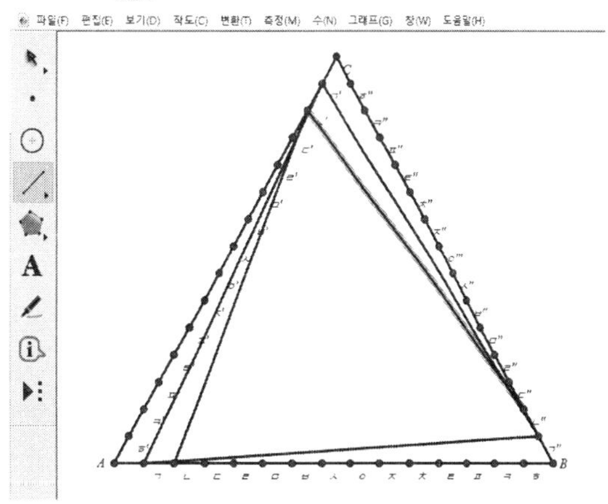

선분 도구를 이용하여 선분 ㄴ′ㄴ″을 그린다.

STEP 35

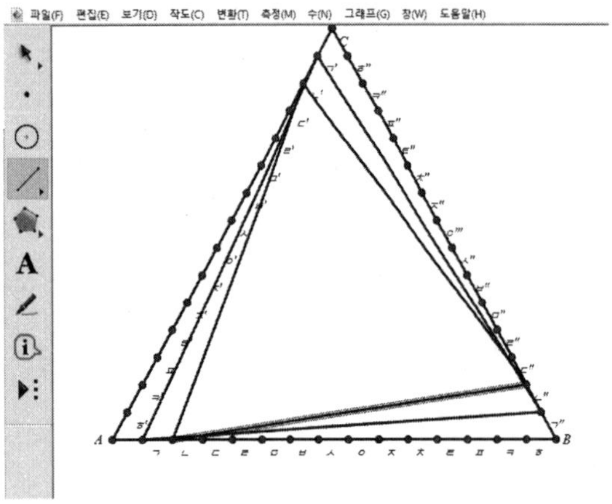

선분 도구를 이용하여 선분 ㄴ"ㄴ을 그린다.

STEP 36

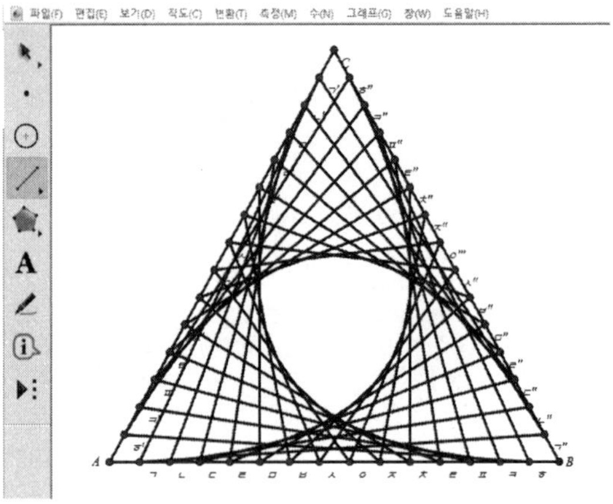

같은 방법은 선분 ㅎ"ㅎ까지 그려 Line Designs를 완성한다.

심화 활동

✔ GSP로 정사각형을 이용한 Line Designs를 그려보자.

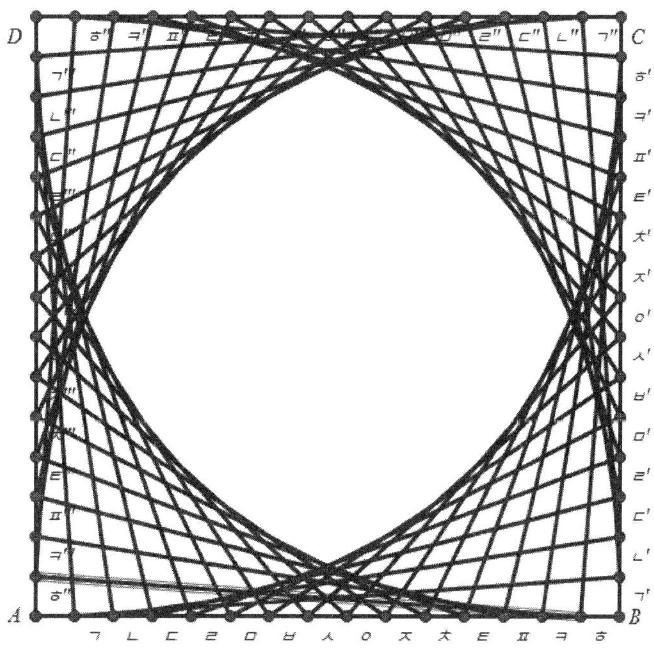

심화 활동 모범답안

활용 기능

작도(C) 선분(S) 변환(T) 닮음변환(D) 회전이동(R)

STEP 01

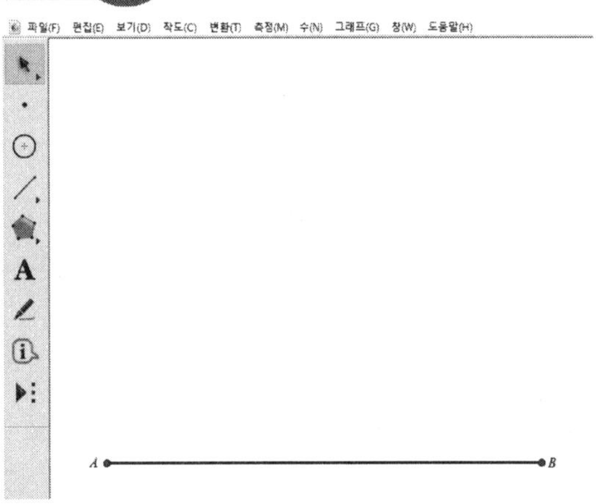

선분 도구와 **글 도구**를 이용하여 선분 AB를 그린다.

STEP 02

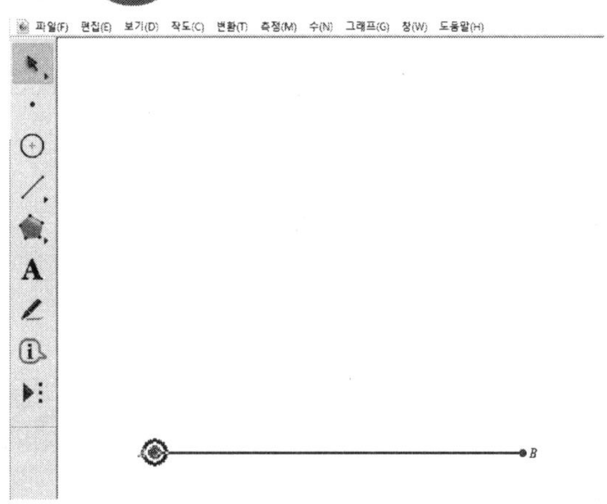

화살표 도구로 점 A를 더블클릭하여 **중심으로 지정**한다.

STEP 03

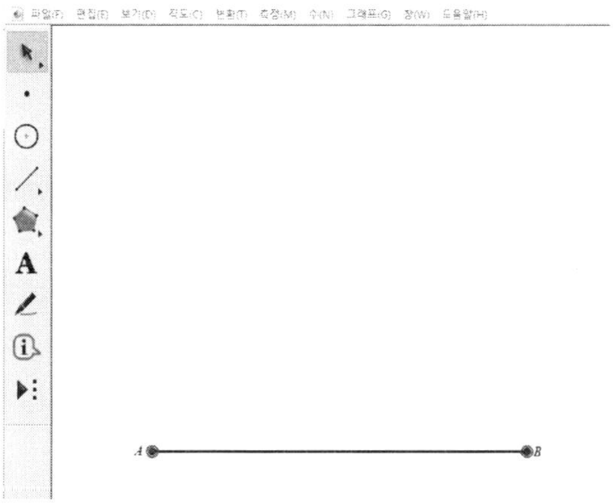

화살표 도구로 점 A와 점 B를 선택한다.

STEP 04

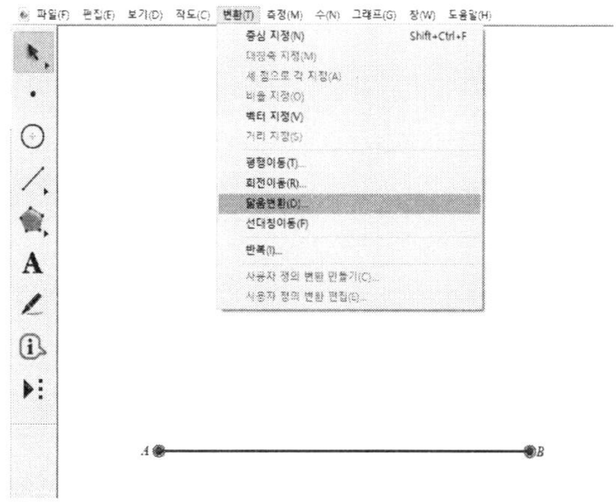

변환(T) 메뉴의 닮음변환(D) 을 선택한다.

STEP 05

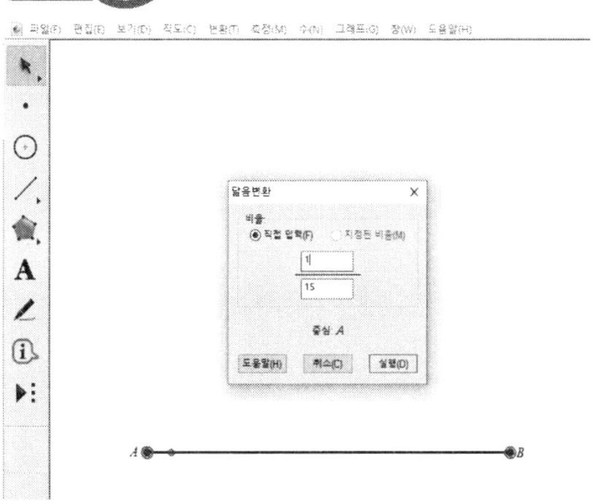

직접 입력(F) 으로 $\frac{1}{15}$ 로 입력한다.

STEP 06

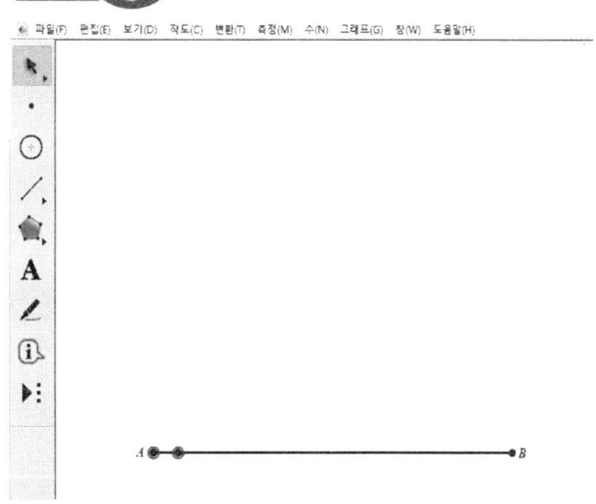

실행(R) 을 선택한다.

STEP 07

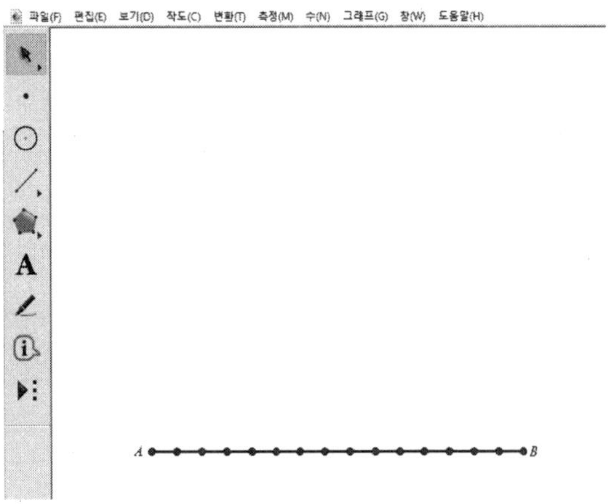

선분 AB를 15등분하는 점 14개를 그린다.

STEP 08

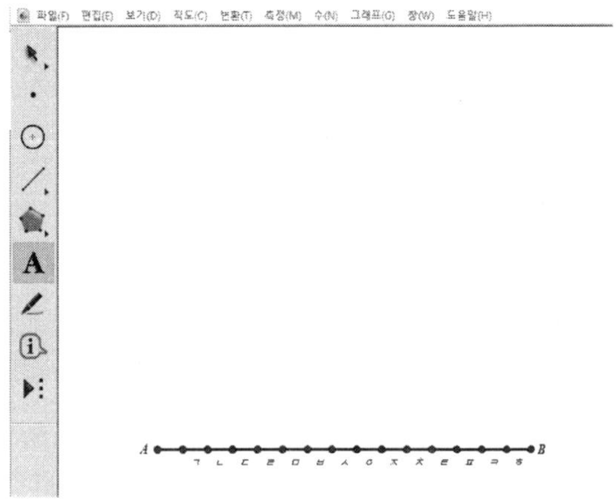

글 도구를 선분 AB를 등분한 점들에 각각 ㄱ~ㅎ까지의 이름표를 붙인다.

STEP 09

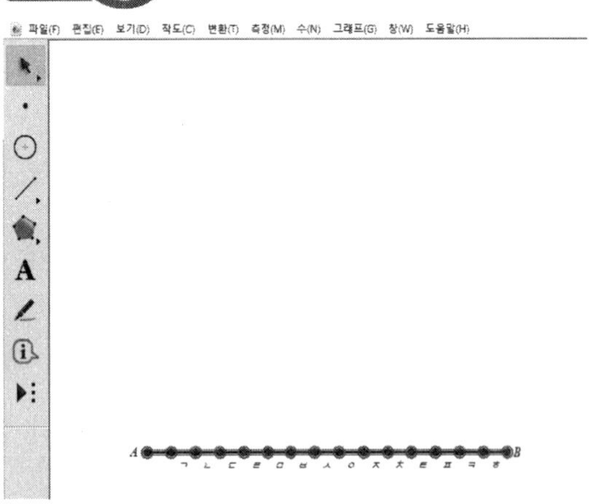

화살표 도구로 선분 AB와 등분점들을 모두 선택한다.

STEP 10

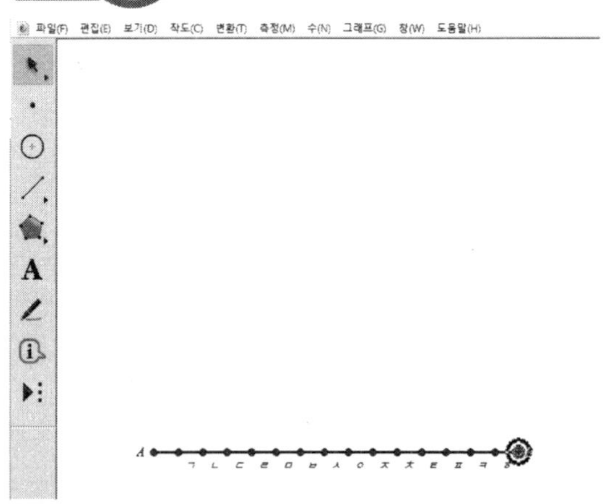

화살표 도구로 점 B를 더블클릭하여 **중심으로 지정**한다.

STEP 11

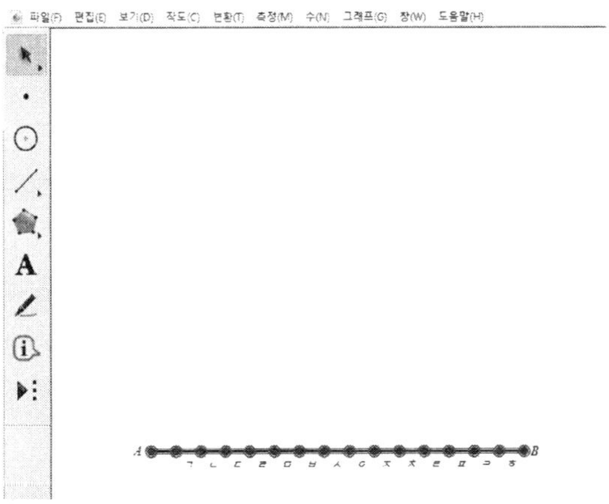

화살표 도구로 선분 BA와 등분점들을 모두 선택한다.

STEP 12

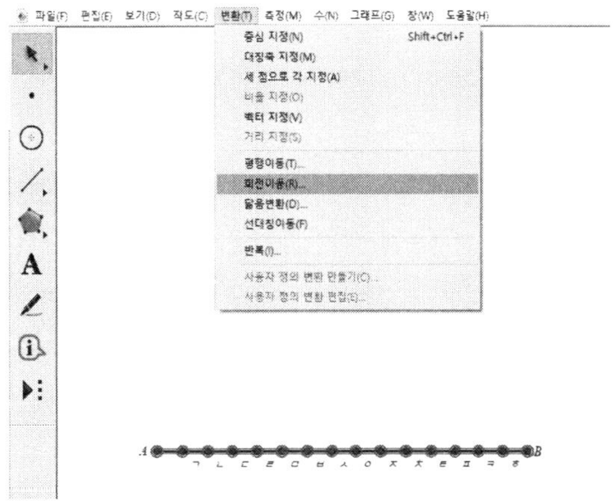

변환(T) 메뉴의 **회전이동(R)** 을 선택한다.

STEP 13

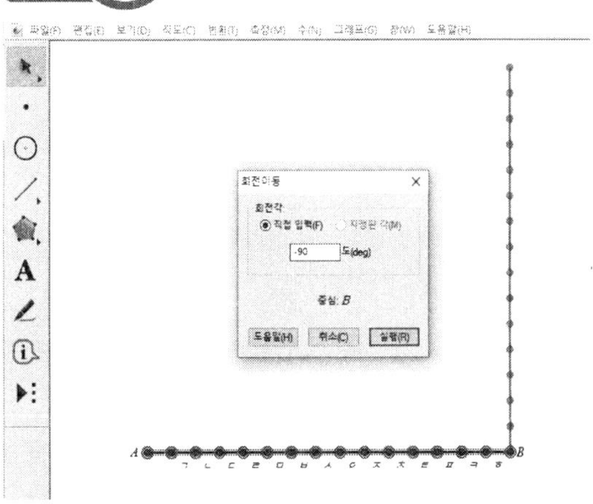

직접 입력(F) 으로 −90도를 입력한다.

STEP 14

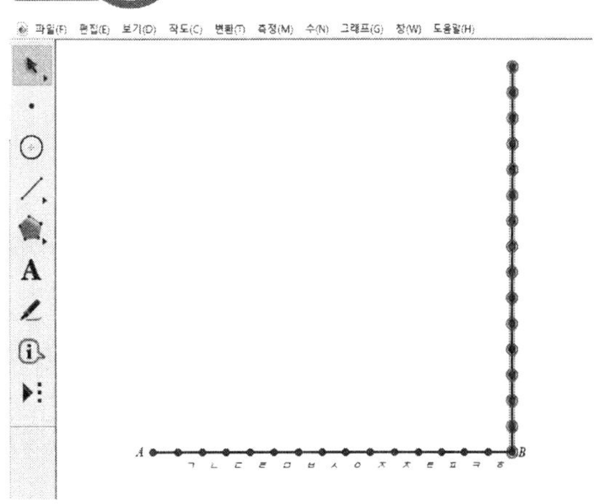

실행(R) 을 선택한다.

STEP 15

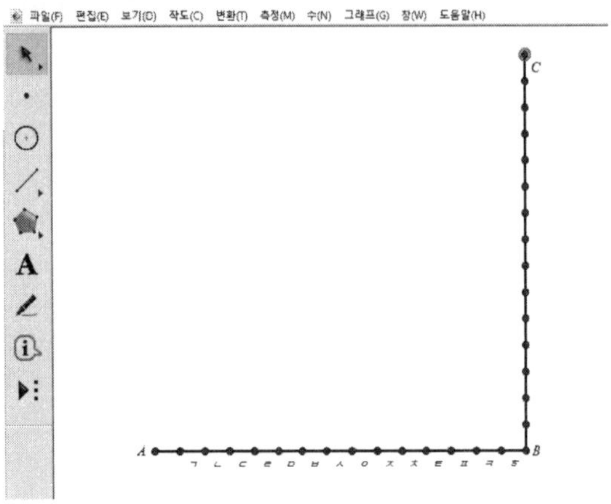

A 글 도구를 이용하여 선분 BC의 이름표를 붙인다.

STEP 16

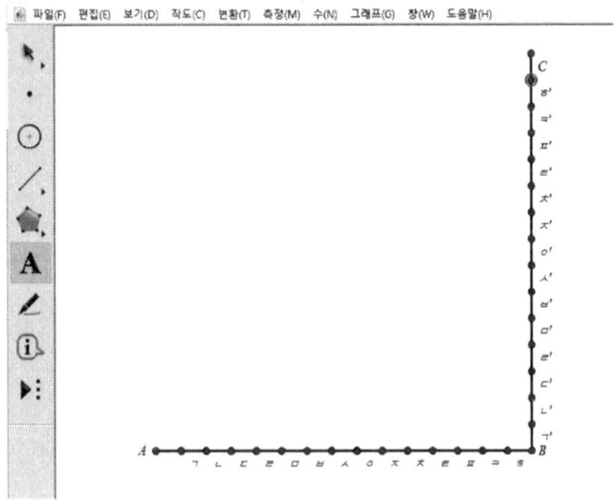

A 글 도구를 선분 CA를 등분한 점들에 각각 ㄱ′~ㅎ′까지의 이름표를 붙인다.

STEP 17

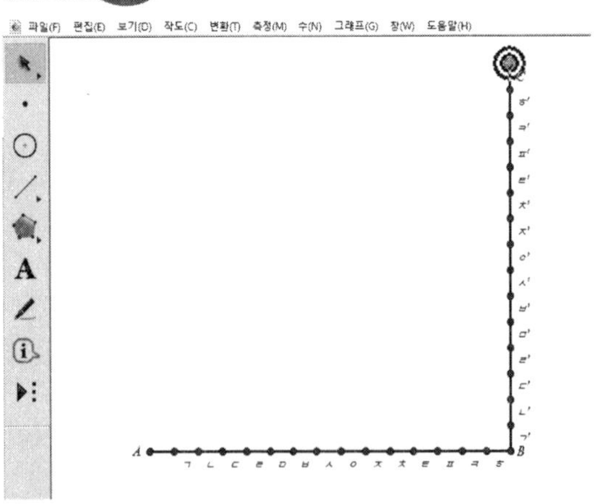

화살표 도구로 점 C를 더블클릭하여 **중심으로 지정**한다.

STEP 18

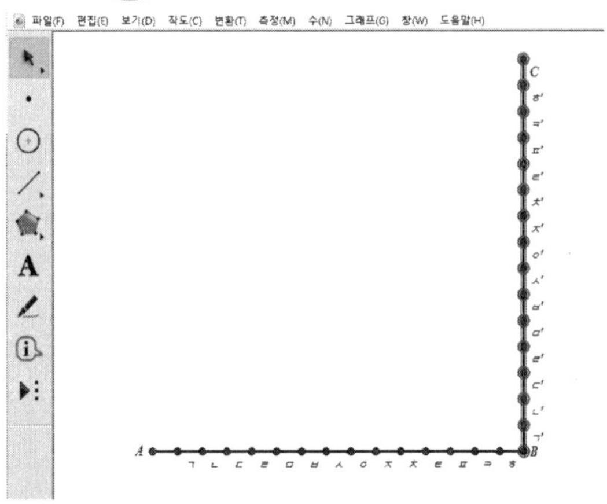

화살표 도구로 선분 BC와 등분점들을 모두 선택한다.

STEP 19

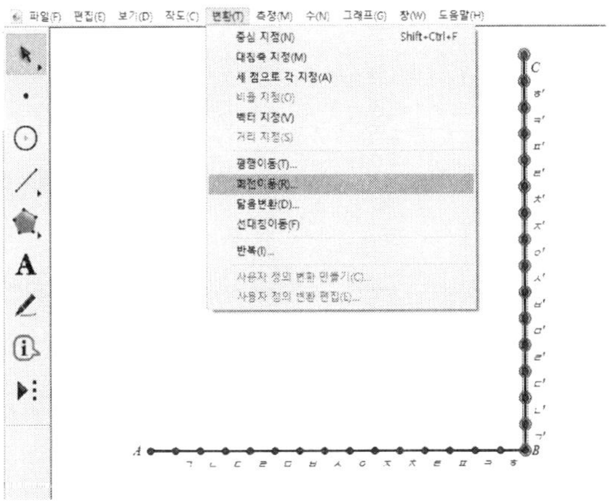

변환(T) 메뉴의 **회전이동(R)** 을 선택한다.

STEP 20

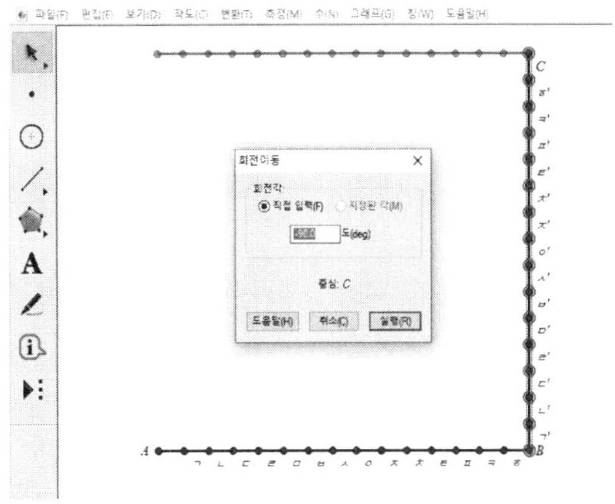

직접 입력(F) 으로 −90도를 입력한다.

STEP 21

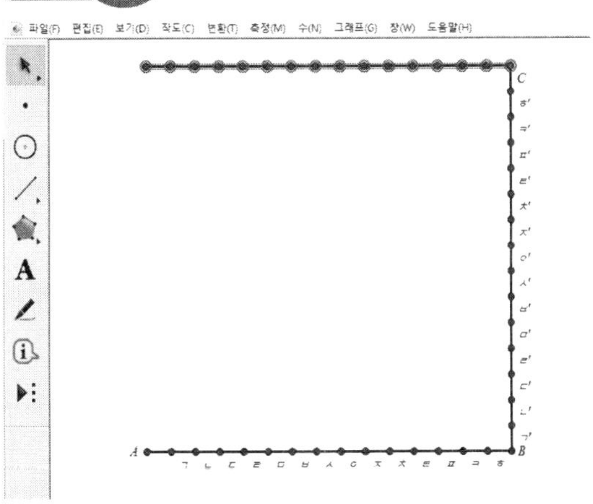

실행(R) 을 선택한다.

STEP 22

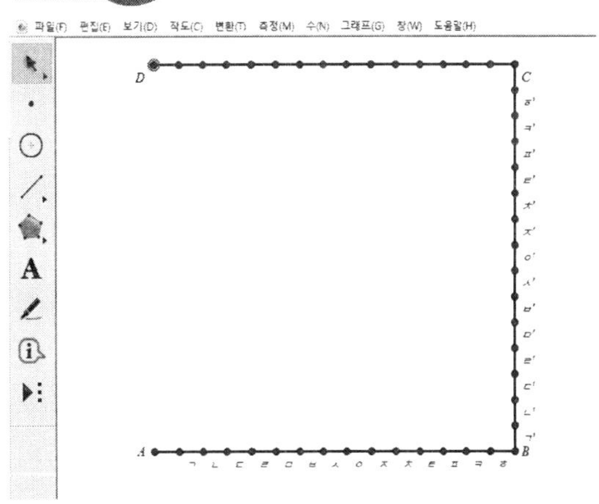

A **글 도구**를 이용하여 선분 CD의 이름표를 붙인다.

STEP 23

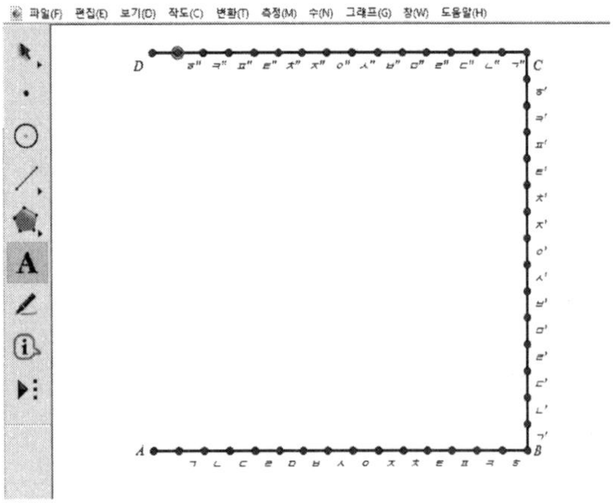

A **글 도구**를 선분 CD를 등분한 점들에 각각 ㄱ″~ㅎ″까지의 이름표를 붙인다.

STEP 24

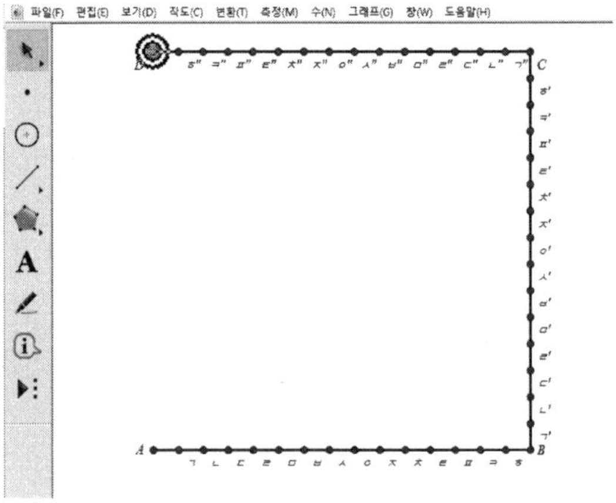

화살표 도구로 점 D를 더블클릭하여 **중심으로 지정**한다.

STEP 25

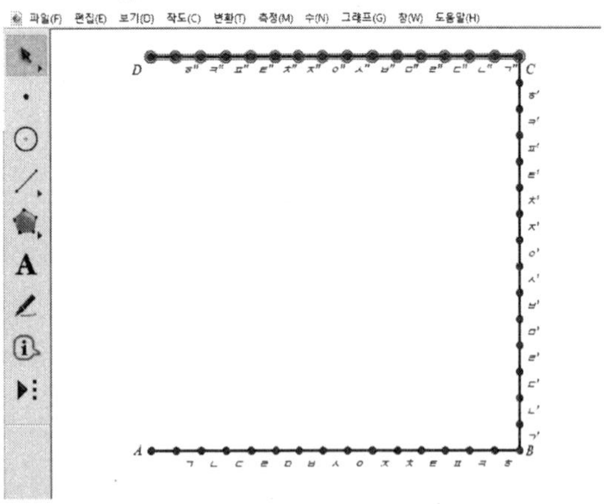

화살표 도구로 선분 CD와 등분점들을 모두 선택한다.

STEP 26

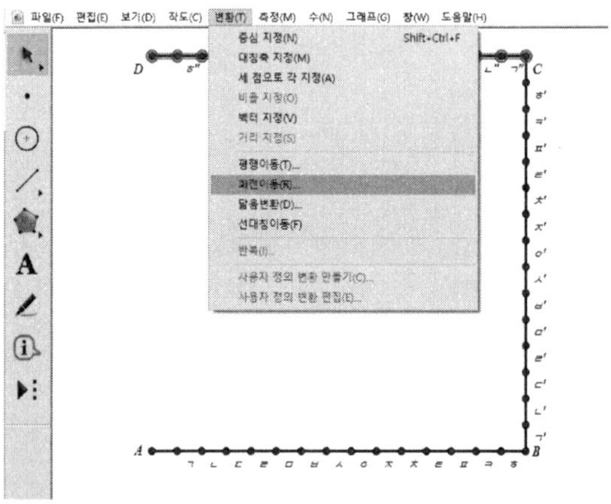

변환(T) 메뉴의 **회전이동(R)** 을 선택한다.

STEP 27

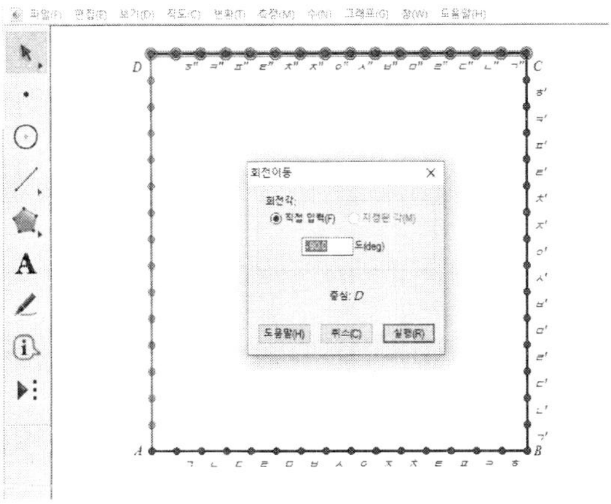

직접 입력(F) 으로 −90도를 입력한다.

STEP 28

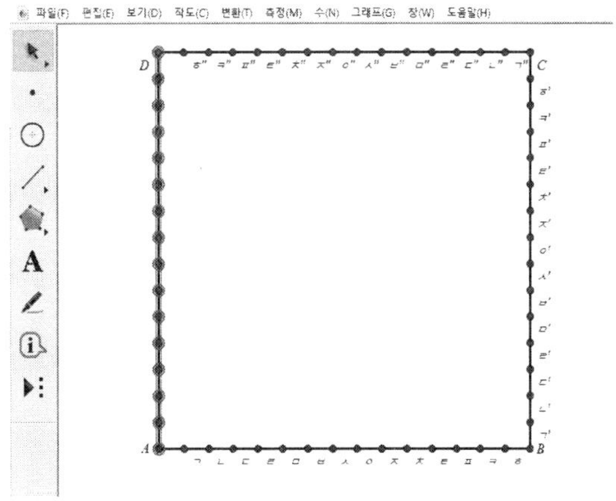

실행(R) 을 선택한다.

STEP 29

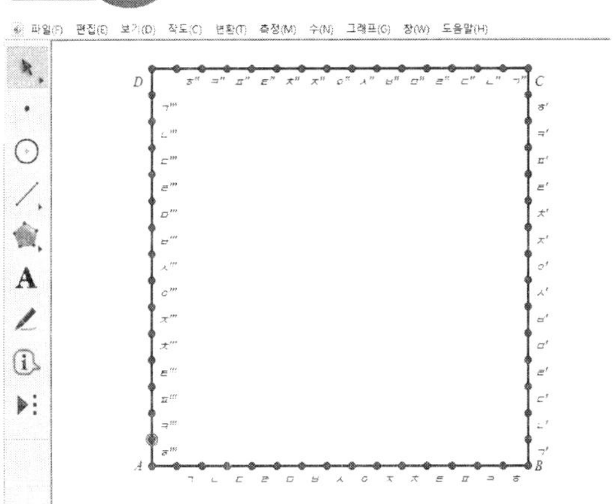

A **글 도구**를 선분 DA를 등분한 점들에 각각 ㄱ‴~ㅎ‴까지의 이름표를 붙인다.

STEP 30

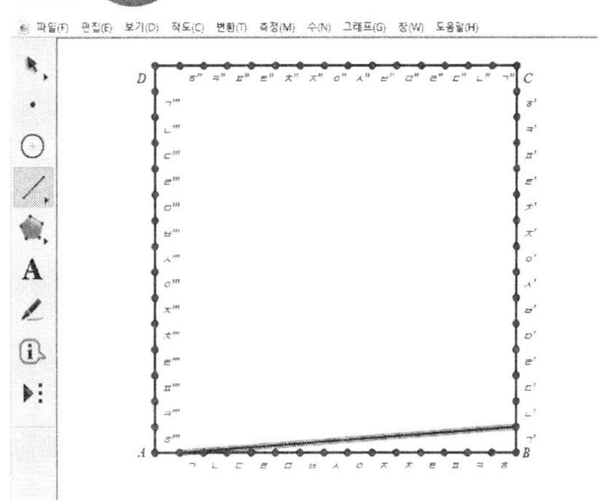

선분 도구를 이용하여 선분 ㄱㄱ′을 그린다.

STEP 31

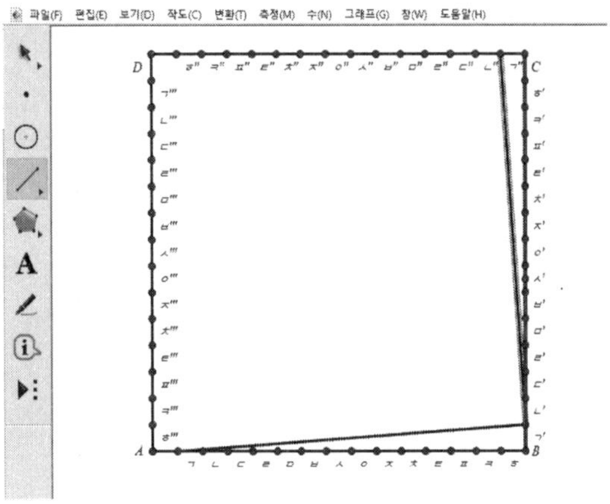

선분 도구를 이용하여 선분 ㄱ′ㄱ″을 그린다.

STEP 32

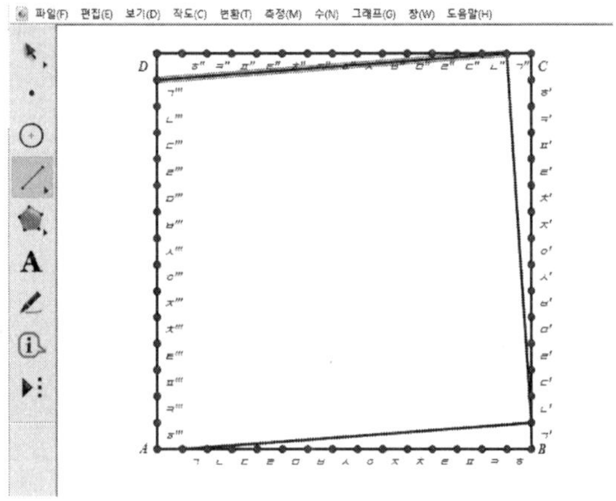

선분 도구를 이용하여 선분 ㄱ″ㄱ‴을 그린다.

STEP 33

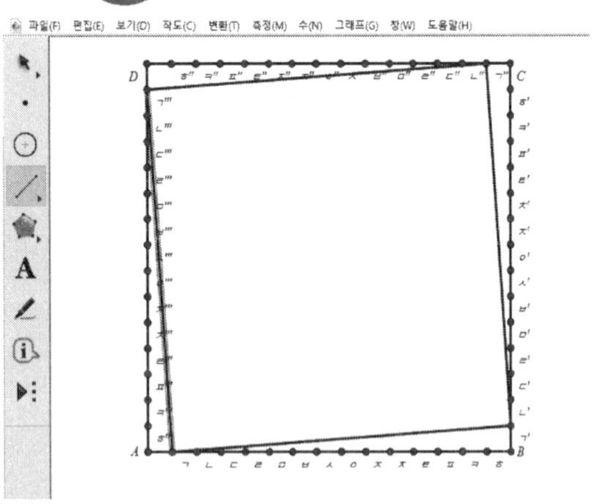

선분 도구를 이용하여 선분 ㄱ‴ㄱ을 그린다.

STEP 34

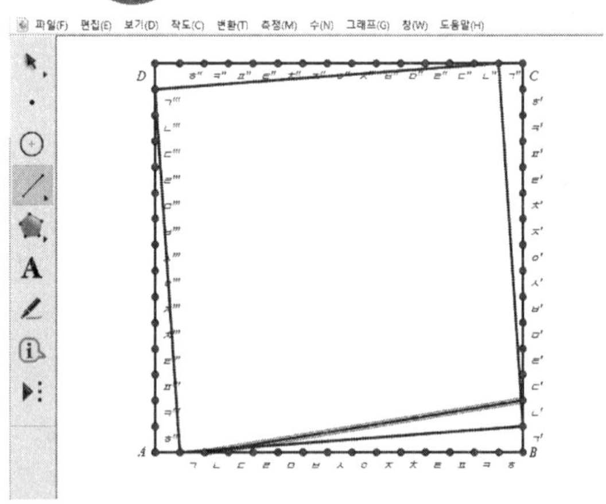

선분 도구를 이용하여 선분 ㄴㄴ′을 그린다.

STEP 35

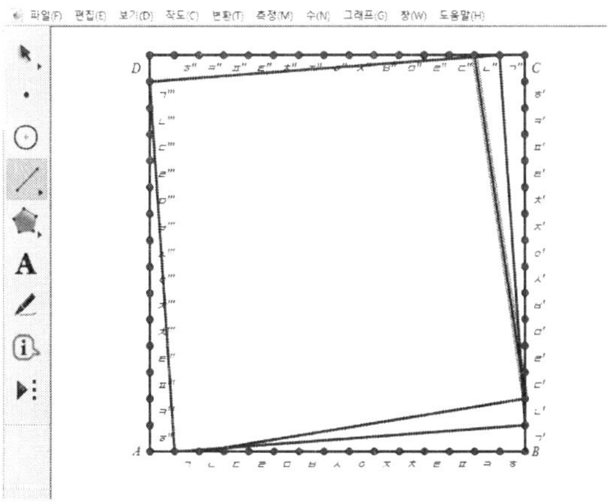

선분 도구를 이용하여 선분 ㄴ′ㄴ″을 그린다.

STEP 36

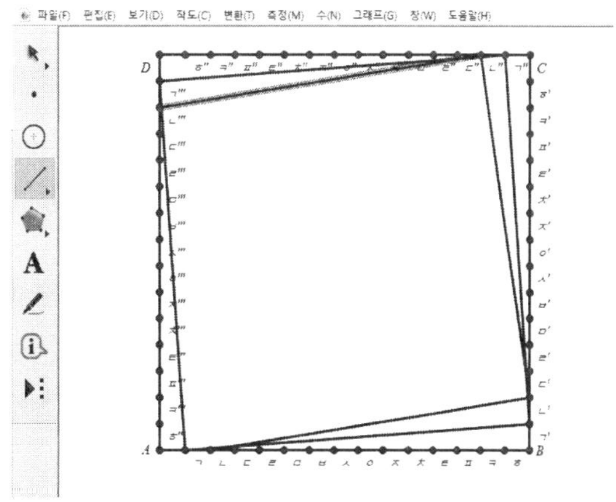

선분 도구를 이용하여 선분 ㄴ″ㄴ‴을 그린다.

STEP 37

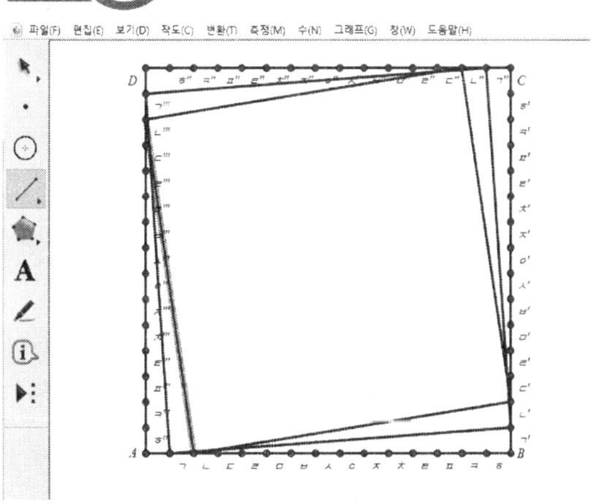

선분 도구를 이용하여 선분 ㄴ‴ㄴ을 그린다.

STEP 38

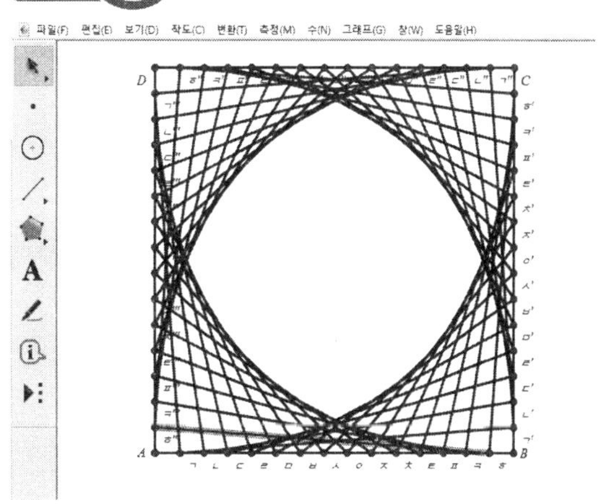

같은 방법은 선분 ㅎ‴ㅎ까지 그려 Line Designs를 완성한다.

피보나치수열

해바라기 속 피보나치 수

수학자 피보나치

레오나르도 피보나치는 이탈리아의 수학자로 아라비아에서 발전된 수학을 두루 섭렵하였다. 그리고 이를 유럽 여러 나라에 보급하여 수학을 발전시키는 데 영향을 큰 영향을 미쳤다.

특히 피보나치는 자신이 쓴 책《산반서》에서 토기 번식 이야기를 통해 피보나치수열을 처음 소개하였다. 그 이야기는 다음과 같다.

> 어떤 농부가 갓 태어난 토끼 한 쌍을 가지고 있었다. 이 한 쌍의 토끼는 두 달 후부터 매달 암수 한 쌍의 새끼를 낳으며, 새로 태어난 토끼도 태어난 지 두 달 후부터는 매달 한 쌍씩 암수 새끼를 낳는다. 1년이 지나면 모두 몇 쌍의 토끼가 있을까? 첫 달에 태어난 토끼 한 쌍이 1개월 후에 어른 토끼가 되고, 2개월 후에 토끼 한 쌍을 낳게 된다. 이후 어른 토끼는 매달 토끼를 한 쌍씩 낳게 되고, 새끼 토끼는 한 달 후에 어른 토끼가 되고, 두 달 후부터 토끼 한 쌍씩 낳게 된다. 이렇게 매달 토끼의 쌍을 세어 보면 1, 1, 2, 3, 5, 8, 13, 21, 34, 55, …이 된다. 이 수의 배열은 앞의 두 수의 합이 바로 뒤의 수가 된다.

즉, 피보나치수열이란 앞의 두 수의 합이 바로 뒤의 수가 되는 수의 배열을 말한다. 1, 2, 3, 5, 8, 13, 21, 34, 55... 이러한 수들을 피보나치 수라고 한다. 피보나치 수를 차례로 늘어 놓은 것을 피보나치수열이라고 히고, 34와 55와 같은 수를 피보나치수열에서 이웃하는 두수라고 한다.

피보나치수열은 이야기 속에서만 존재하는 것이 아니라 우리가 직접 만나고 있는 자연 현상 속에서 흔히 발견된다. 꽃과 꽃잎 그리고 식물의 잎차례와 가지를 관찰해보면 피보나치수열을 찾아볼 수 있으며 전체 식물의 약 90%가 피보나치수열의 잎차례를 따르고 있다. 이 수열은 식물뿐만 아니라 고둥이나 소라, 사람의 귓바퀴 등의 나선구조에도 나타난다. 주변의 꽃잎을 세어보면 거의 모든 꽃잎이 3장, 5장, 8장, 13장...으로 되어 있다. 백합과 붓꽃의 꽃잎은 3장, 채송화, 패랭이, 동백, 야생 장미는 5장, 모란, 코스모스는 8장, 금불초와 금잔화는 13장이다. 애스터와 치커리는 21장, 질경이와 데이지는 34장, 쑥부쟁이는 종류에 따라 55장과 89장이다. 솔방울을 살펴보면 비늘 같은 조각이 오른쪽 나선과 왼쪽 나선을 이루며 교차하고 있는데 그 나선의 수는 각각 8개와 5개로 되어 있다. 해바라기 꽃 머리에는 55개와 89개의 나선이 있다.

그렇다면 왜 식물들은 피보나치수열의 형태를 보일까? 바로 피보나치수열을 선택하면 최소 공간에 최대 수의 씨앗을 촘촘하게 배치할 수 있기 때문이다. 동물들의 경우 피보나치수열에 따라 나선형 구조가 나타나 안정성을 준다고 한다.

GSP를 이용하여 피보나치 수를 구해보고, 피보나치수열로 인해 나타나는 나선형 구조를 그려보며 피보나치수열에 대한 이해를 높이고, 규칙적인 수의 배열 속에서 수학의 즐거움을 느낄 수 있을 것이다.

학습목표

✔ 피보나치수열을 원리를 익힐 수 있다.
✔ GSP를 활용하여 피보나치 수를 구한다.
✔ GSP를 활용하여 피보나치수열로 나타나는 나선형 구조를 그릴 수 있다.

관련 교육과정

학년군	영역	단원	성취기준
1~2학년	수와 연산	두 자리 수 범위의 덧셈과 뺄셈	[2수01-06] 두 자리 수의 범위에서 덧셈과 뺄셈의 계산 원리를 이해하고 그 계산을 할 수 있다.
3~4학년	도형	원의 구성 요소	[4수02-07] 컴퍼스를 이용하여 여러 가지 크기의 원을 그려서 다양한 모양을 꾸밀 수 있다.
3~4학년	규칙성	규칙 찾기	[2수04-01] 물체, 무늬, 수 등의 배열에서 규칙을 찾아 여러 가지 방법으로 나타낼 수 있다.

지도계획

전개단계	활동명	주요 수업활동	주요수업 형태
계획 수립하기	피보나치수열 알기	• 단원 소개 • 피보나치수열의 구성 소개	• 교사 강의 • 개인 실습 • 전체 토론
지식 및 기능 습득하기	1. GSP로 계산하기	• 매개변수를 이용하여 계산하기	• 교사 강의 • 개인 실습
	2. 원 그리기	• 원 도구를 이용하여 원 그리기 • 중심과 반지름의 길이가 주어진 원 그리기 • 중심과 원의 둘레 위의 한 점이 주어진 원 그리기	• 교사 강의 • 개인 실습
	3. 정사각형 그리기	• 원을 이용하여 정사각형 ABCD 그리기	• 교사 강의 • 개인 실습
	4. 다양하게 도형 이동하기	• 회전·평행·선대칭이동을 이용하여 도형으로 바닥 덮기	• 교사 강의 • 개인 실습
수행하기	5. 피보나치수열 만들기	• 계산 기능을 이용하여 피보나치수열을 만들기	• 교사 강의 • 개인 실습 • 전체 토론
	6. 나선형구조 그리기	• 피보나치수열을 이용하여 나선형구조를 그리기	• 개인 실습 • 전체 토론

학습목표

피보나치수열을 만들 수 있다.

활동1

GSP로 계산하기

방법1 매개변수를 이용하여 계산하기

활용 기능

수(N) 새 매개변수(W) 계산(U)

STEP 01

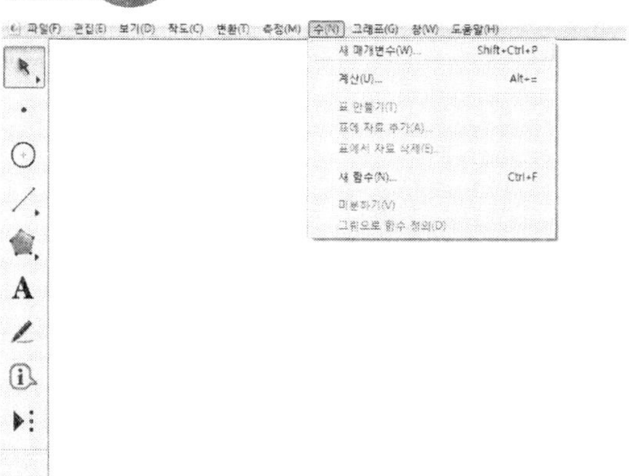

수(N) 메뉴를 선택하고,

새 매개변수(W) 를 클릭한다.

STEP 02

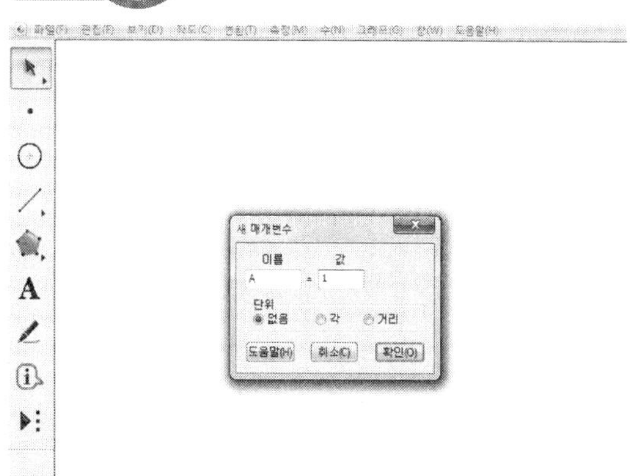

이름에 A, 값에 1을 입력한다.

STEP 03

확인(O) 을 선택하여 새 매개변수를 추가한다.

STEP 04

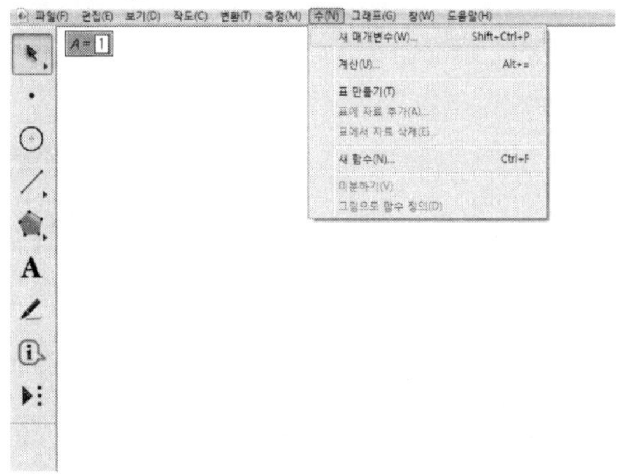

수(N) 메뉴를 선택하고, **새 매개변수(W)** 를 클릭한다.

STEP 05

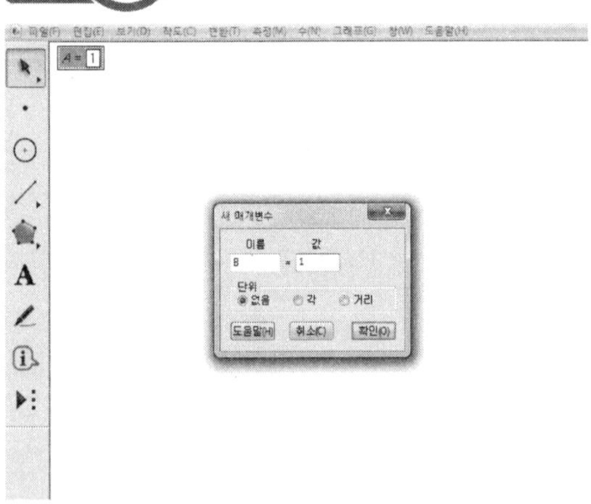

이름에 B, 값에 1을 입력한다.

STEP 06

확인(O) 을 선택하여 **새 매개변수(W)** 를 추가한다.

STEP 07

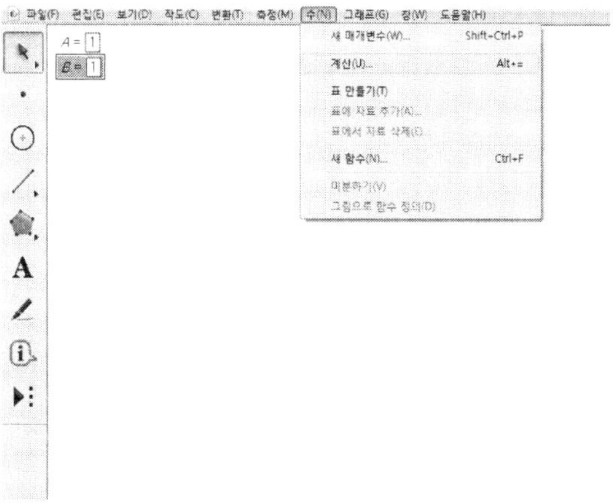

수(N) 메뉴를 선택하고, 계산(U) 을 클릭한다.

STEP 08

새 계산식 팝업창에서 마우스로 A, +, B를 클릭하여 A+B 수식을 입력한다.

STEP 09

확인(O) 을 선택하여 새 계산식을 추가한다.

활동2

원 그리기

방법1 원 도구를 이용하여 원 그리기

활용 기능

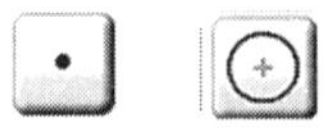

STEP 01

점 도구로 한 점을 그린다.

STEP 02

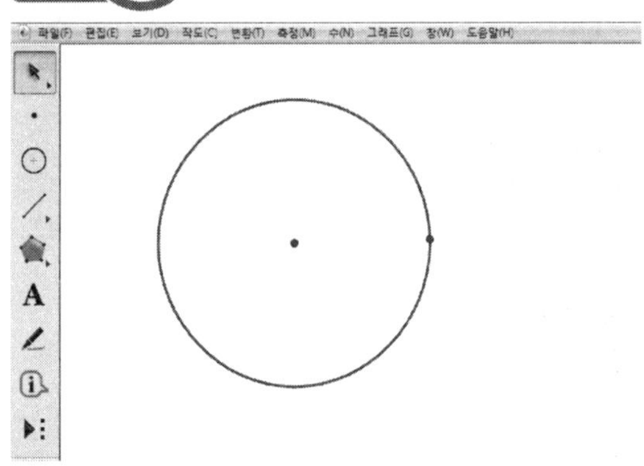

그려진 한 점을 이용하여 **원 도구**로 원을 그린다.

방법2 중심과 반지름의 길이가 주어진 원 그리기

활용 기능

작도(C) 중심과 반지름의 길이가 주어진 원(R)

STEP 01

점 도구로 한 점을 그린다.

STEP 02

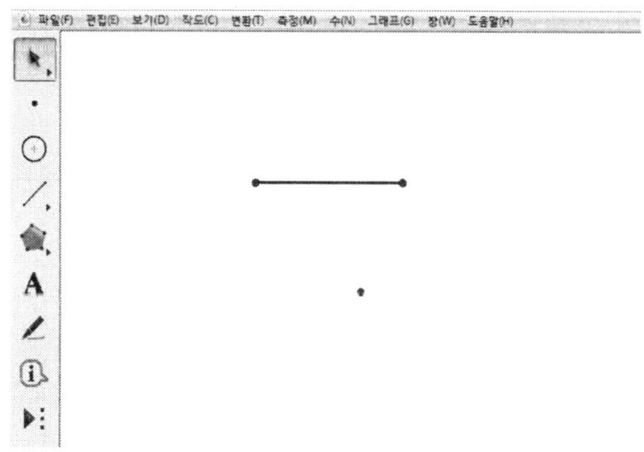

선분 도구로 선분을 그린다.

STEP 03

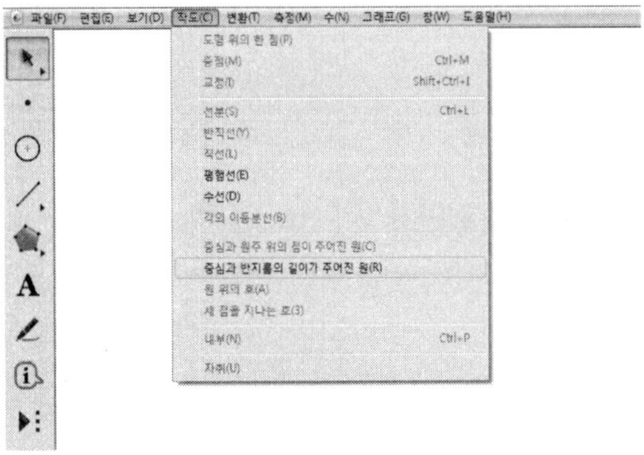

그려진 점과 선분을 활성화한 후,

작도(C) 메뉴에 있는

중심과 반지름의 길이가 주어진 원(R) 을

선택한다.

STEP 04

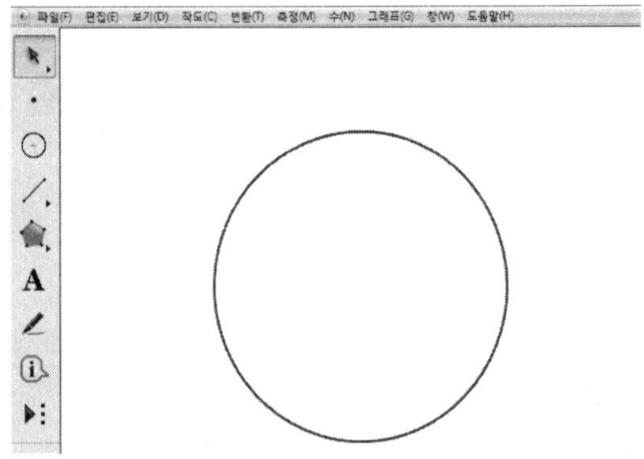

원이 완성된다.

방법3 중심과 원의 둘레 위의 한 점이 주어진 원 그리기

활용 기능

• 작도(C) 중심과 원주 위의 점이 주어진 원(R)

STEP 01

• **점 도구**로 점을 2개 그린다.

STEP 02

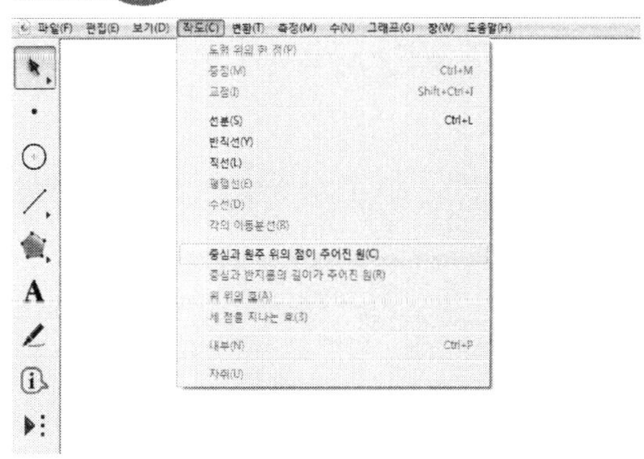

그려진 두 점을 활성화한 후, 작도(C) 메뉴에 있는

중심과 원주 위의 점이 주어진 원(C) 을 선택한다.

STEP 03

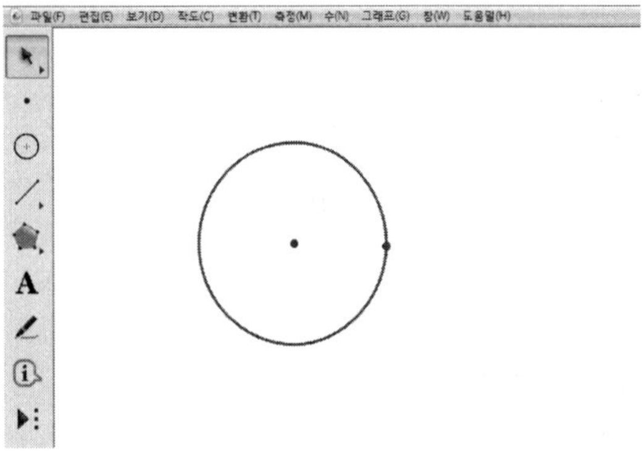

원의 중심과 원주 위의 점이 주어진 원이 완성된다.

활동3

정사각형 그리기

방법1 원을 이용하여 정사각형 ABCD 그리기

활용 기능

중심과 반지름의 길이가 주어진 원(R) | 보기(D) | 선 개체 숨기기(H) | 선분(S) | A

STEP 01

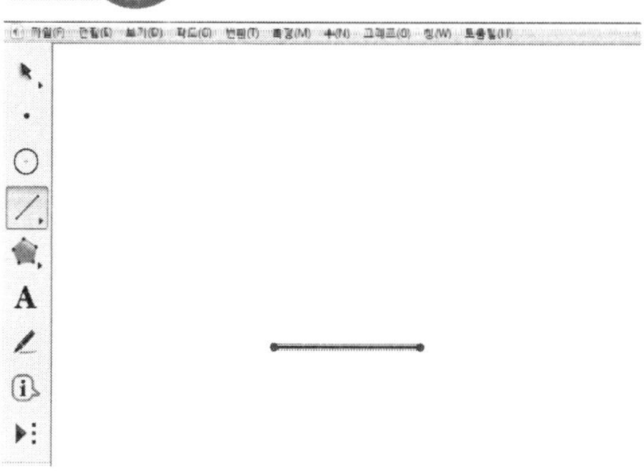

선분 도구로 선분을 그린다.

STEP 02

화살표 도구로 한 점과 선분을 선택한다.

STEP 03

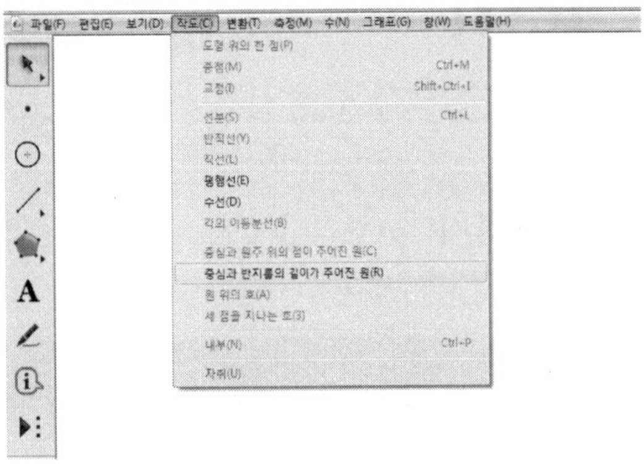

작도(C) 메뉴를 눌러 활성화된 **중심과 반지름의 길이가 주어진 원(R)** 을 선택한다.

STEP 04

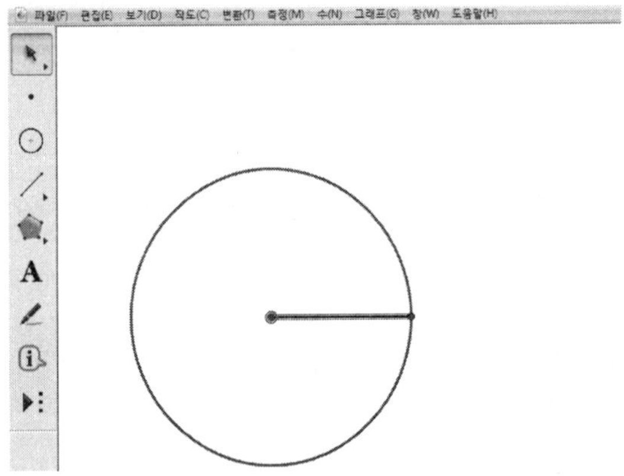

화살표 도구로 한 점과 선분을 선택한다.

STEP 05

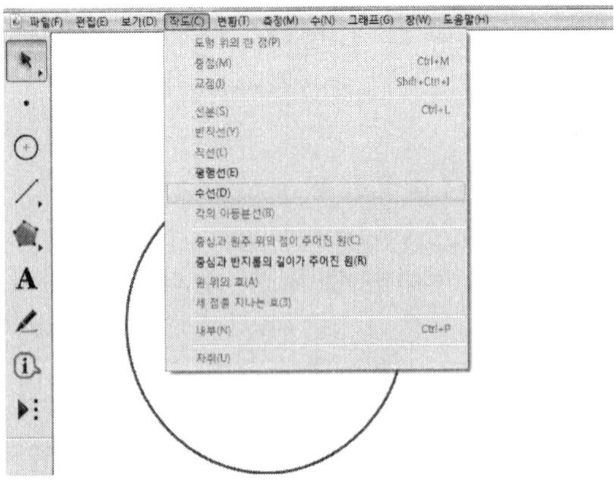

작도(C) 메뉴를 눌러 활성화된 **수선(D)** 을 선택한다.

STEP 06

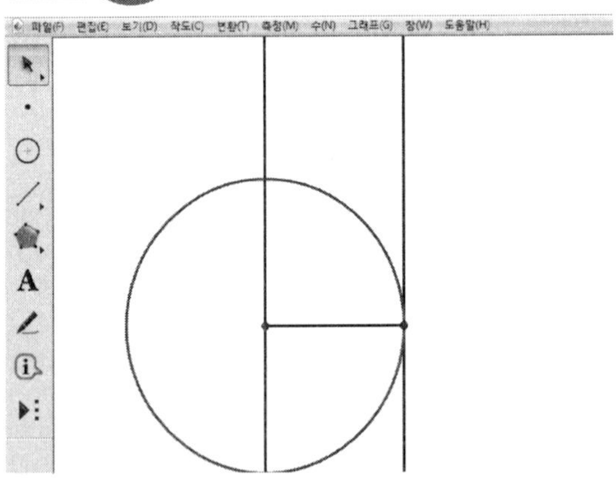

다른 한 점과 선분으로 새로운 수선을 그린다.

STEP 07

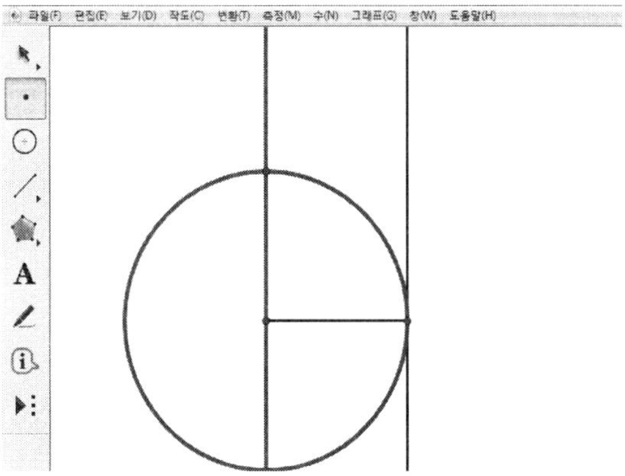

점 도구를 선택하여 수선과 원이 만나는 위치에 점을 그린다.

STEP 08

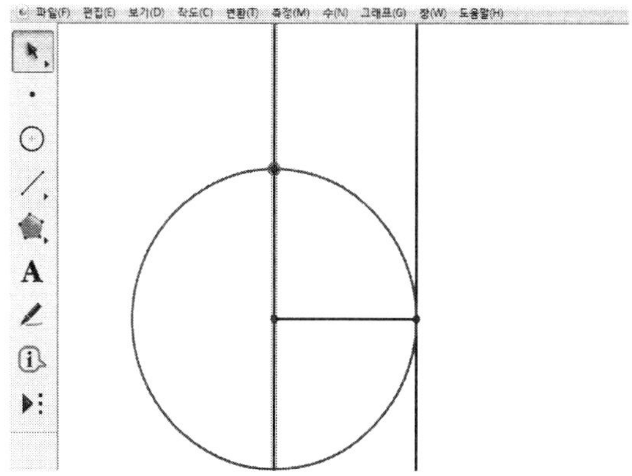

화살표 도구로 원의 중심을 지나는 수선과 수선과 원이 만나는 점을 선택한다.

STEP 09

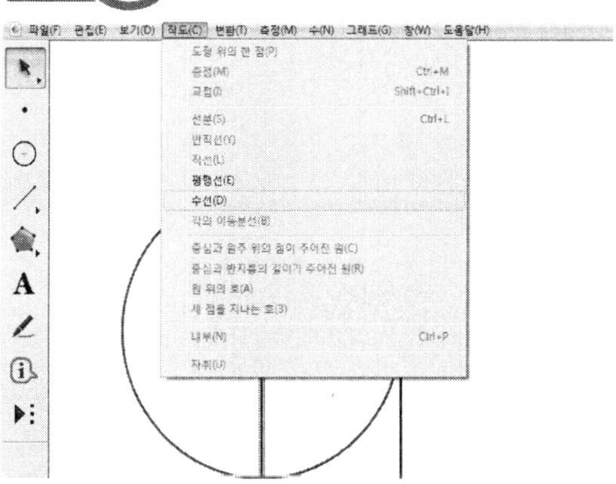

작도(C) 메뉴를 눌러 활성화된 **수선(D)**을 선택한다.

STEP 10

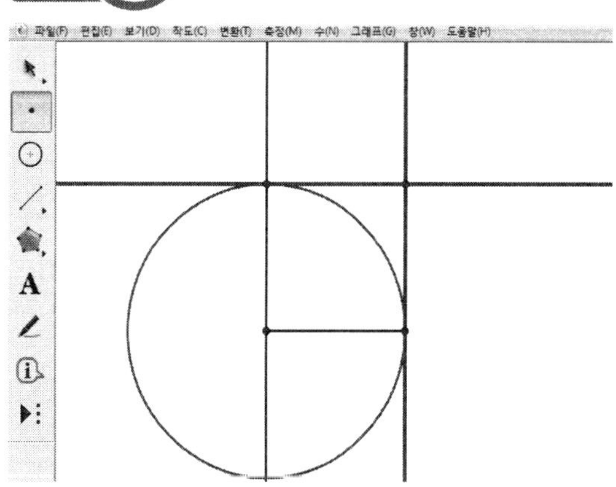

점 도구를 선택하여 두 수선이 원 밖에서 만나는 위치에 점을 그린다.

STEP 11

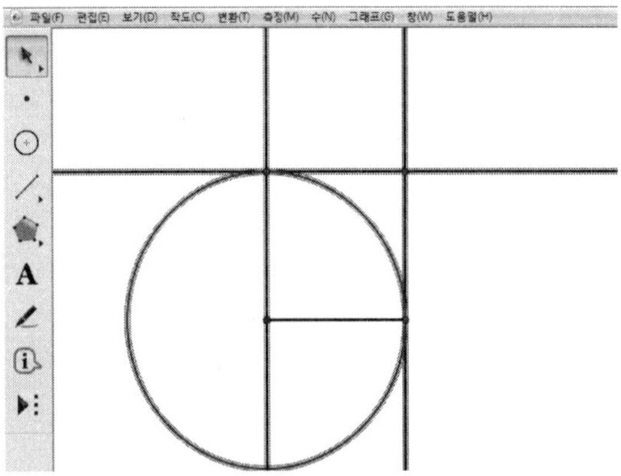

화살표 도구로 원과 3개의 수선을 선택한다.

STEP 12

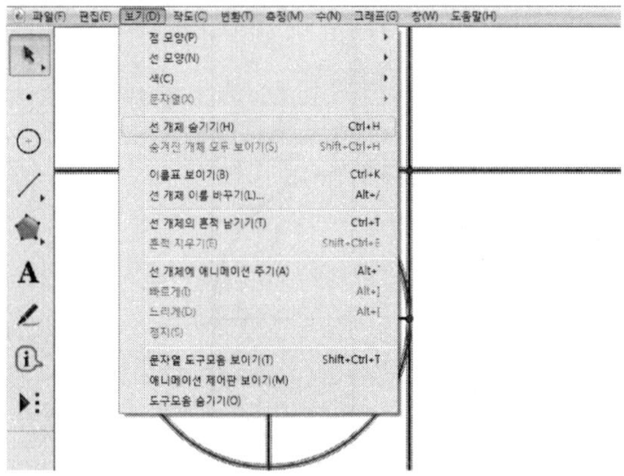

보기(D) 메뉴를 눌러 활성화된 **선 개체 숨기기(H)** 를 선택한다.

STEP 13

화살표 도구로 두 점을 선택한다.

STEP 14

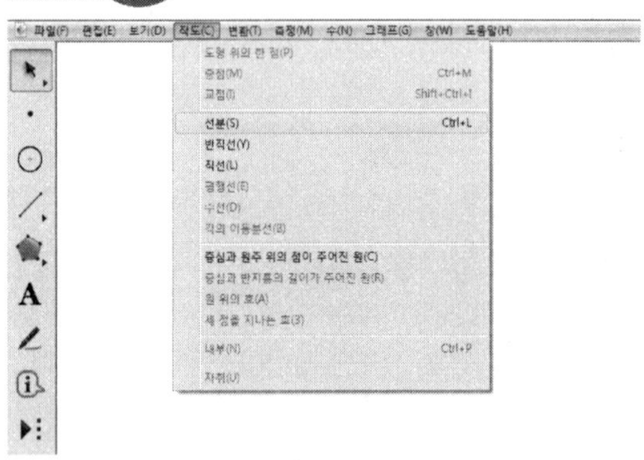

작도(C) 메뉴를 눌러 활성화된 **선분(S)** 을 선택한다.

STEP 15

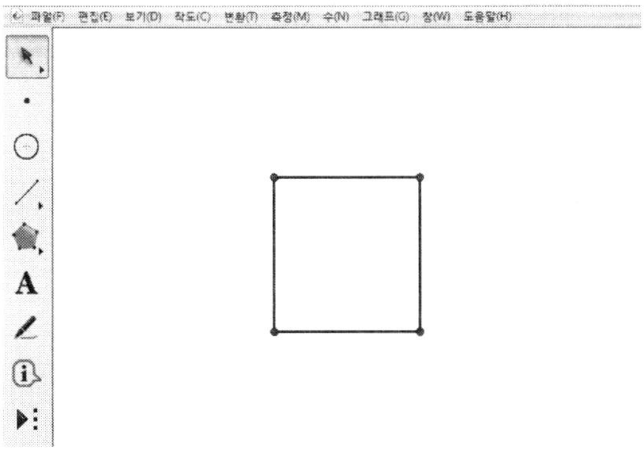

같은 방법으로 나머지 두 선분을 그어 정사각형을 완성한다.

STEP 16

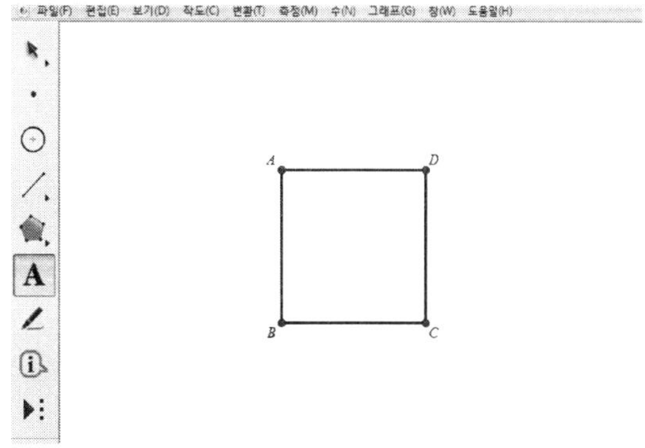

A **글 도구**를 사용하여 각 점에 이름표를 붙인다.

STEP 17

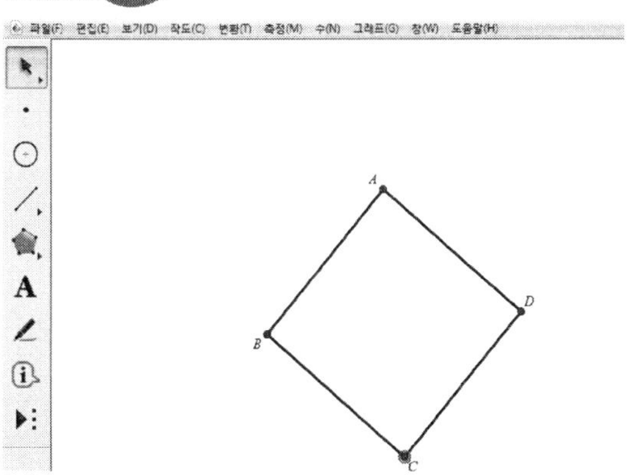

네 점 중 한 점을 끌어 위치를 변경하여도 정사각형의 성질은 유지된 채 모양만 변한다.

활동4

다양하게 도형 이동하기

방법1 회전·평행·선대칭이동을 이용하여 도형으로 바닥 덮기

활용 기능

A 중점(M) 변환(T) 평행이동(T) 회전이동(R) 벡터지정(V)

STEP 01

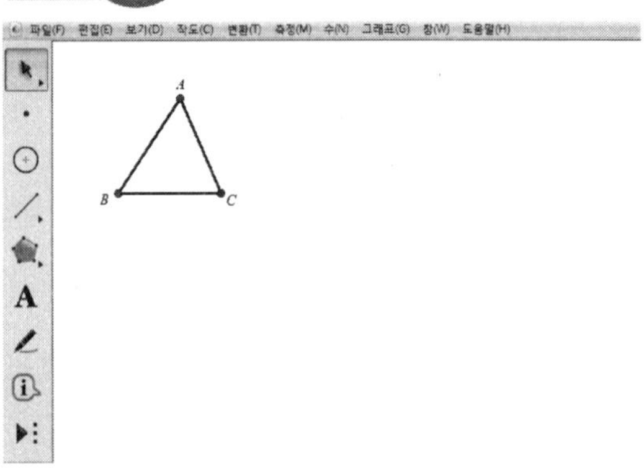

선분 도구를 활용하여 삼각형을 그린다.

STEP 02

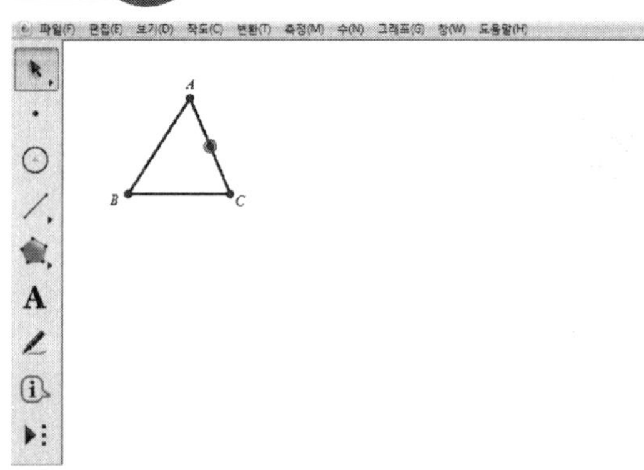

선분 AC를 선택한다. 작도(C) 메뉴를 눌러 활성화된 중점(M) 을 클릭한다.

STEP 03

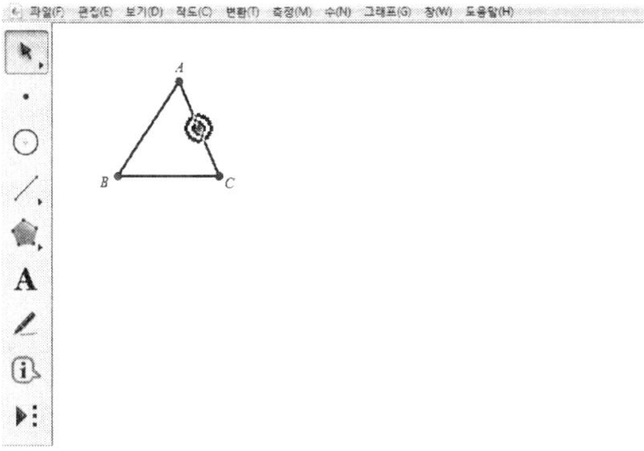

중점을 더블클릭하여 **회전의 중심**으로 지정한다.

STEP 04

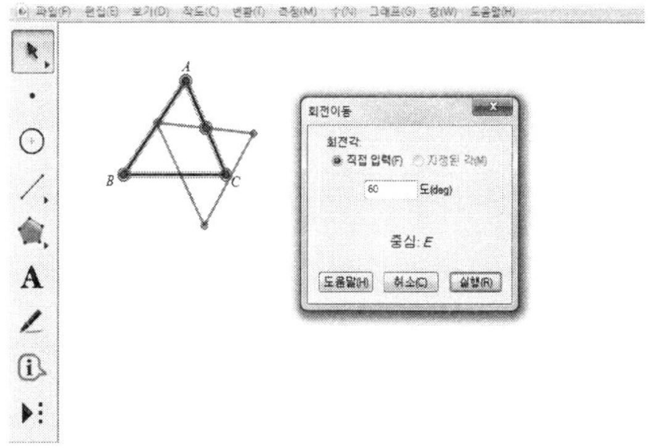

삼각형을 모두 선택한다. **변환(T)** 메뉴의 **회전이동(R)** 을 실행한다.

STEP 05

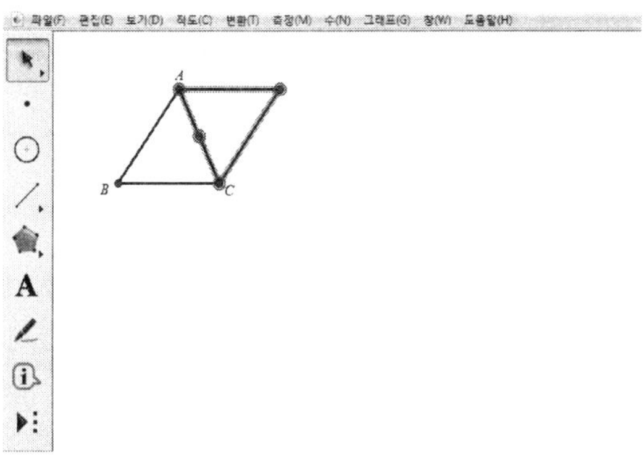

180도 회전하도록 입력하고 **실행(R)** 을 선택하여 삼각형을 회전 이동한다.

STEP 06

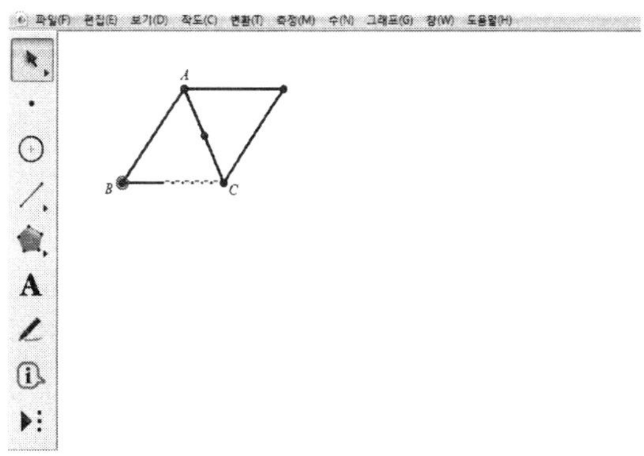

화살표 도구로 점 B와 점 C를 차례로 선택하고 **변환(T)** 메뉴의 **벡터지정(V)** 을 선택한다.

STEP 07

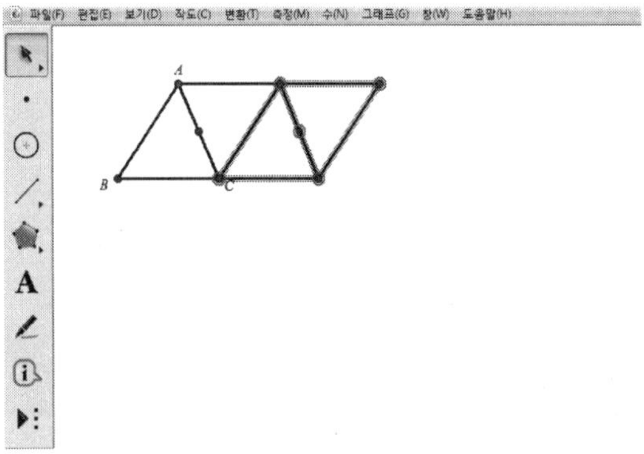

화살표 도구로 두 삼각형을 모두 선택한다. **변환(T)** 메뉴의 **평행이동(T)** 을 선택하고 **지정된 벡터**를 실행한다.

STEP 08

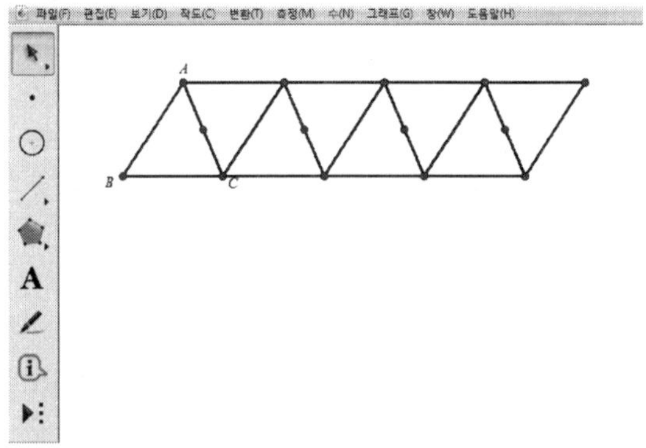

변환(T) 메뉴의 **평행이동(T)** 을 선택하고 **지정된 벡터**를 실행한다. 한 번 더 반복한다.

STEP 09

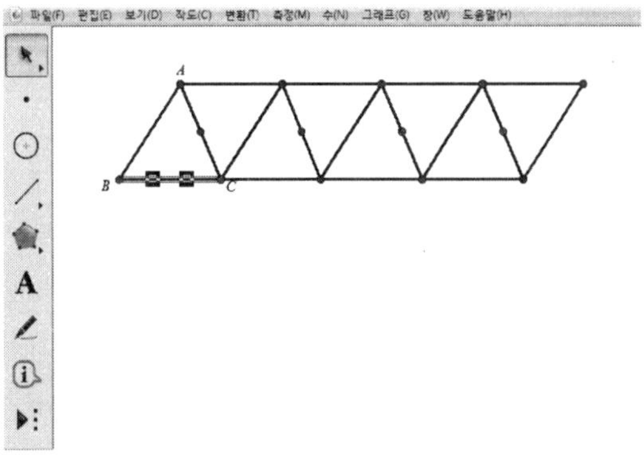

화살표 도구로 **선분 BC**를 더블클릭하여 **대칭축으로 지정**한다.

STEP 10

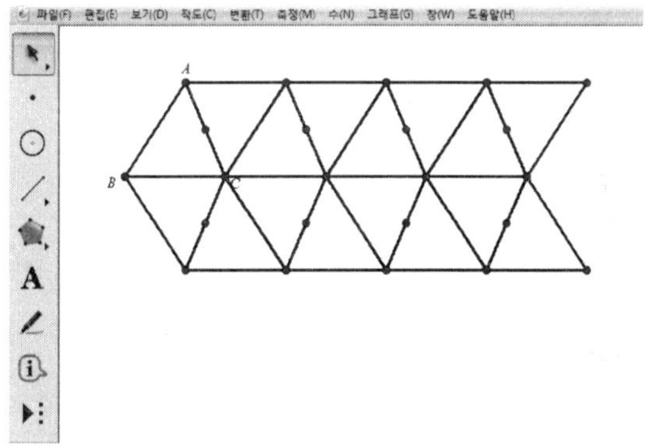

화살표 도구로 지금까지 만든 도형 전체를 선택한다. **변환(T)** 메뉴의 **선대칭이동(F)** 을 선택한다.

STEP 11

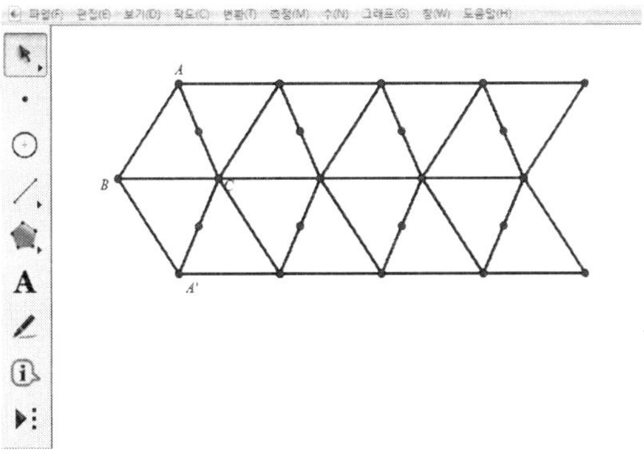

글 도구를 사용하여 점 A가 대칭이동 된 점을 선택한다. A′라는 이름표를 붙인다.

STEP 12

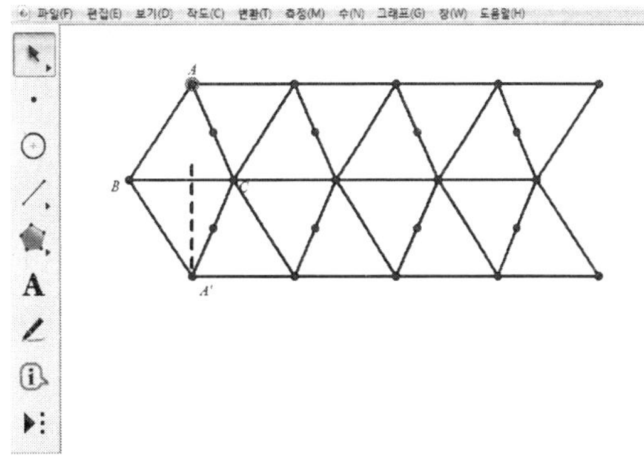

화살표 도구로 점 A와 점 A′를 차례로 선택하고 **변환(T)** 메뉴의 **벡터지정(V)** 을 선택한다.

STEP 13

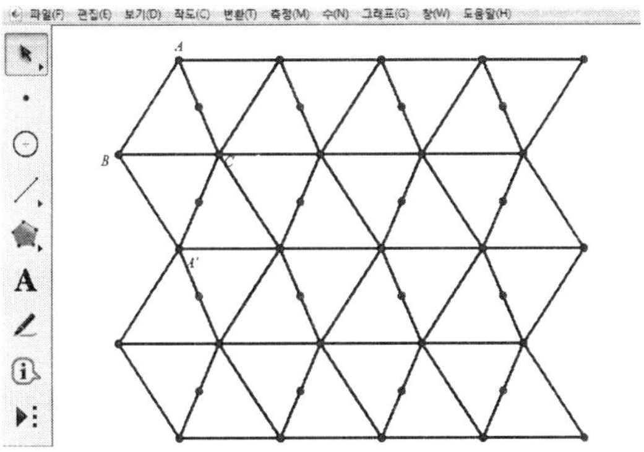

화살표 도구로 도형을 모두 선택한다. **변환(T)** 메뉴의 **평행이동(T)** 을 선택하고 **지정된 벡터**를 실행한다.

STEP 14

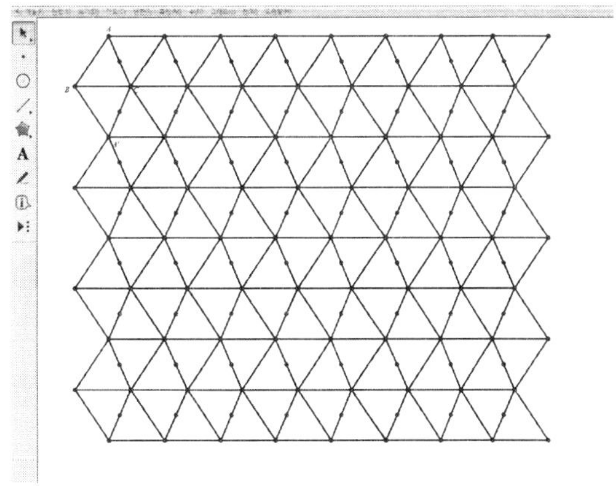

같은 과정을 반복하여 삼각형으로 바닥덮기를 완성한다.

학습활동

GSP를 이용하여 피보나치수열을 만들어보자.

활동5

피보나치수열 만들기

활용 기능

수(N) 새 매개변수(W) 계산(U) 변환(T) 반복(I) 표시(D) 깊이 증기(I)

STEP 01

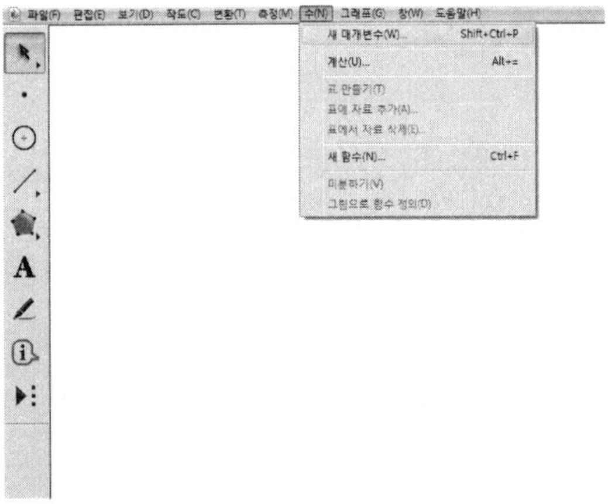

수(N) 메뉴를 선택하고,

새 매개변수(W) 를 클릭한다.

STEP 02

이름에 A, 값에 1을 입력한다.

STEP 03

확인(O) 을 선택하여 새 매개변수를 추가한다.

STEP 04

수(N) 메뉴를 선택하고, 새 매개변수(W) 를 클릭한다.

STEP 05

이름에 B, 값에 1을 입력한다.

STEP 06

확인(O) 을 선택하여 새 매개변수(W) 를 추가한다.

STEP 07

수(N) 메뉴를 선택하고, **계산(U)** 을 클릭한다.

STEP 08

새 계산식 팝업창에서 마우스로 A, +, B를 클릭하여 A+B 수식을 입력한다.

STEP 09

확인(O) 을 선택하여 새 계산식을 추가한다.

STEP 10

화살표 도구로 A, B를 선택한다.

STEP 11

변환(T) 메뉴의 **반복(I)** 을 클릭한다.

STEP 12

각 개체에 대응될 개체에 선택한다. B, A+B를 순서대로 선택한다.

STEP 13

표시(D) 를 클릭하여 **깊이 증가(I)** 를 선택하여 반복의 깊이를 높인다.

STEP 14

실행(R) 을 선택하여 피보나치수열을 완성한다.

심화 활동

✔ 다음과 같이 피보나치수열을 이용하여 나선형구조를 그려보자.

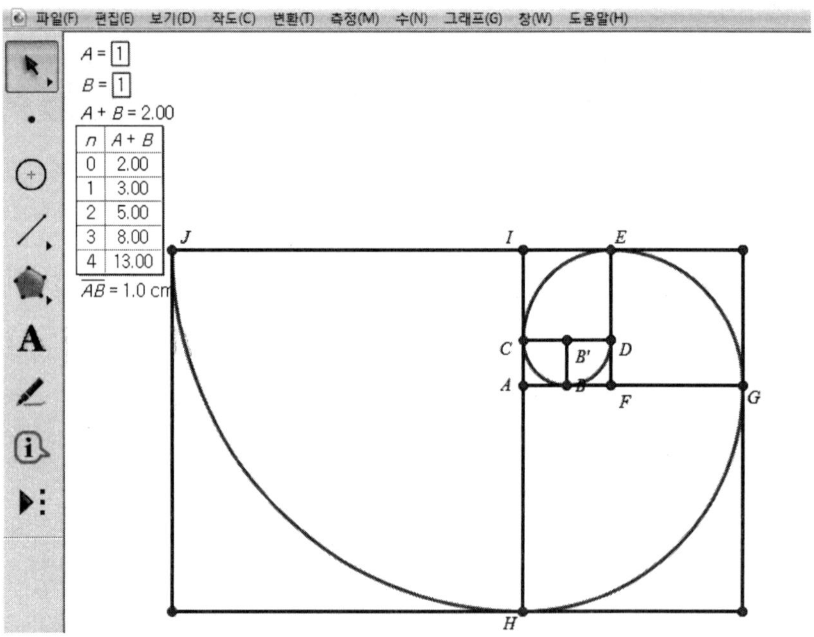

심화 활동 모범답안

활용 기능

수(N) | 새 매개변수(W) | 계산(U) | 변환(T) | 반복(I) | 표시(D) | 깊이 증기(I)

STEP 01

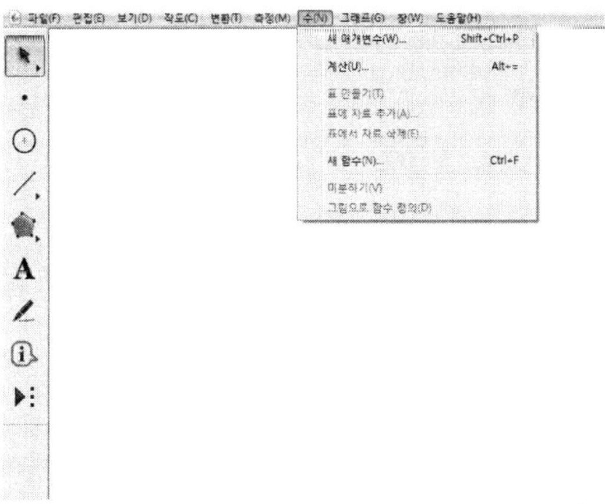

수(N) 메뉴를 선택하고,
새 매개변수(W) 를 클릭한다.

STEP 02

이름에 A, 값에 1을 입력한다.

STEP 03

확인(O) 을 선택하여 새 매개변수를 추가한다.

STEP 04

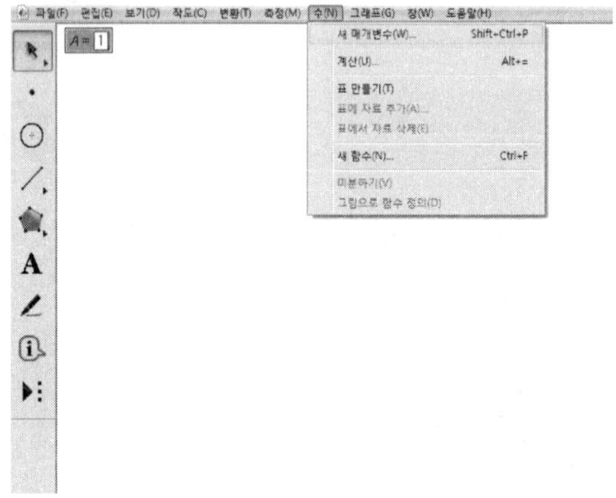

수(N) 메뉴를 선택하고, **새 매개변수(W)** 를 클릭한다.

STEP 05

이름에 B, 값에 1을 입력한다.

STEP 06

확인(O) 을 선택하여 새 매개변수를 추가한다.

STEP 07

수(N) 메뉴를 선택하고, 계산(U) 을 클릭한다.

STEP 08

새 계산식 팝업창에서 마우스로 A, +, B를 클릭하여 A+B 수식을 입력한다.

STEP 09

확인(O) 을 선택하여 새 계산식을 추가한다.

STEP 10

화살표 도구로 A, B를 선택한다.

STEP 11

변환(T) 메뉴의 **반복(I)** 을 클릭한다.

STEP 12

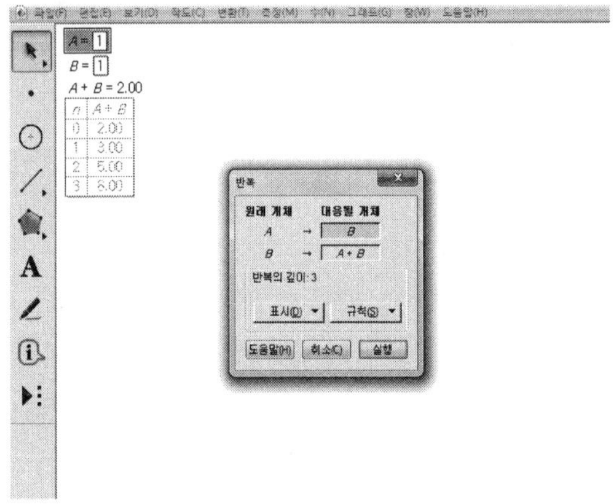

각 개체에 대응될 개체에 선택한다. B, A+B를 순서대로 선택한다.

STEP 13

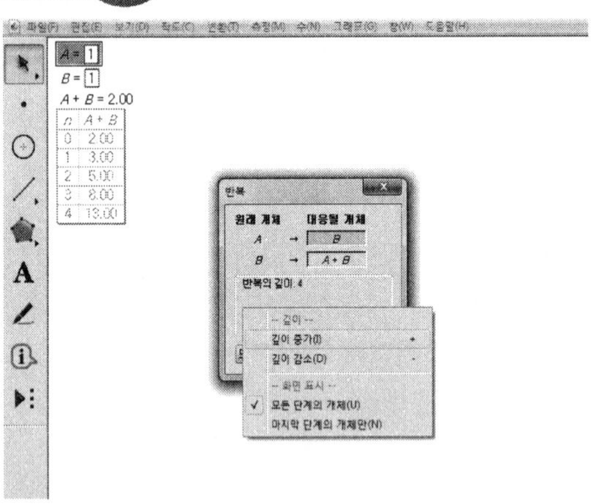

표시(D) 를 클릭하여 **깊이 증가(I)** 를 선택하여 반복의 깊이를 높인다.

STEP 14

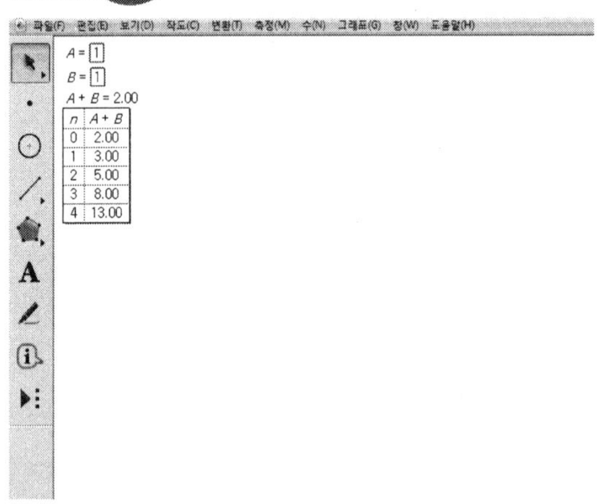

실행(R) 을 선택하여 1, 1, 2, 3, 5, 8, 13의 피보나치수열을 완성한다.

STEP 15

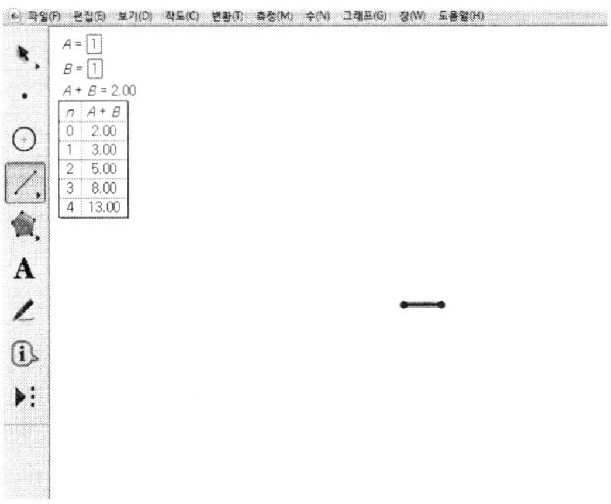

선분 도구로 선분을 그린다.

STEP 16

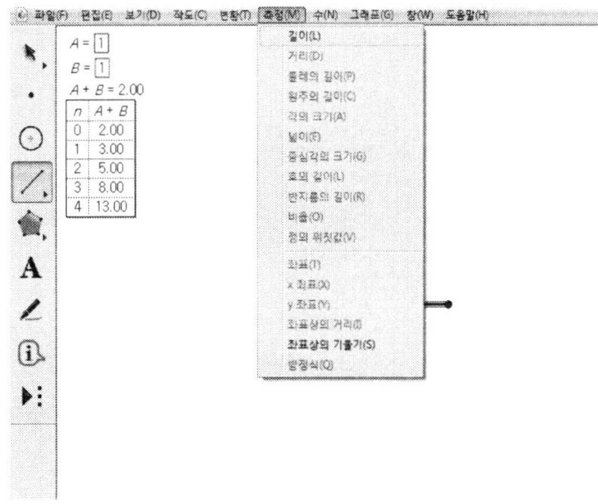

측정(M) 메뉴에 있는 **길이(L)** 를 클릭한다.

STEP 17

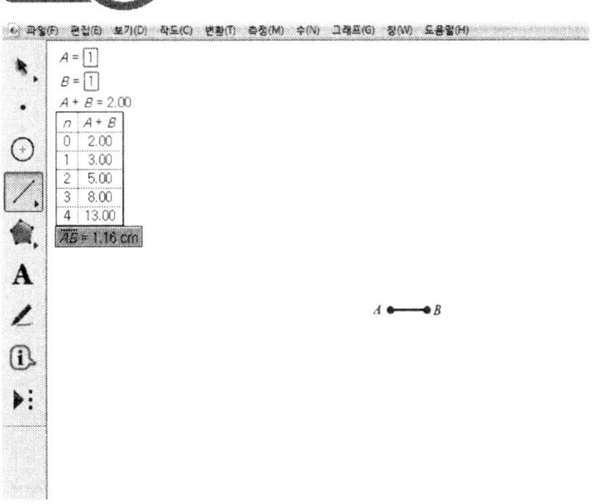

선분 AB의 길이가 나타나는 것을 확인한다.

STEP 18

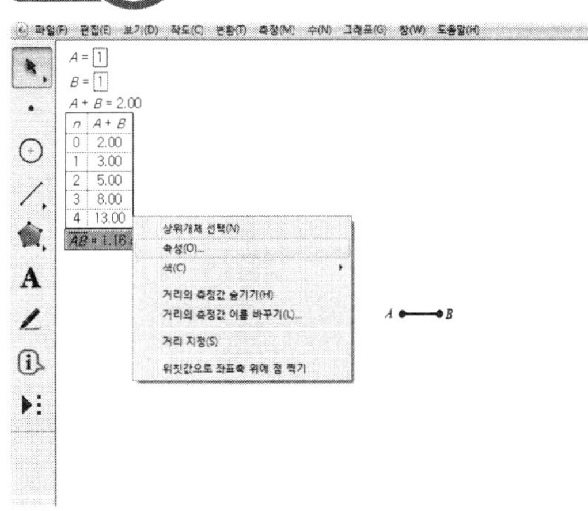

선분의 길이 위에서 마우스 우클릭을 하여 **속성(O)** 을 선택한다.

STEP 19

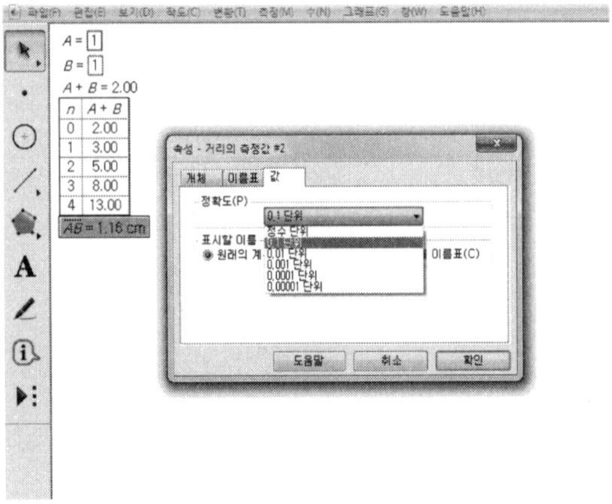

값 탭을 클릭하고 정확도를 0.1 단위를 선택한다.

STEP 20

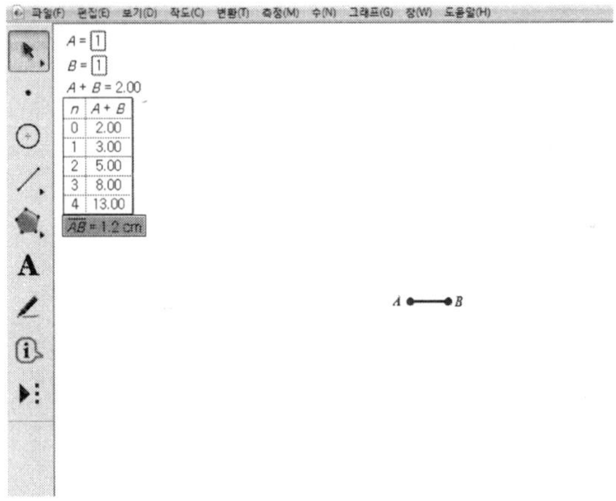

확인 을 선택하여 길이의 정확도를 수정한다.

STEP 21

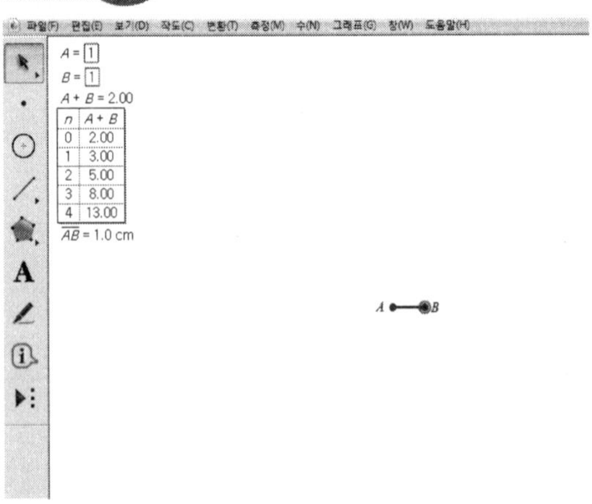

화살표 도구로 점 B를 선택하고 드래그하여 길이를 피보나치수열의 첫 번째 수인 1로 조정한다.

STEP 22

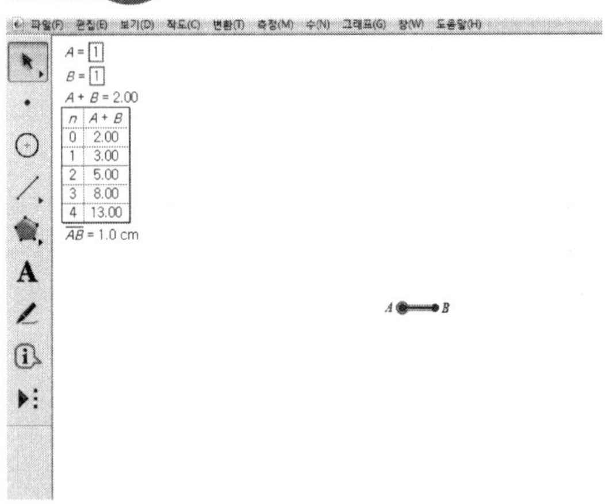

화살표 도구로 점 A와 선분을 선택한다.

STEP 23

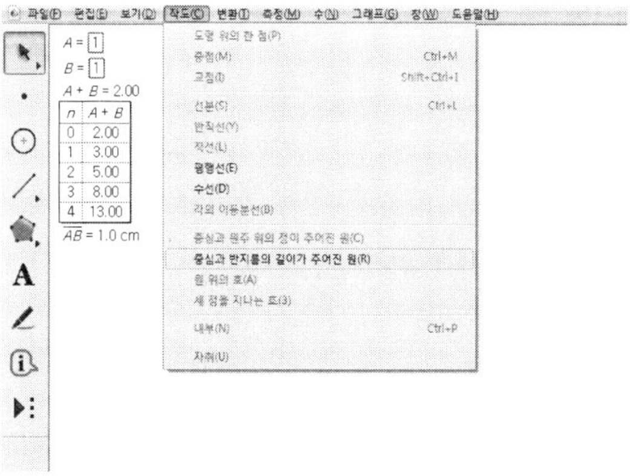

작도(C) 메뉴를 눌러 활성화된 **중심과 반지름의 길이가 주어진 원(R)** 을 선택한다.

STEP 24

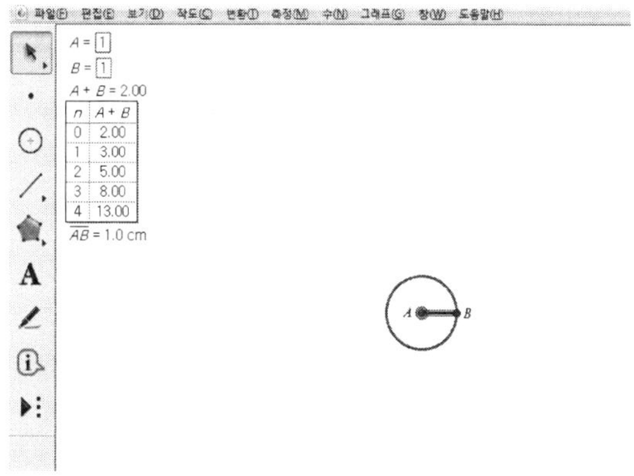

화살표 도구로 점 A와 선분을 선택한다.

STEP 25

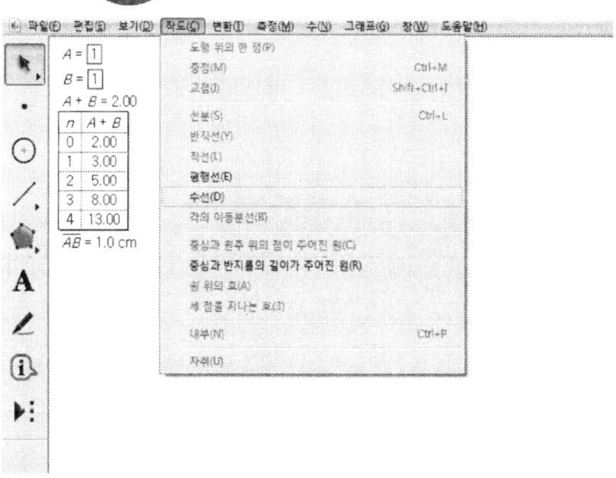

작도(C) 메뉴를 눌러 활성화된 **수선(D)** 을 선택한다.

STEP 26

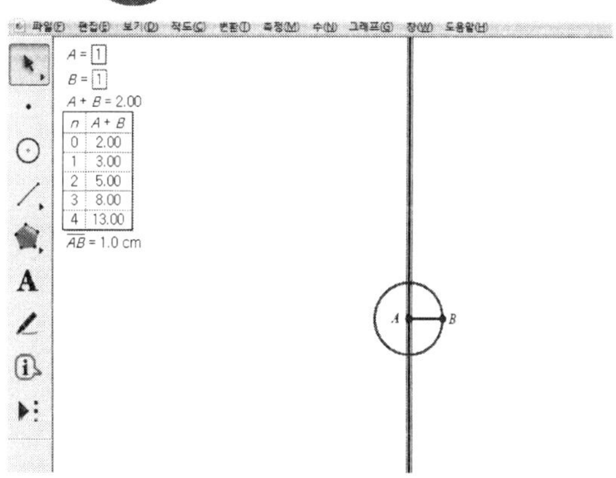

점 A를 지나는 수선이 그려진 것을 확인한다.

STEP 27

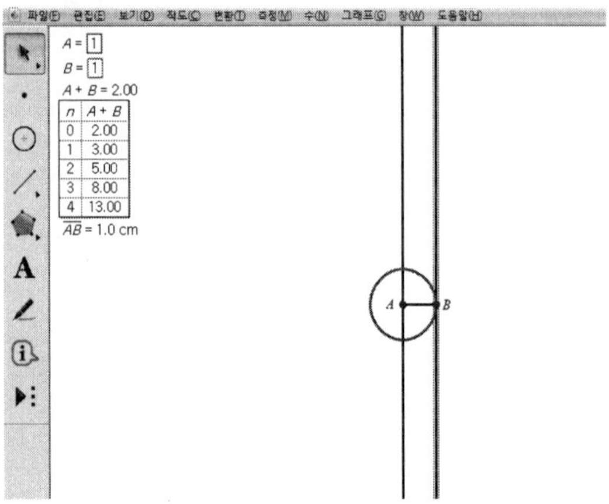

점 B와 선분으로 새로운 수선을 그린다.

STEP 28

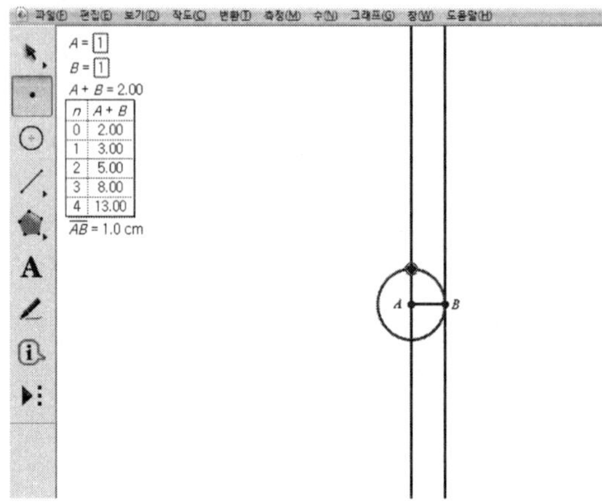

[•] **점 도구**를 선택하여 수선과 원이 만나는 위치에 점을 그린다.

STEP 29

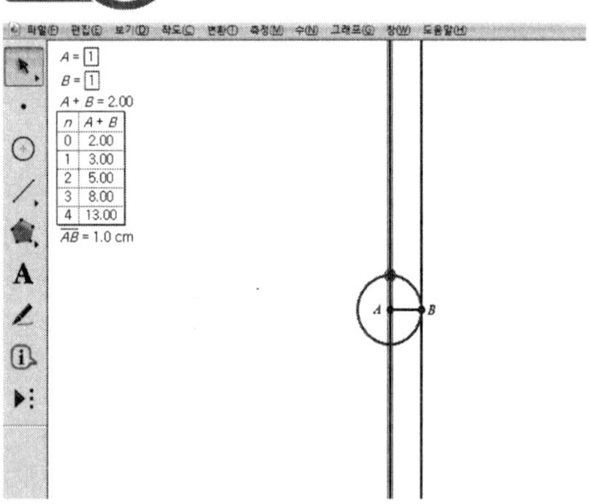

화살표 도구로 원의 중심을 지나는 수선과 수선과 원이 만나는 점을 선택한다.

STEP 30

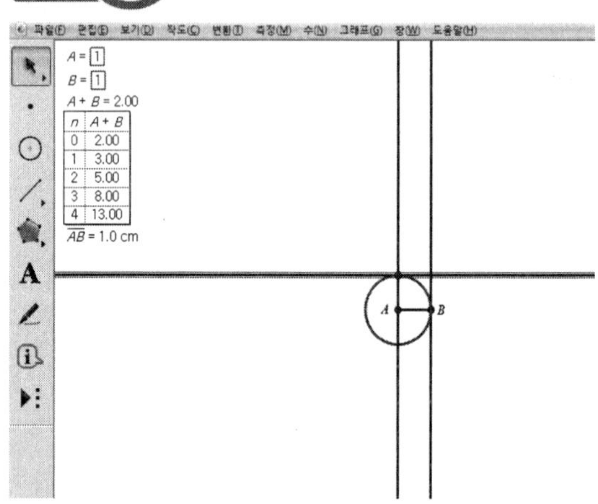

작도(C) 메뉴를 눌러 활성화된 **수선(D)**을 선택한다.

STEP 31

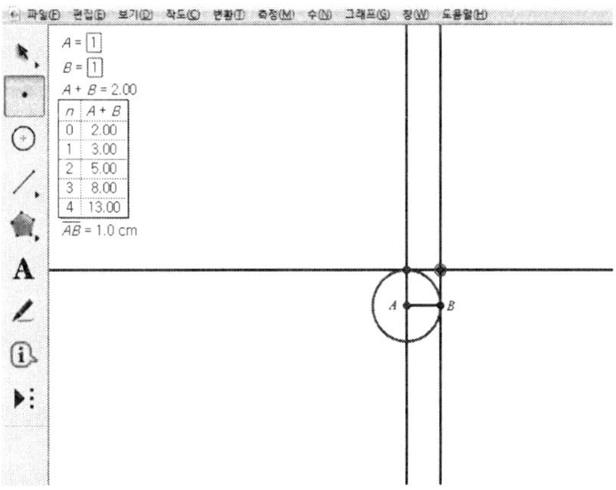

점 도구를 선택하여 두 수선이 원 밖에서 만나는 위치에 점을 그린다.

STEP 32

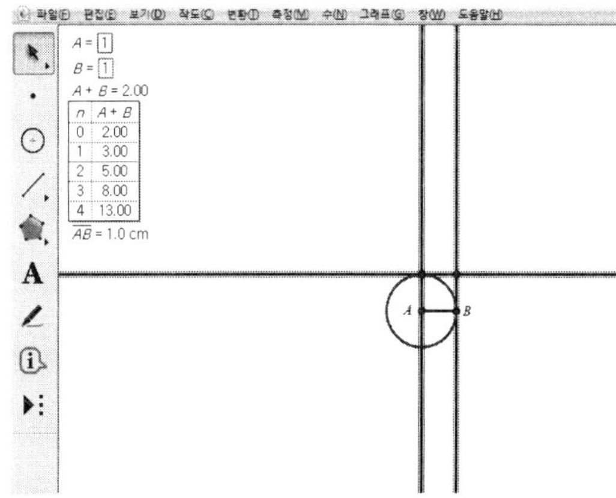

화살표 도구로 원과 3개의 수선을 선택한다.

STEP 33

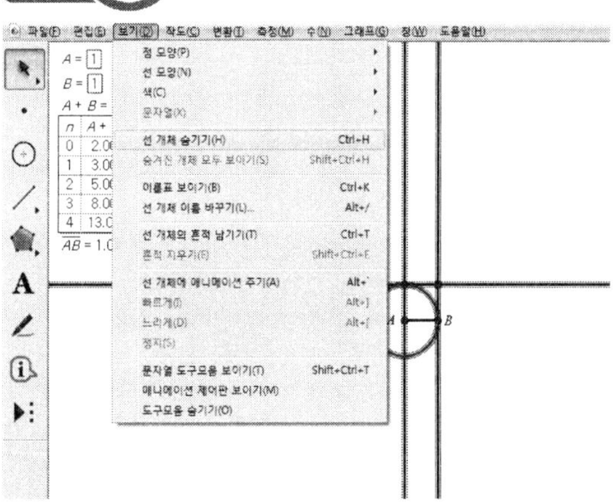

보기(D) 메뉴를 눌러 활성화된 **선 개체 숨기기(H)** 를 선택한다.

STEP 34

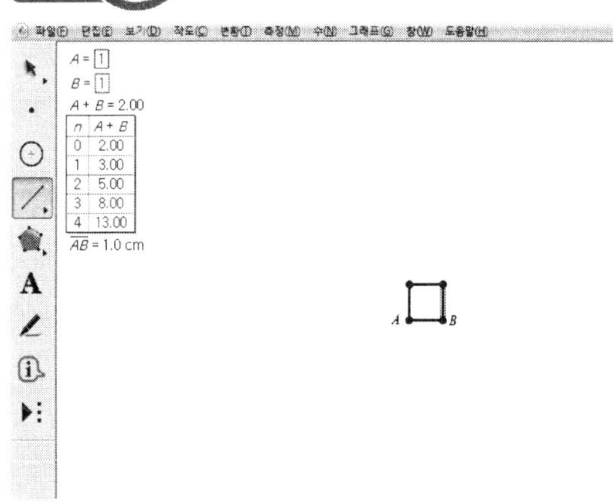

선분 도구로 정사각형을 완성한다. 한 변의 길이가 1cm인 정사각형이 그려진 것을 확인한다.

STEP 35

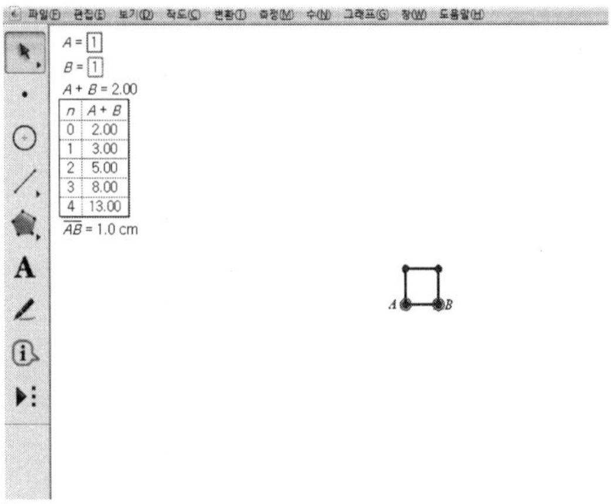

화살표 도구로 점 A와 점 B를 순서대로 선택한다.

STEP 36

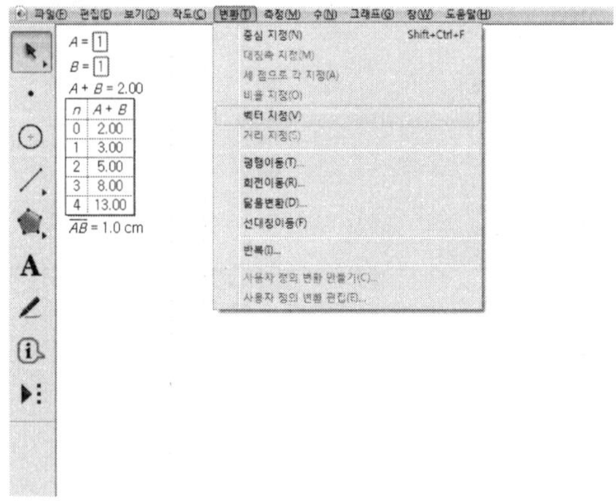

변환(T) 메뉴를 눌러 활성화된 **벡터 지정(V)** 을 클릭한다.

STEP 37

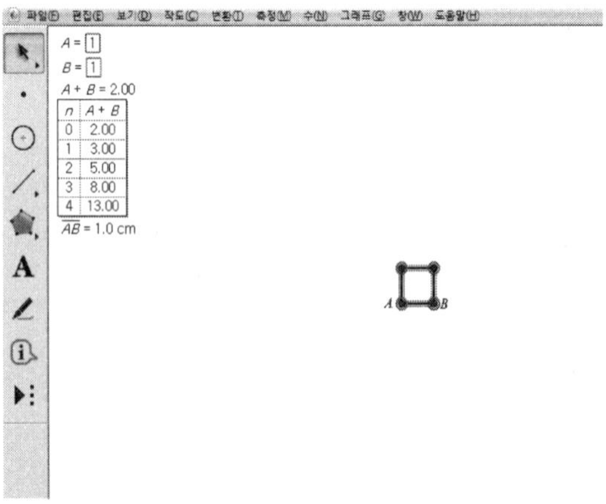

화살표 도구로 드래그하여 정사각형 전체를 선택한다.

STEP 38

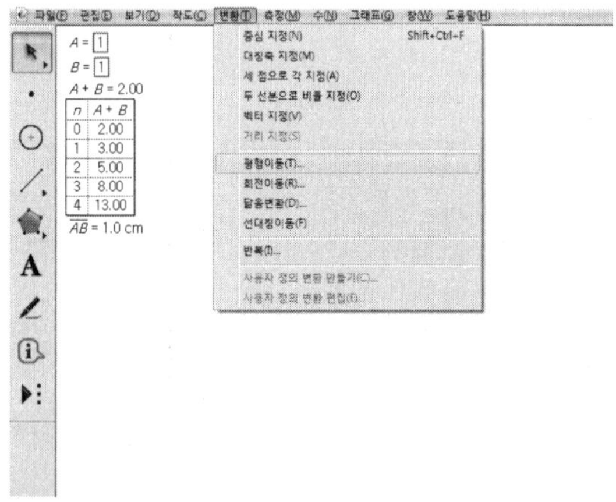

변환(T) 메뉴를 눌러 활성화된 **평행이동(T)** 을 클릭한다.

STEP 39

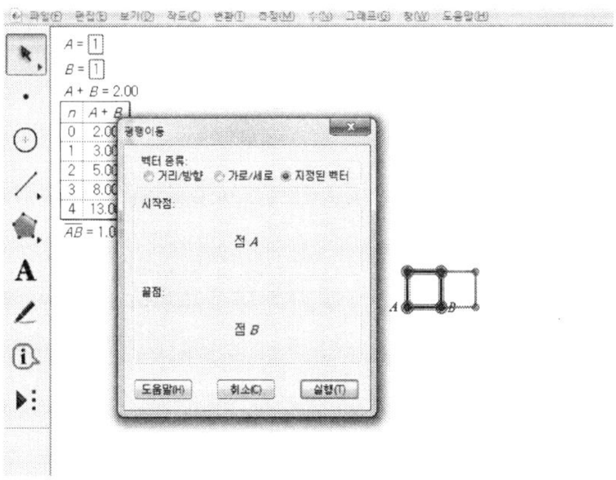

지정된 벡터를 선택한 후 **실행(R) 버튼**을 클릭한다.

STEP 40

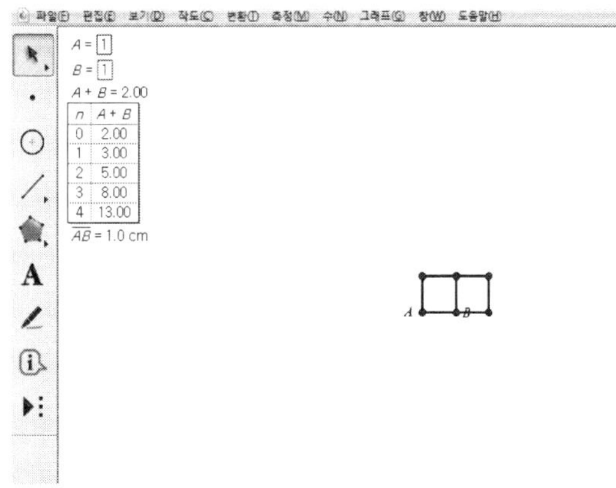

한 변의 길이가 피보나치수열의 두 번째 수인 1cm인 정사각형이 완성된 것을 확인한다.

STEP 41

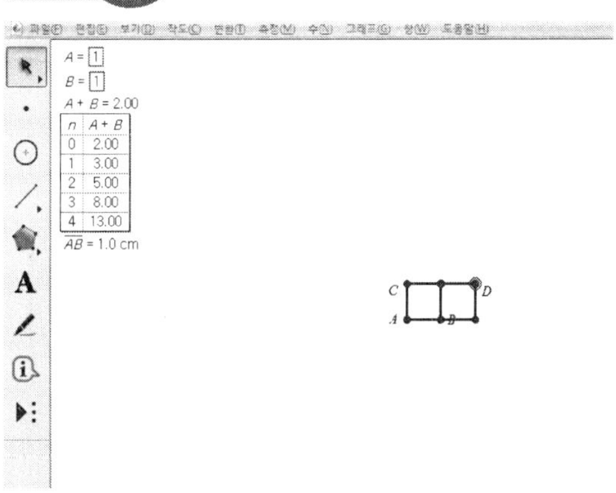

A **글 도구**를 사용하여 점 C, 점 D의 이름표를 붙인다.

STEP 42

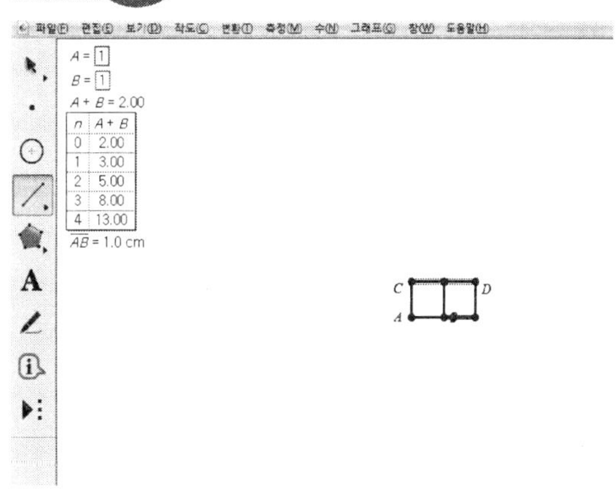

선분 도구로 선분 CD를 완성한다.

STEP 43

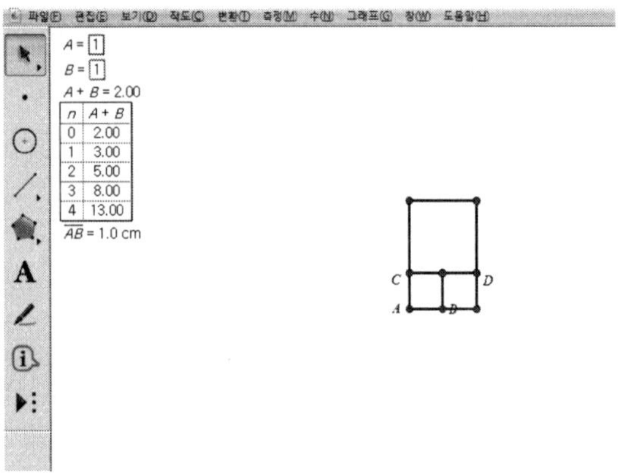

앞과 같은 방법으로 선분 CD를 한 변으로 하는 정사각형을 그린다. 한 변의 길이가 피보나치수열의 세 번째 수인 2cm인 정사각형이 완성된 것을 확인한다.

STEP 44

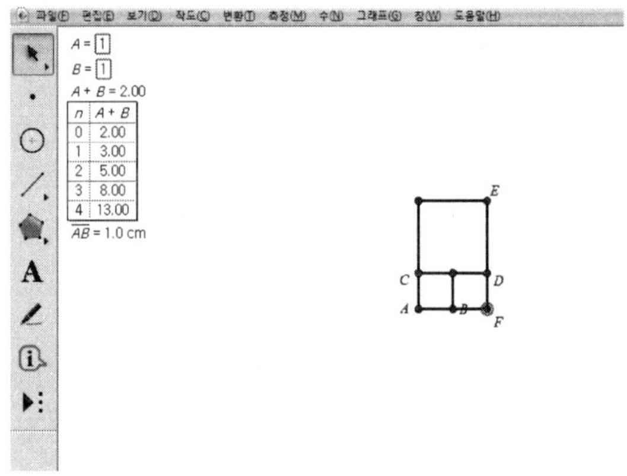

A 글 도구를 사용하여 점 E, 점 F의 이름표를 붙인다.

STEP 45

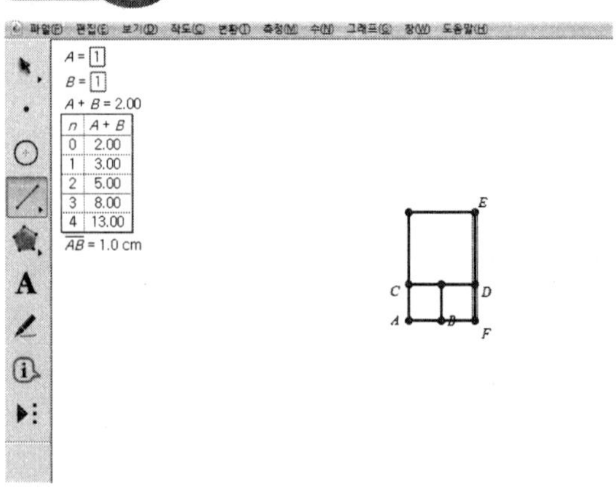

선분 도구로 선분 EF를 완성한다.

STEP 46

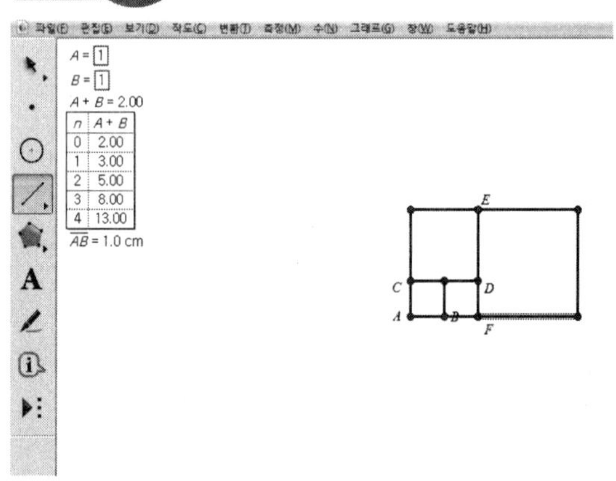

선분 EF를 한 변으로 하는 정사각형을 그린다. 한 변의 길이가 피보나치수열의 네 번째 수인 3cm인 정사각형이 완성된 것을 확인한다.

STEP 47

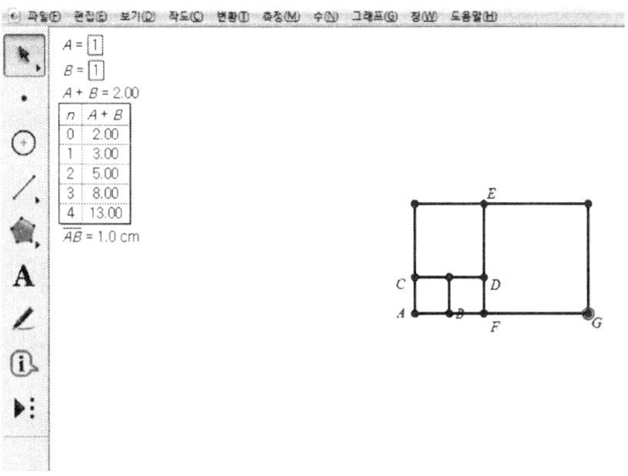

A 글 도구를 사용하여 점 G의 이름표를 붙인다.

STEP 48

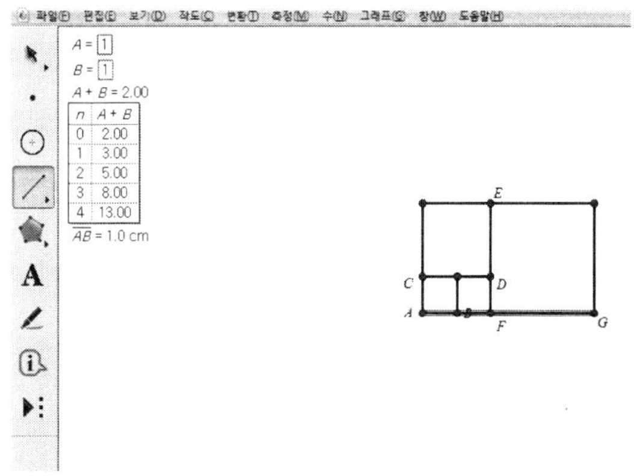

선분 도구로 선분 AG를 완성한다.

STEP 49

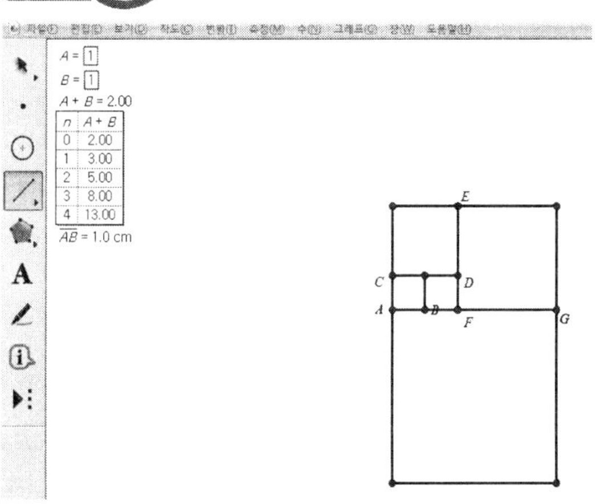

선분 AG를 한 변으로 하는 정사각형을 그린다. 한 변의 길이가 피보나치수열의 다섯 번째 수인 5cm인 정사각형이 완성된 것을 확인한다.

STEP 50

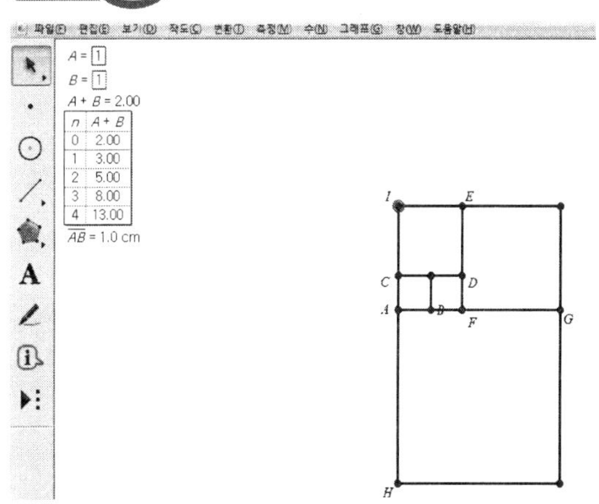

A 글 도구를 사용하여 점 H, 점 I의 이름표를 붙인다.

STEP 51

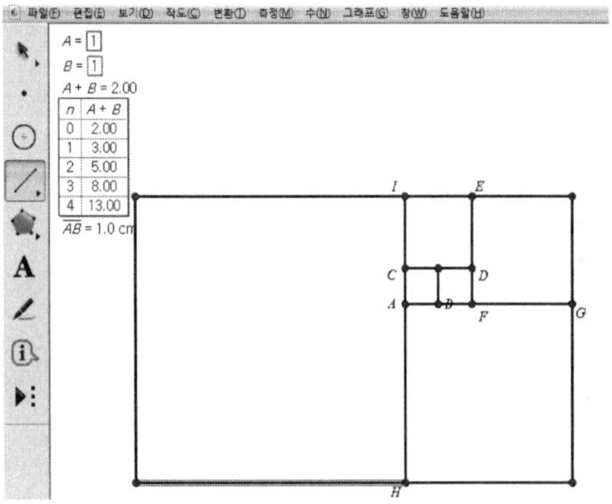

선분 HI를 한 변으로 하는 정사각형을 그린다. 한 변의 길이가 피보나치수열의 여섯 번째 수인 8cm인 정사각형이 완성된 것을 확인한다.

STEP 52

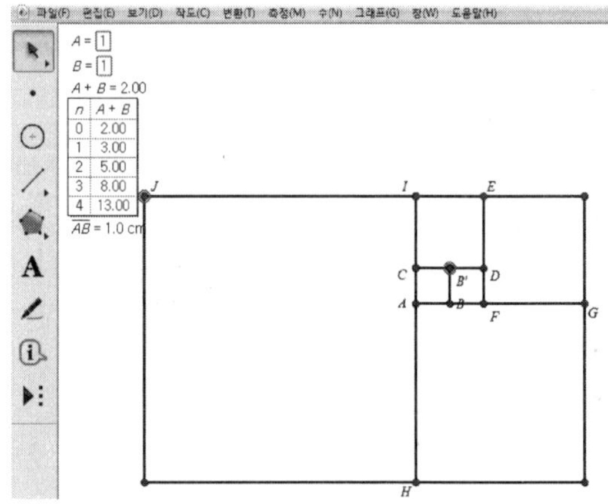

A 글 도구를 선분 CD의 가운데에 점 B′, 좌측 상단에 점 J의 이름표를 붙인다.

STEP 53

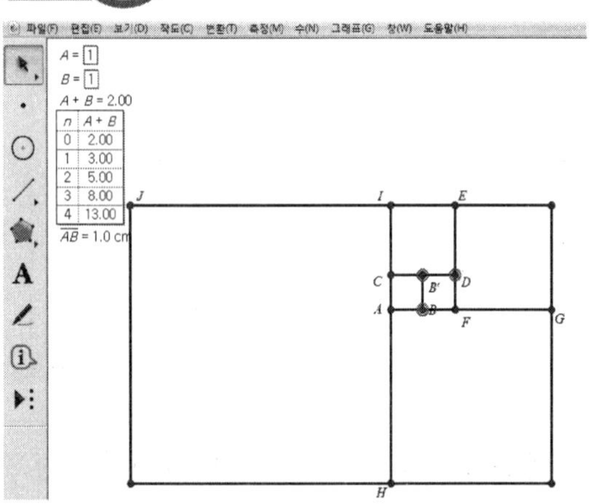

화살표 도구로 점 B′, 점 B, 점 D를 순서대로 선택한다.

STEP 54

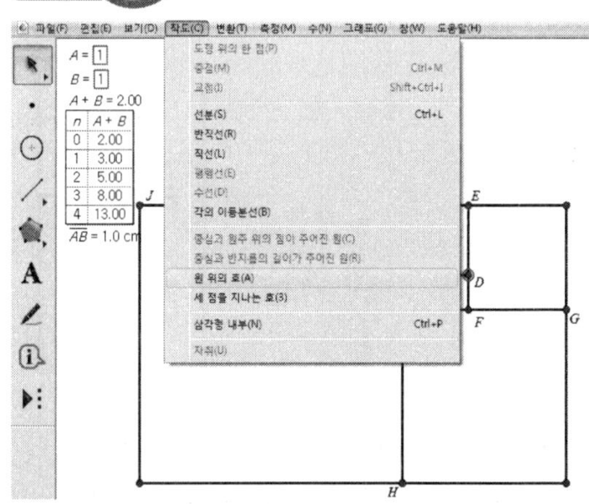

작도(C) 메뉴를 눌러 활성화된 **원 위의 호(A)** 를 선택한다.

STEP 55

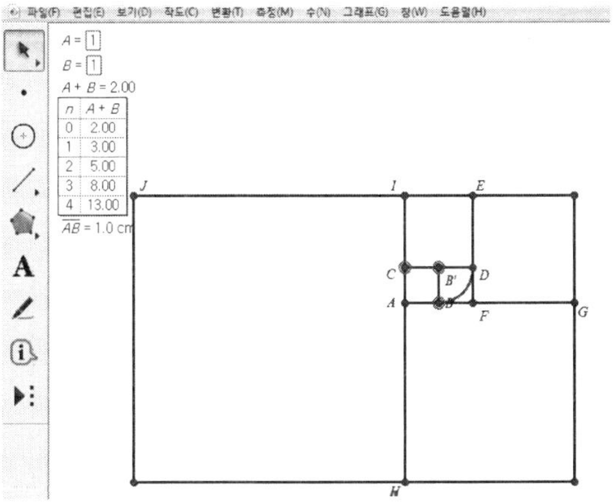

화살표 도구로 점 B′, 점 C, 점 B를 순서대로 선택한다.

STEP 56

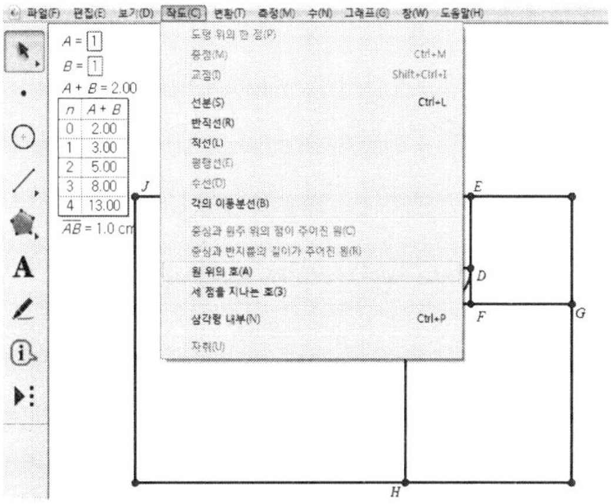

작도(C) 메뉴를 눌러 활성화된 원 위의 호(A) 를 선택한다.

STEP 57

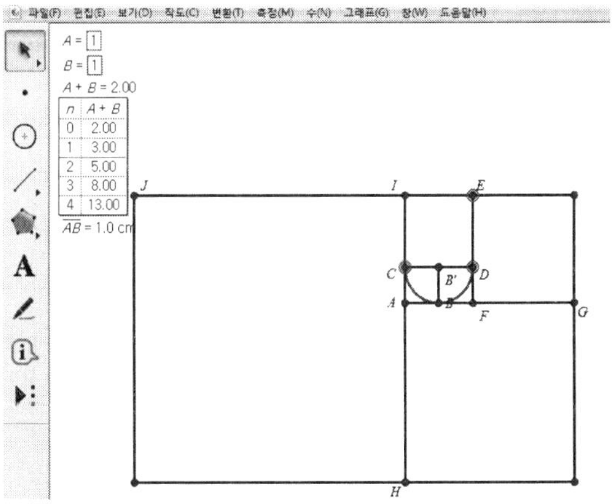

화살표 도구로 점 D, 점 E, 점 C를 순서대로 선택한다.

STEP 58

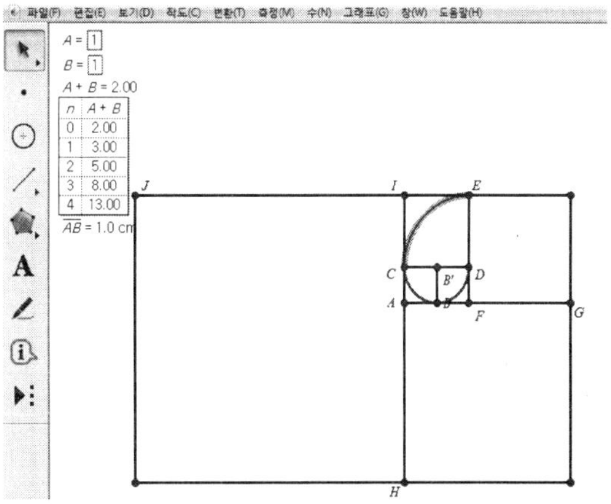

작도(C) 메뉴를 눌러 활성화된 원 위의 호(A) 를 선택한다.

STEP 59

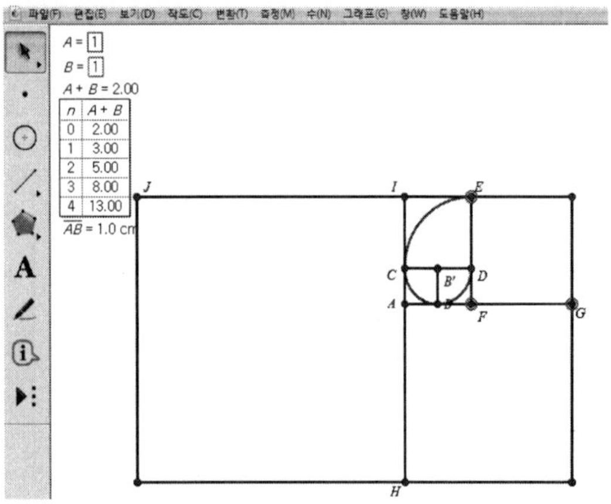

화살표 도구로 점 F, 점 G, 점 E를 순서대로 선택한다.

STEP 60

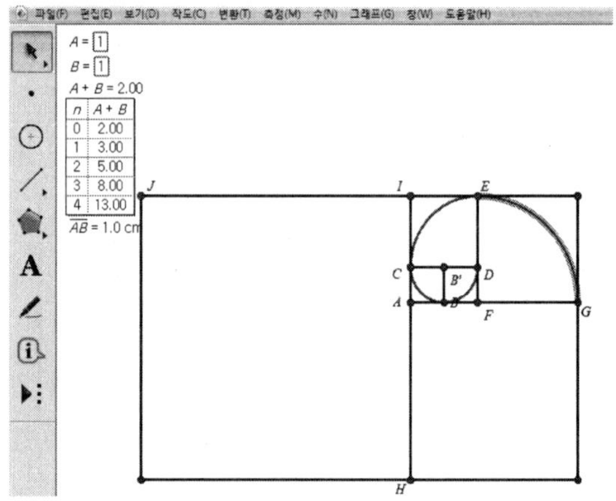

작도(C) 메뉴를 눌러 활성화된 **원 위의 호(A)** 를 선택한다.

STEP 61

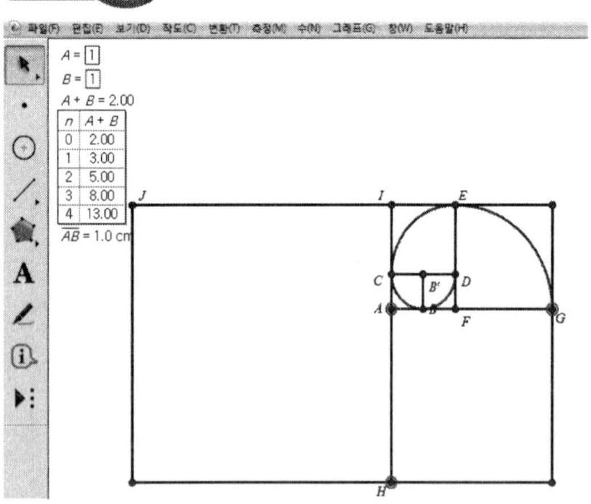

화살표 도구로 점 A, 점 H, 점 G를 순서대로 선택한다.

STEP 62

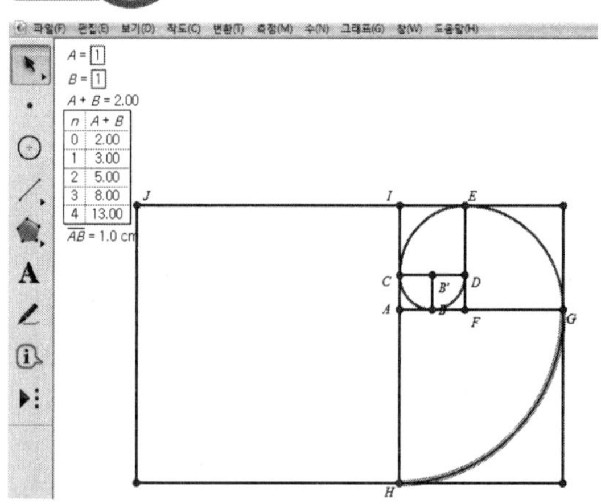

작도(C) 메뉴를 눌러 활성화된 **원 위의 호(A)** 를 선택한다.

STEP 63

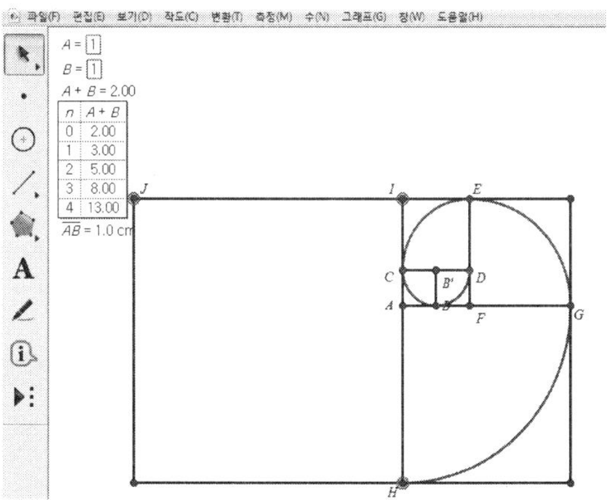

화살표 도구로 점 I, 점 J, 점 H를 순서대로 선택한다.

STEP 64

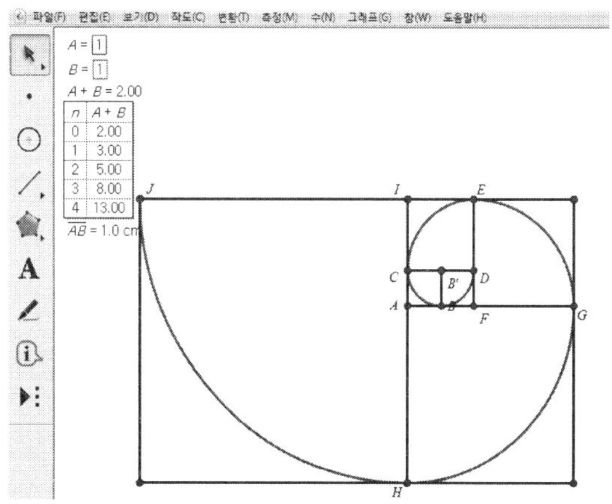

작도(C) 메뉴를 눌러 활성화된 **원 위의 호(A)** 를 선택한다.

STEP 65

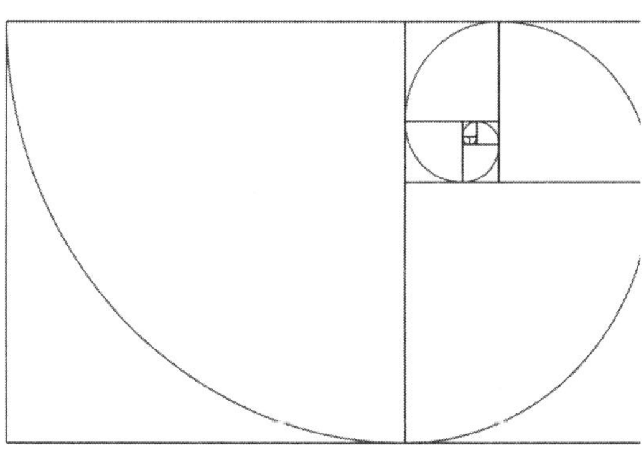

같은 방법으로 규칙적으로 정사각형과 호를 그려 피보나치수열의 구조를 계속적으로 만들어갈 수 있다.

함수의 그래프 그리기

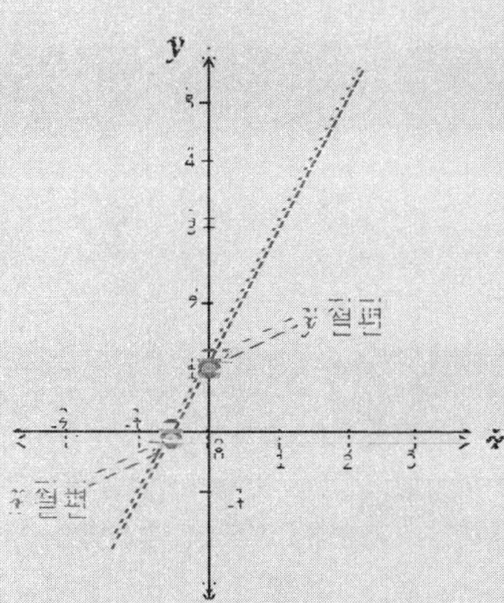

1차 함수 그래프 예

변수 x와 y 사이에 x의 값이 정해지면 따라서 y값이 정해진다는 관계가 있을 때, y는 x의 함수라고 한다. 또 x를 독립변수(獨立變數), y를 종속변수(從屬變數)라고 하는데 이것은 P.G.L. 디리클레에 의한 정의이다.

함수라는 말을 처음으로 사용한 사람은 G.W.F. 라이프니츠였다. 함수라는 개념은 수학의 역사와 더불어 존재했다고 보아도 될 것이다. 특히 R. 데카르트의 좌표기하학(座標幾何學)은 함수 개념 없이는 성립될 수 없다.

라이프니츠에 이어 베르누이 집안의 수학자들이나 L. 오일러 등이 함수의 뜻을 확장하였으나 오일러에서도 아직 함수는 변수와 상수에 의한 식이라는 생각을 벗어나지 못하고 있었다.

현재의 함수의 기초를 구축한 것은 J.B.J. 푸리에 및 A.L. 코시이다. 코시의 함수에 대한 정의는 디리클레의 정의와 가까운 것이었다. 디리클레는 임의의 함수를 푸리에급수로써 표현하는 연구의 결과, 하나의 함수는 동일한 법칙에 의해 관계를 가지지 않아도 되며, 식으로 표시할 필요성도 없다는 것으로 다음과 같은 정의에 도달하였다.

1. 1차함수 $y = ax + b$ (a, b는 상수)
2. 2차함수 $y = ax^2$, $y = ax^2 + bx + c$
3. 분수함수 $y = \dfrac{1}{1+x^2}$
4. 무리함수 $y = z\sqrt{4-x^2}$
5. 삼각함수 $y = \sin x$, $y = \cos x$
6. 지수함수 $y = e^x$
7. 로그함수 $y = \log x$ ($x > 0$)

우리는 이 함수를 GSP를 이용하여 그려볼 것이다. 수학 과제 주제로 쓰이는 대표적인 함수 주제 중 이번에는 '1차, 2차 함수 그래프'를 GSP로 그려볼 것이다. 본 주제에서 학생들의 사고를 바탕으로 변수 사이들의 관계를 GSP를 활용하여 그래프를 그려보는 활동을 통해 수학적인 시각으로 사물을 관찰할 수 있는 기회를 제공하였으면 하는 바람이다.

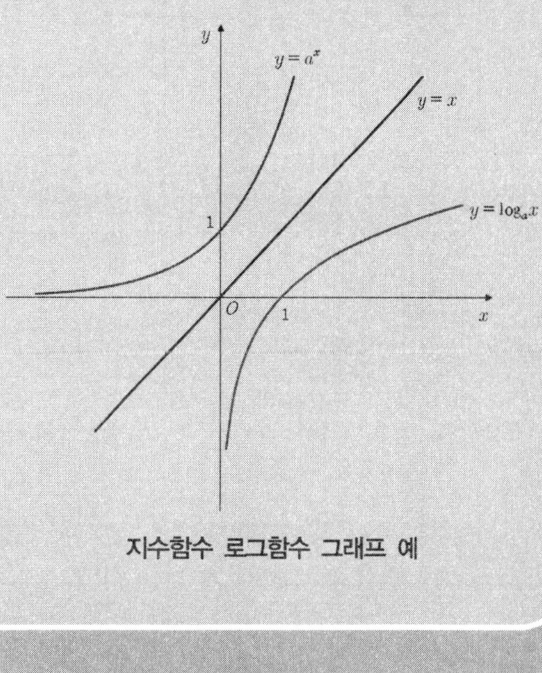

지수함수 로그함수 그래프 예

학습목표

✔ GSP로 여러 가지 모양의 함수그래프를 그릴 수 있다.
✔ GSP를 활용하여 함수그래프를 옮길 수 있다.

관련 교육과정

학년군	영역	단원	성취기준
중 1-1	함수	함수	[9수03-03] 정비례, 반비례 관계를 이해하고, 그 관계를 표, 식, 그래프로 나타낼 수 있다.
중 2-1	함수	일차 함수	[9수03-05] 일차함수의 의미를 이해하고, 그 그래프를 그릴 수 있다.
중 3-1	함수	이차 함수	[9수03-09] 이차함수의 의미를 이해하고, 그 그래프를 그릴 수 있다.

지도계획

전개단계	활동명	주요 수업활동	주요수업 형태
계획 수립하기	1. 함수 그래프 알기	• 단원 소개 • 함수그래프를 이루는 기본 요소	• 교사 강의 • 개인 실습 • 전체 토론
지식 및 기능 습득하기	2. 함수 좌표축 그리기	• 좌표축과 격자를 활용해 함수 좌표축 그리기	• 교사 강의 • 개인 실습 • 전체 토론
	3. 대칭점 작도와 축단위 변경하기	• 한 점을 작도 후 대칭축 작도 및 축단위(격자크기) 변경하기	• 교사 강의 • 개인 실습 • 전체 토론
	4. 점, 선의 속성 바꾸기	• 그린 점과 선들의 굵기, 색깔 등 변경하여 그래프 꾸미기	• 교사 강의 • 개인 실습 • 전체 토론
수행하기	5. 관계식을 입력하여 함수 그래프 그리기	• 관계식을 입력하여 함수 그래프 그리기	• 교사 강의 • 개인 실습 • 전체 토론
	5. 1차 함수 그리기	• 배운 기능을 활용하여 1차 함수 그리기	• 교사 강의 • 개인 실습 • 전체 토론
	6. 2차 함수 그리기	• 배운 기능을 활용하여 2차 함수 그리기	• 교사 강의 • 개인 실습 • 전체 토론

학습목표

GSP 기본기능을 익혀 함수 그래프를 그릴 수 있다.

활동1

함수 그래프의 기본기능 알아보기

방법1 GSP에서 격자를 나타내는 방법 알아보기

활용 기능

그래프(G)

STEP 01

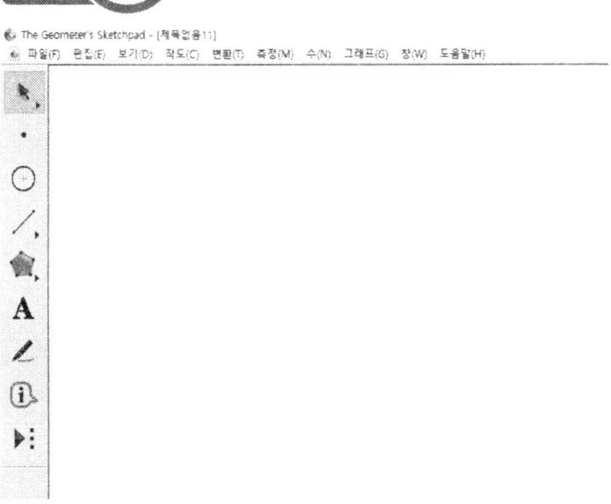

파일(F) 메뉴의 **새 문서**를 이용해 새로운 화면을 준비한다.

STEP 02

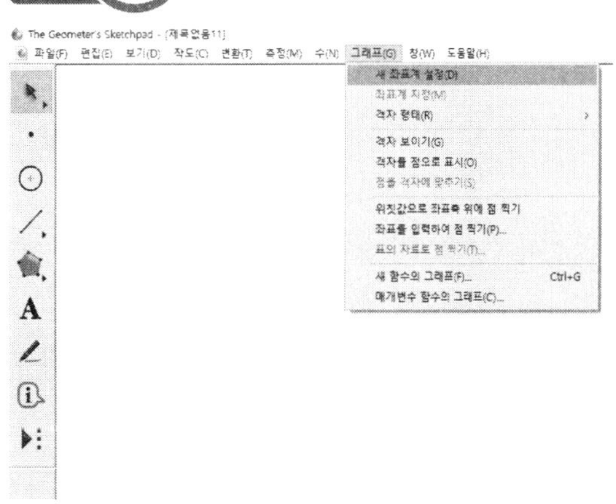

그래프(G) 메뉴의 **새 좌표계 설정(D)** 을 클릭하여 그래프를 만든다.

STEP 03

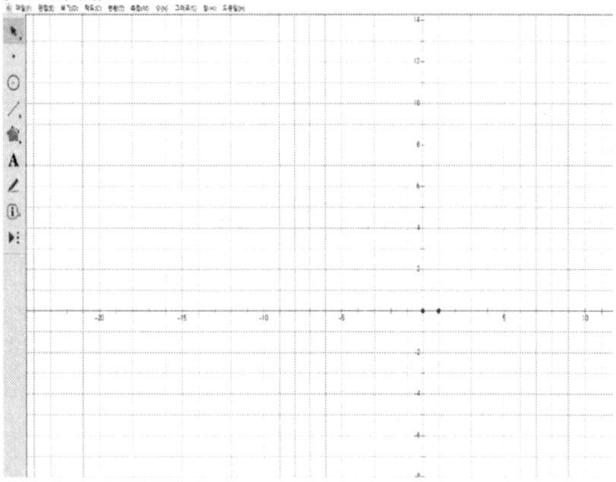

가로축과 세로축이 그려진 격자가 그려진 것을 확인할 수 있다.

STEP 04

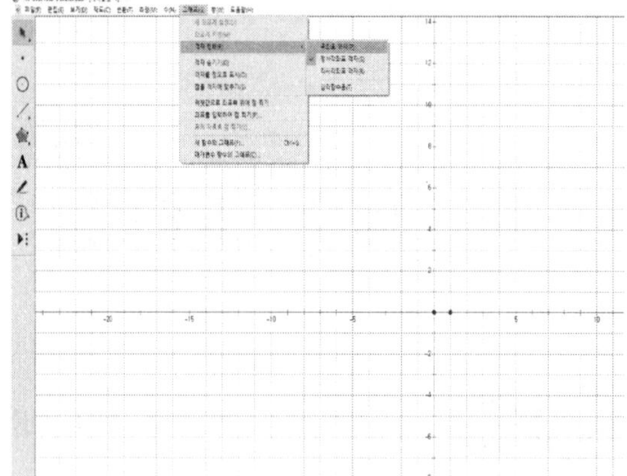

그래프(G) 메뉴의 **격자형태(R)** 을 클릭하면 **극좌표 격자, 정사각좌표 격자, 직사각좌표 격자, 삼각함수용** 등을 선택할 수 있다.

STEP 05

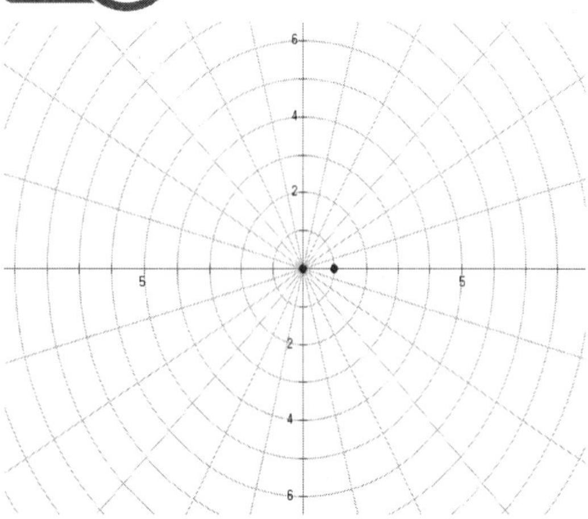

'**극좌표 격자**'를 선택하고 그려진 격자를 확인할 수 있다.

STEP 06

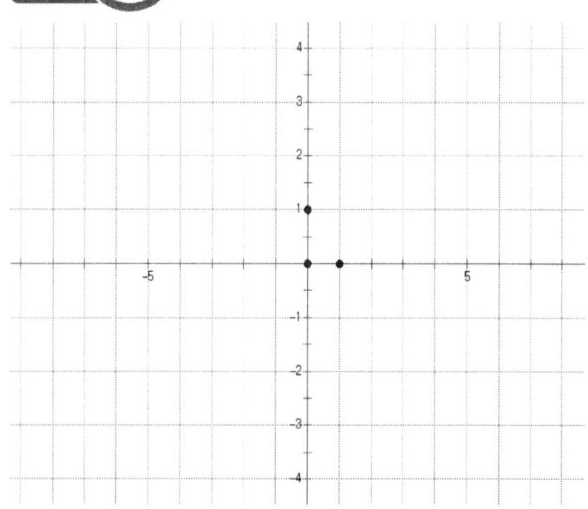

'**직사각좌표 격자**'를 선택하고 그려진 격자를 확인할 수 있다.

방법2 격자의 크기를 변경하는 방법 알아보기

활용 기능

그래프(G)

STEP 01

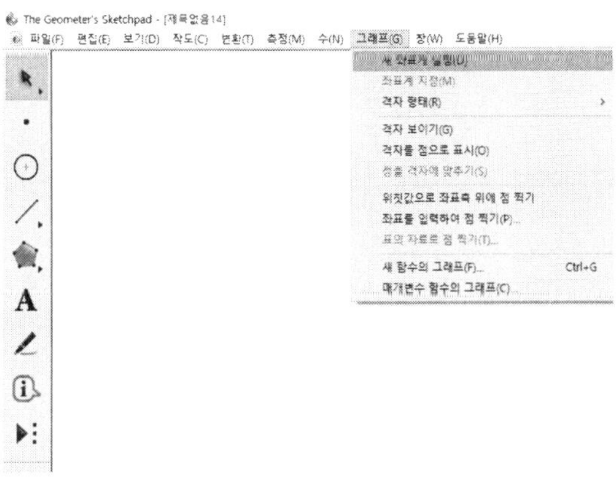

새 문서에서 그래프(G) 메뉴를 활용하여 새 좌표계 설정(D) 을 선택한다.

STEP 02

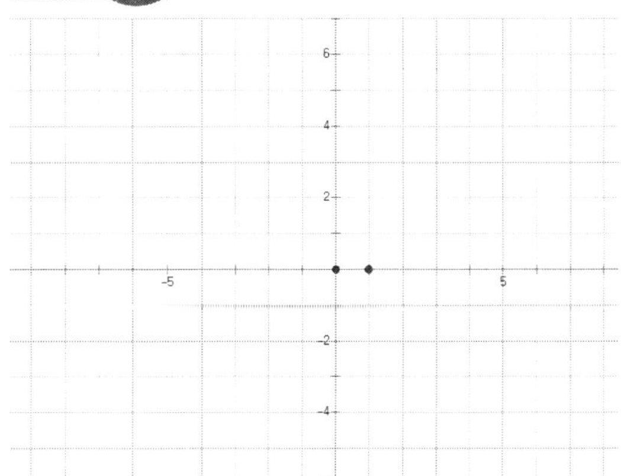

격자 한 칸이 1을 나타내는 정사각형 모양의 격자와 가로축 위에 점이 그려진 것을 확인할 수 있다.

STEP 03

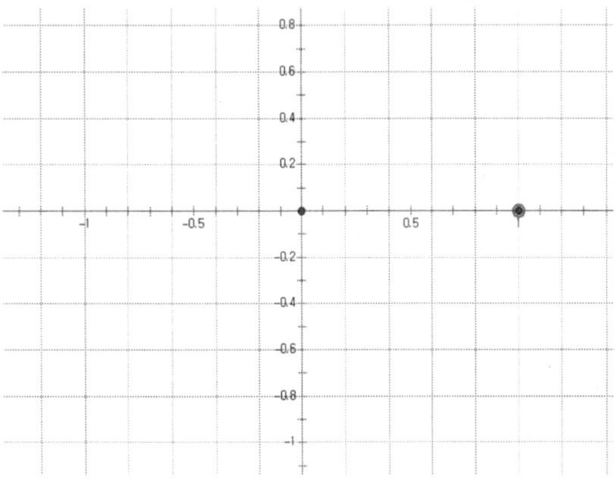

화살표 도구로 가로축 위의 점을 클릭하여 오른쪽으로 드래그하면 격자 한 칸의 단위가 작아지는 것을 확인할 수 있다.

STEP 04

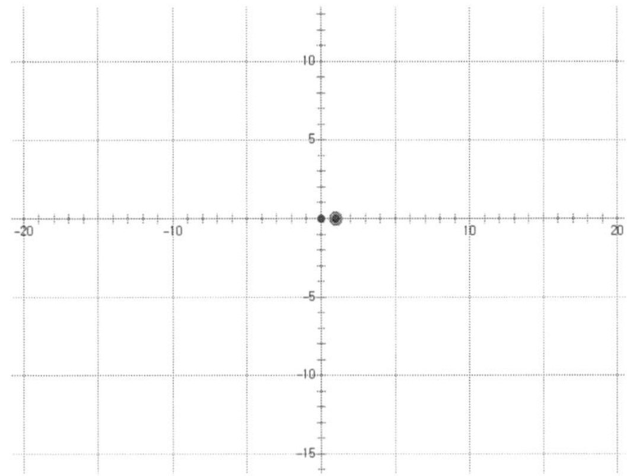

반대로 **화살표 도구**를 클릭하여 왼쪽으로 드래그하면 격자 한 칸의 단위가 커지는 것을 확인할 수 있다.

STEP 05

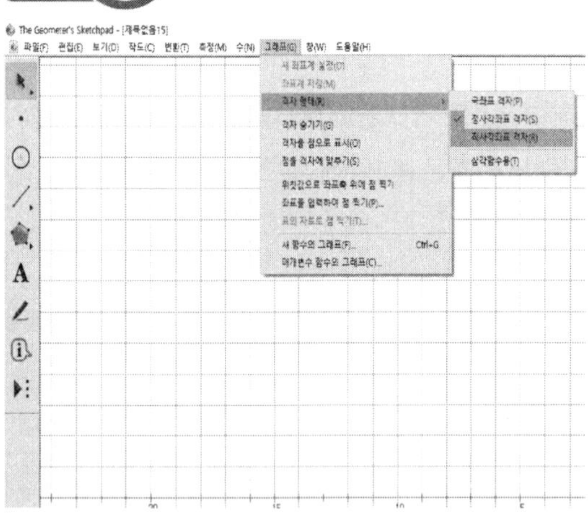

가로축과 세로축의 격자 크기를 다르게 설정할 수도 있다. **그래프(G)** 메뉴의 **격자형태(R)**을 클릭하여 '직사각좌표 격자'를 선택한다.

STEP 06

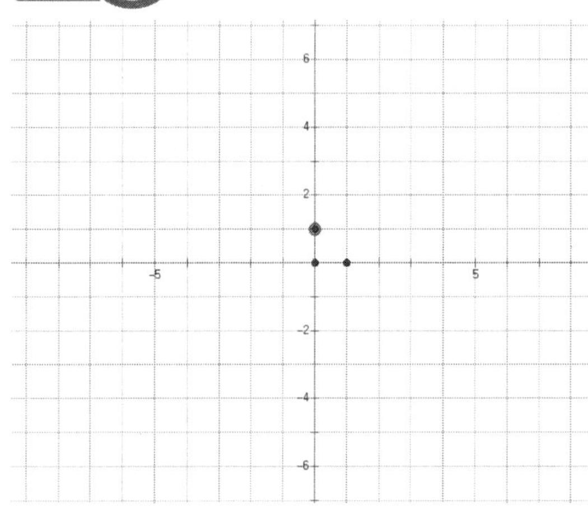

세로축 위에 점이 하나 더 생긴 것을 볼 수 있다.

STEP 07

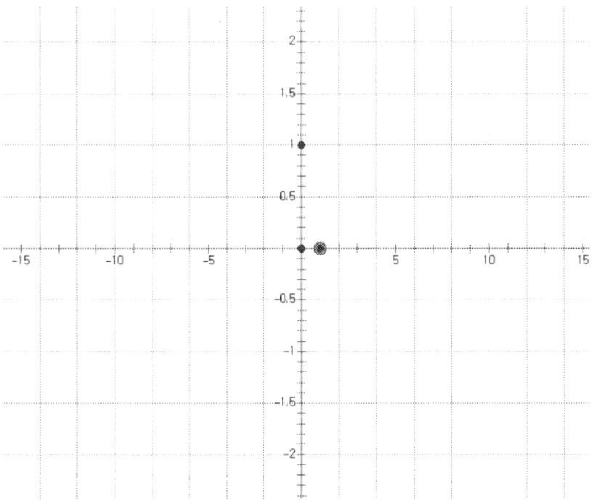

세로축 위의 점을 드래그하여 위쪽과 아래쪽으로 움직여 보면 가로축과 세로축의 격자 단위를 다르게 설정할 수 있다.

STEP 08

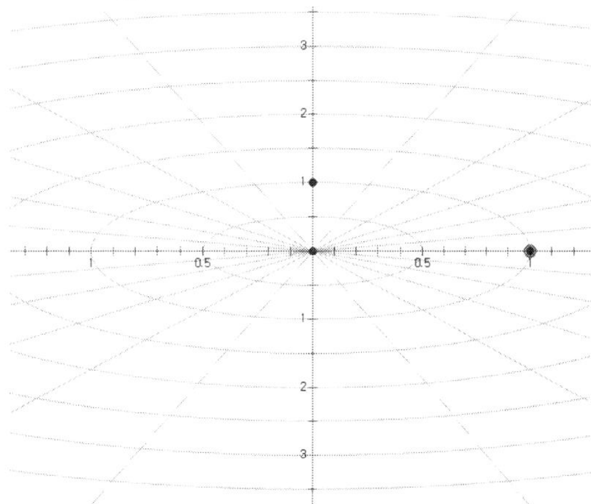

극좌표 역시 가로축과 세로축의 단위를 다르게 설정할 수 있다.

방법3 그래프에 점 찍는 방법 알아보기

활용 기능

그래프(G)

STEP 01

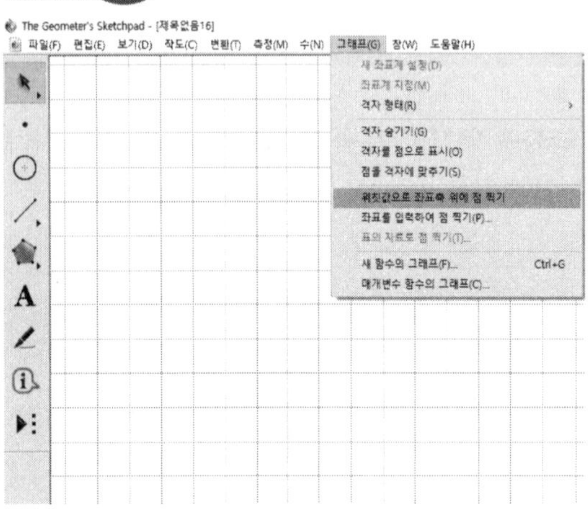

좌표에 점을 찍는 방법은 두 가지가 있다. 먼저 그래프(G) 메뉴의 '**위치값으로 좌표축 위에 점 찍기**'를 선택한다.

STEP 02

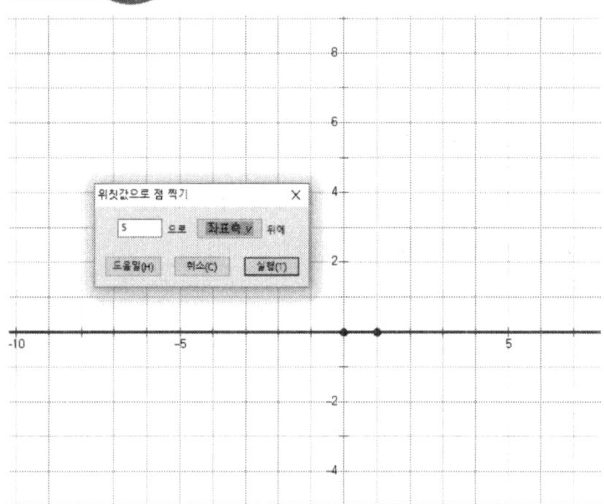

대화상자에 점을 찍고 싶은 위치와 어느 축 위에 그릴 것인지 축을 선택할 수 있다. 축을 선택하는 방법은 **좌표축 x(또는 y)**를 클릭하여 **붉은색**으로 변했을 때 좌표 위의 축을 선택한다.

STEP 03

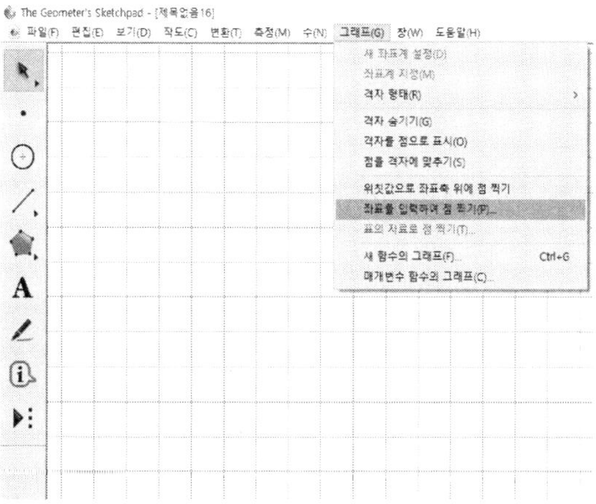

축 위에 점을 찍는 것이 아니라 좌표 위에 자유롭게 찍고 싶을 때는 '**좌표를 입력하여 점 찍기(P)**'를 클릭한다.

STEP 04

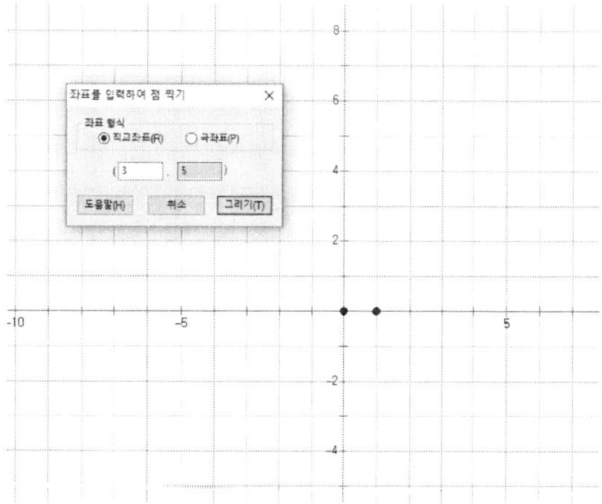

직교좌표에 가로축과 세로축의 원하는 수치를 입력하여 점을 찍을 수 있다.

활동2

1차 함수 그리기

방법1 매개변수를 이용하여 일차함수 그리는 방법 알아보기

활용 기능

그래프(G)

STEP 01

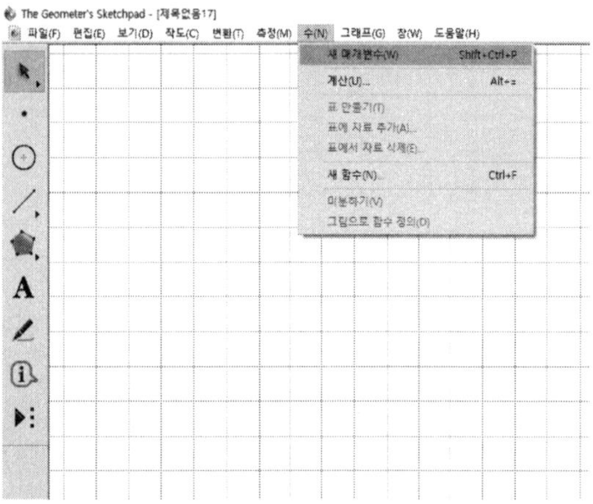

일차함수를 그리기 위한 매개변수 설정을 위해 수(N) 메뉴의 새 매개변수(W) 를 클릭한다.

STEP 02

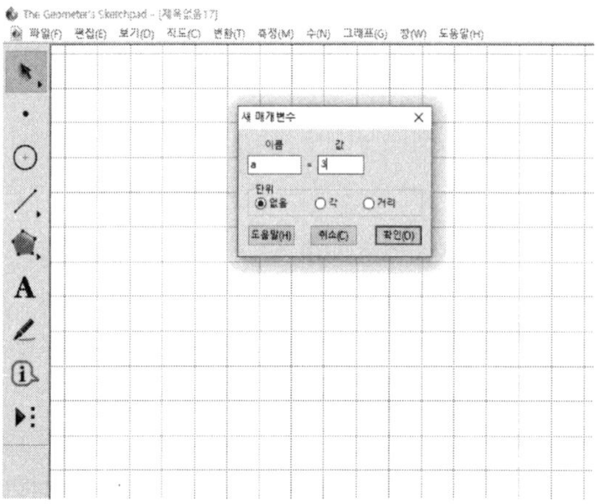

임의로 x축의 매개변수를 a, y축의 매개변수를 b라 하고 **대화상자의 '이름'**에 a를 입력하고 임의의 수를 입력한다.

STEP 03

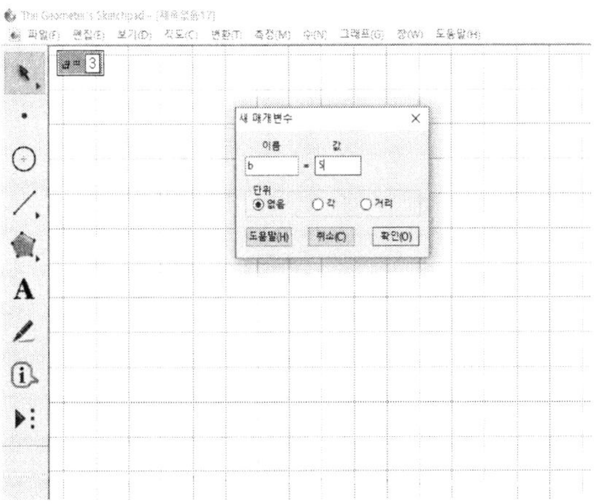

y축의 매개변수를 b라 하고 **대화상자의 '이름'**에 b를 입력하고 임의의 수를 입력한다.

STEP 04

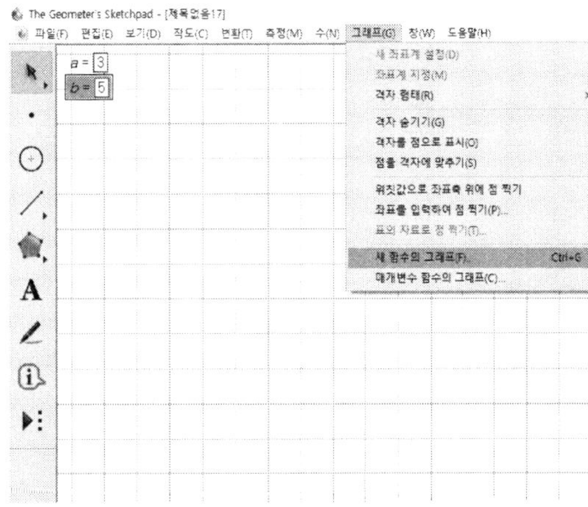

그래프를 그리기 위해 **그래프(G)** 메뉴의 **새 함수와 그래프(F)** 를 선택한다.

STEP 05

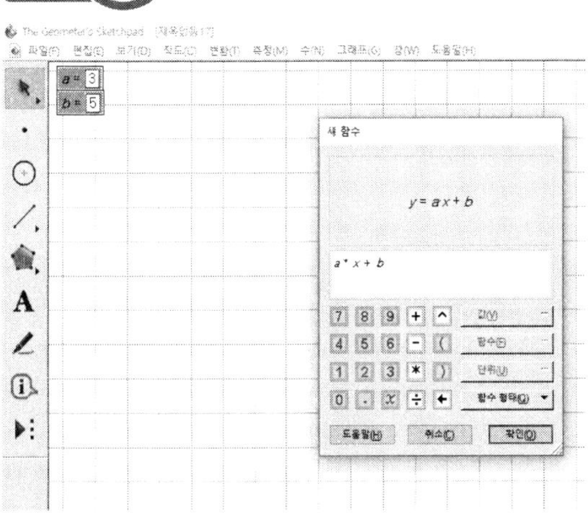

새 함수 대화상자에 일차함수인 **a*x+b**라고 입력한다. 이때 매개변수 a와 b는 **직접입력을 해도 되고 마우스로 입력된 변수를 클릭**해도 된다.

STEP 06

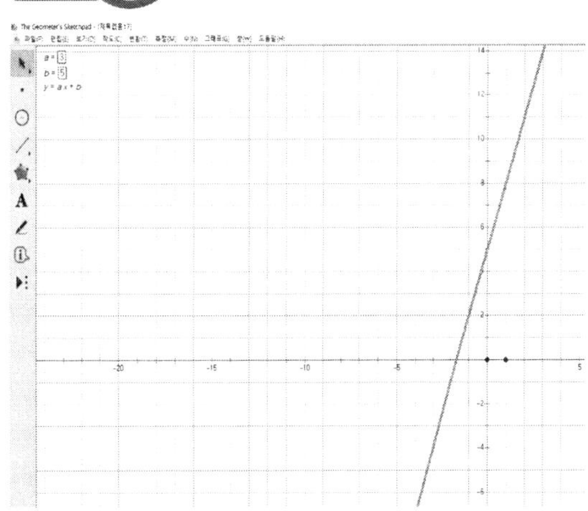

임의로 입력한 y=3x+5의 그래프가 그려진 것을 확인할 수 있다.

STEP 07

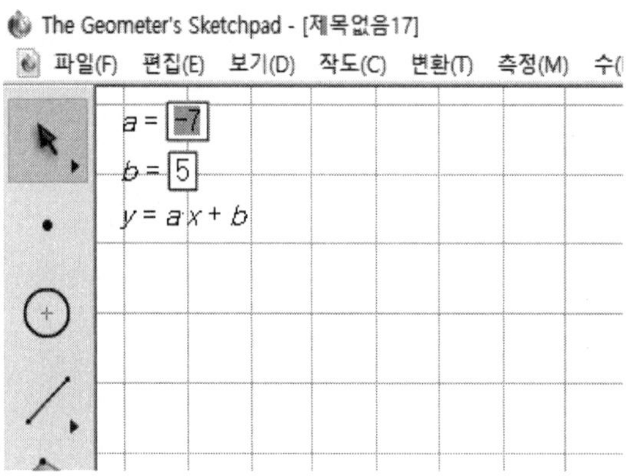

이때 매개변수의 a의 변경을 위해서 **변수를 더블클릭**하여 변수를 수정할 수도 있다.

STEP 08

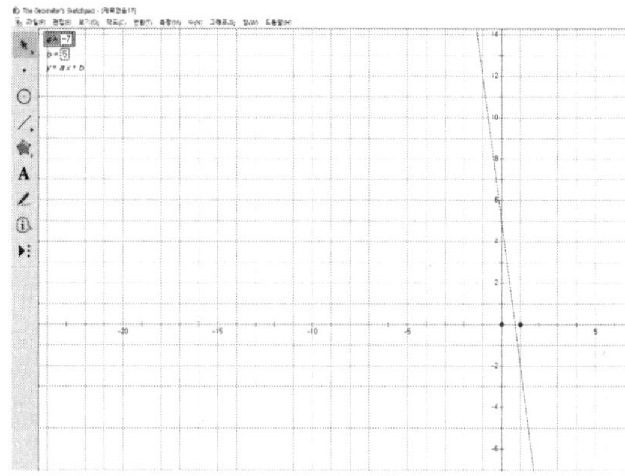

변수를 수정하면 그래프도 함께 바뀌게 되는 것을 확인한다.

STEP 09

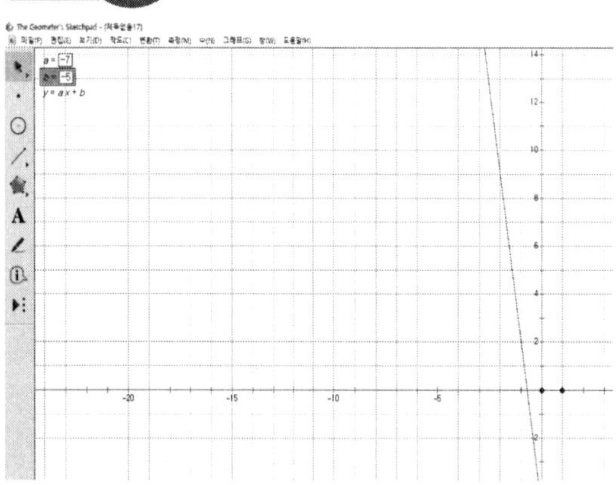

마찬가지로 매개변수 b도 수정을 하여 그래프의 모양이 바뀌는 것을 확인할 수 있다.

활동3

2차 함수 그리기

방법1 매개변수를 이용하여 이차함수 그리는 방법 알아보기

활용 기능

그래프(G)

STEP 01

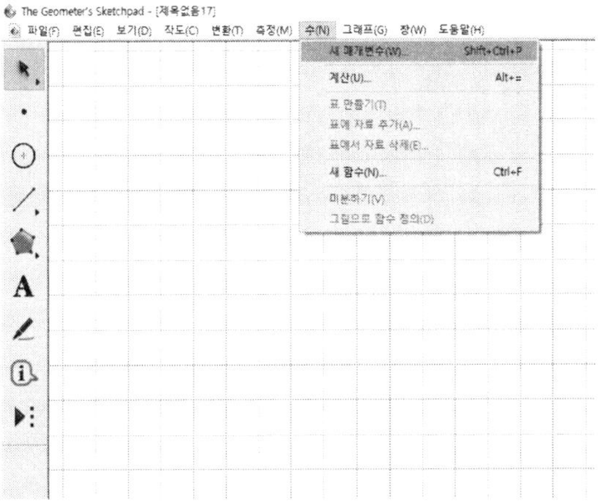

이차함수를 그리기 위한 매개변수 설정을 위해 수(N) 메뉴의 새 매개변수(W) 를 클릭한다.

STEP 02

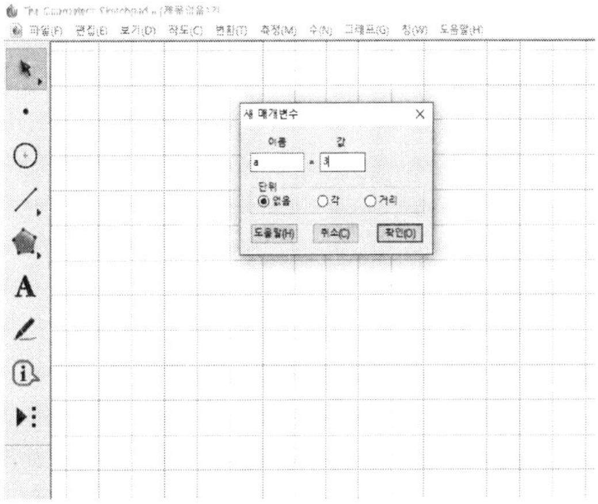

임의로 x축의 매개변수를 a, y축의 매개변수를 b라 하고 **대화상자의 '이름'**에 a를 입력하고 임의의 수를 입력한다.

STEP 03

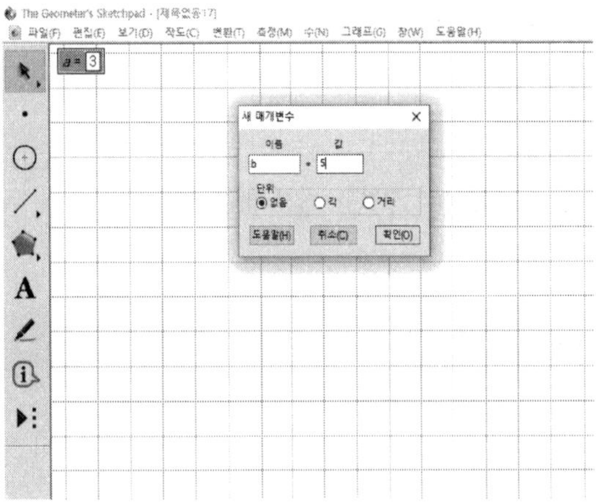

y축의 매개변수를 b라 하고 **대화상자의 '이름'**에 b를 입력하고 임의의 수를 입력한다.

STEP 04

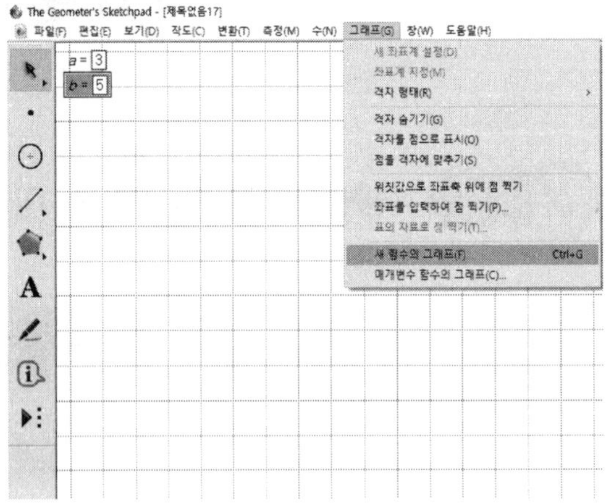

그래프를 그리기 위해 **그래프(G)** 메뉴의 **새 함수와 그래프(F)** 를 선택한다.

STEP 05

새 함수 대화상자에 이차함수인 a*x^2+b라고 입력한다. 이때 매개변수 a와 b는 **직접 입력을 해도 되고, 마우스로 입력된 변수를 클릭**해도 된다.

STEP 06

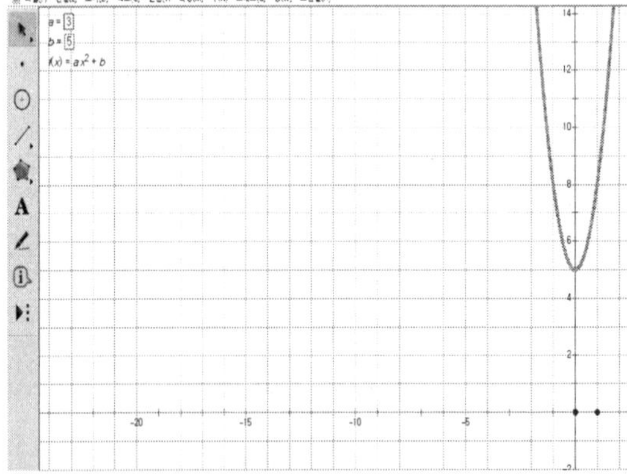

매개변수에 따라 이차함수 그래프가 그려진 것을 확인할 수 있다.

STEP 07

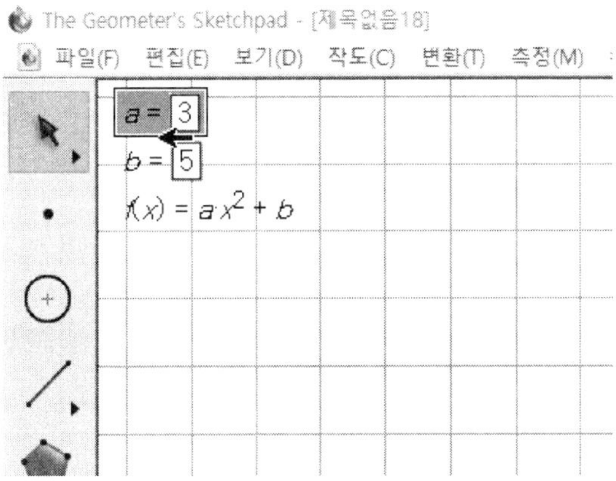

매개변수 변경을 위해 직접 값을 입력할 수도 있지만 **매개변수 위에 마우스 포인터가 그림과 같이 바뀔 때** 클릭할 수도 있다.

STEP 08

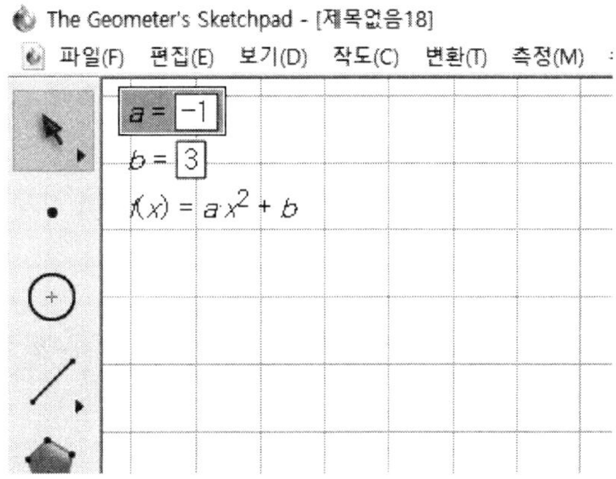

그 다음 키보드의 '**+**' 키와 '**–**' 키를 눌러서 매개변수를 증가시키거나 감소시킬 수 있다.

STEP 09

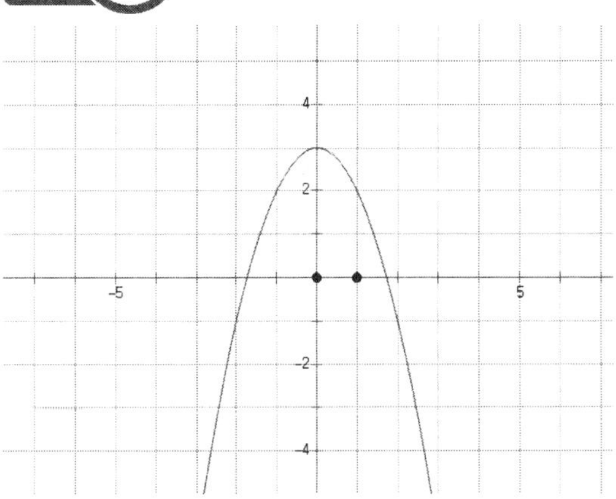

매개변수의 변경에 따라 그래프도 동시에 변하는 것을 확인할 수 있다.

활동4

그래프 꾸미기

방법1 그래프의 색, 모양을 바꾸고 흔적남기기

활용 기능

그래프(G)

STEP 01

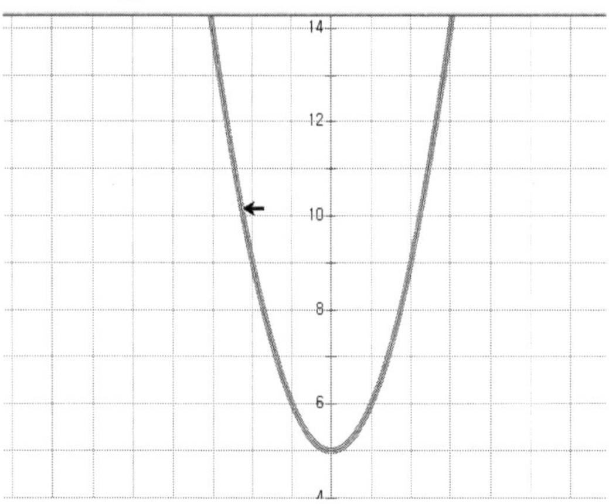

그래프의 속성을 변경하기 위해 그려진 그래프에서 **화살표 도구**로 그래프를 선택한다.

STEP 02

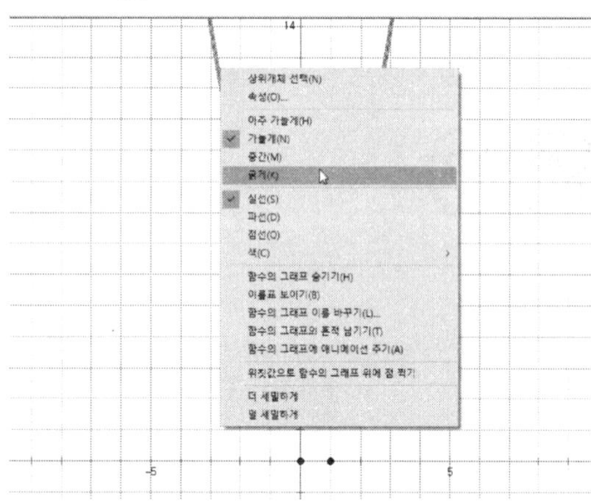

마우스 오른쪽 버튼을 클릭하면 여러 가지 메뉴가 나온다. 굵기를 변경하기 위해서 **'굵게'**를 클릭한다.

STEP 03

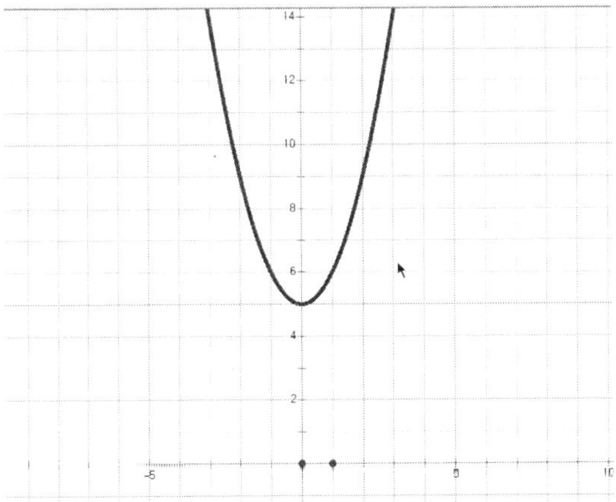

그래프의 선이 굵게 변경된 것을 확인할 수 있다. 같은 방법으로 그래프의 선을 가늘게 그릴 수도 있다.

STEP 04

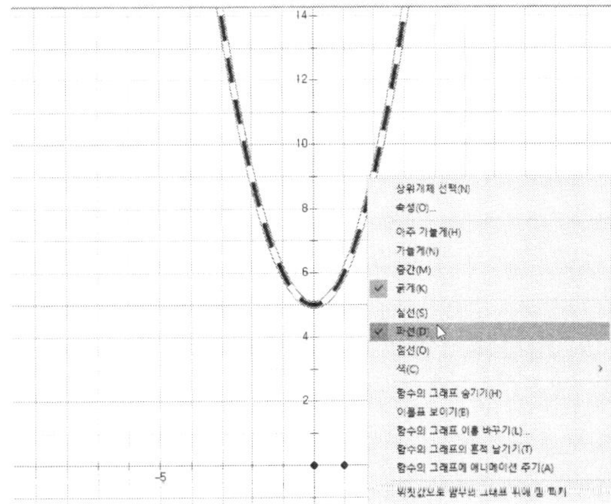

또한 선의 모양을 변경하기 위해 실선, 파선, 점선 중에 선택하여 모양을 변경할 수 있다. 위 그림은 '파선'으로 변경한 모습이다.

STEP 05

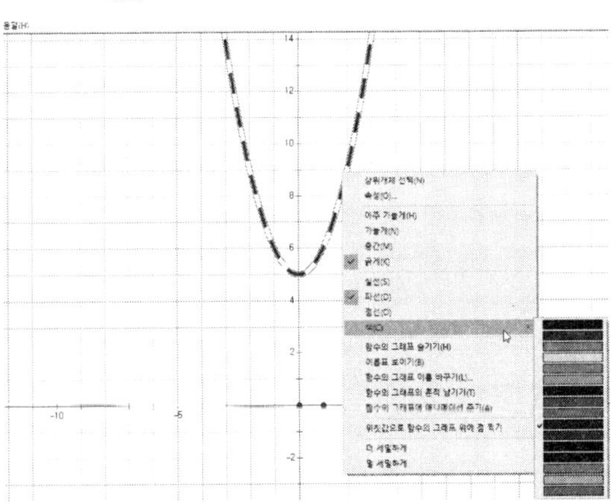

또한 그래프의 색을 바꿀 수 있다. 색 메뉴를 선택하면 다양한 색을 선택할 수 있다.

STEP 06

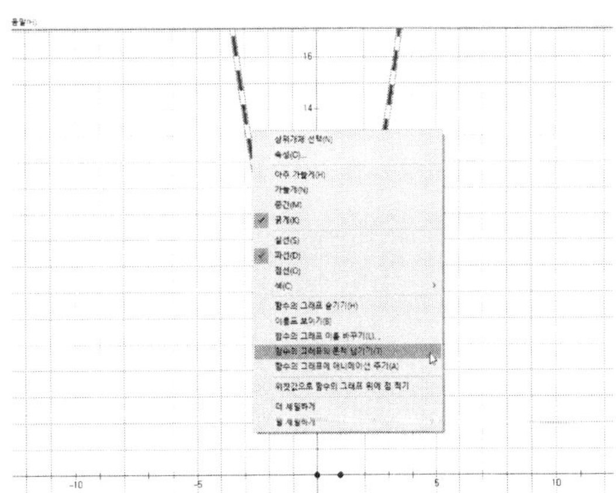

그래프의 흔적을 남길 수도 있다. 그래프를 우클릭하여 '**함수의 그래프의 흔적남기기**'를 선택한다.

STEP 07

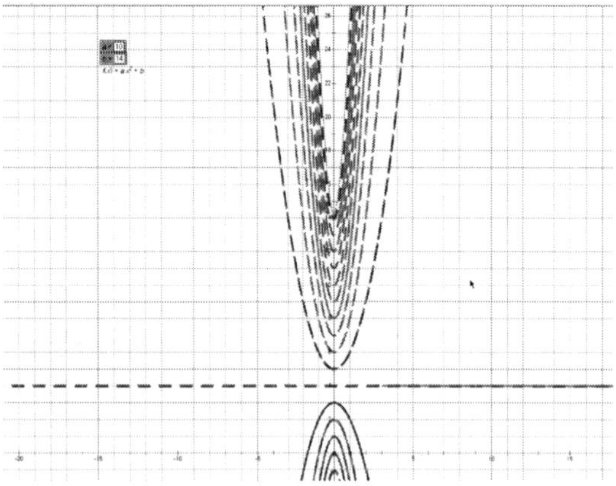

그래프의 흔적을 남기기 위해 매개변수를 클릭하고 키보드 '+'키와 '–'키를 이용하여 그래프를 변경하면 그래프의 흔적이 남는 것을 확인할 수 있다.

심화 활동

다음과 같이 이차함수 $y = 3x^2 + 1$를 그리고 그래프를 파란색 점선으로 굵게 설정한 후, x^2의 매개변수 3을 -1씩 감소하면서 그려지는 그래프의 흔적을 나타내시오.

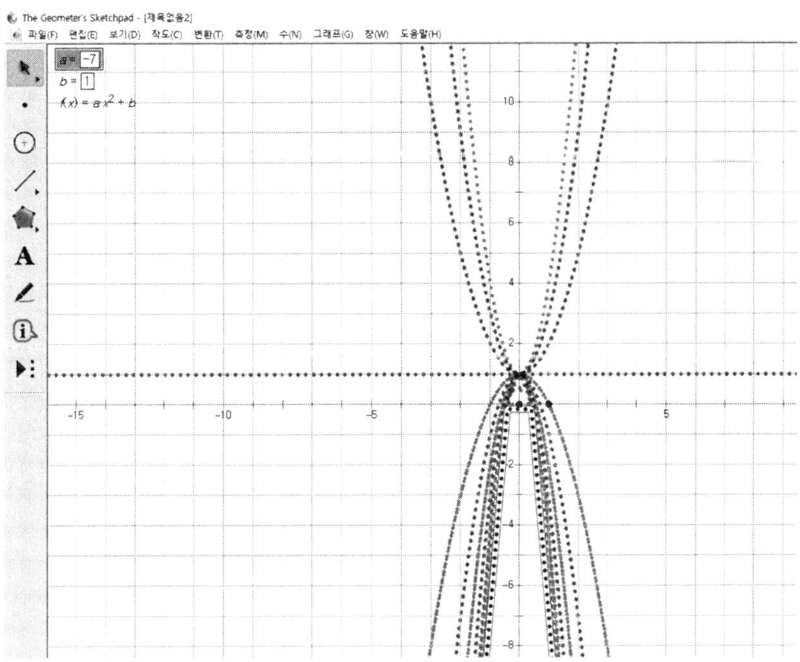

심화 활동 모범답안

STEP 01

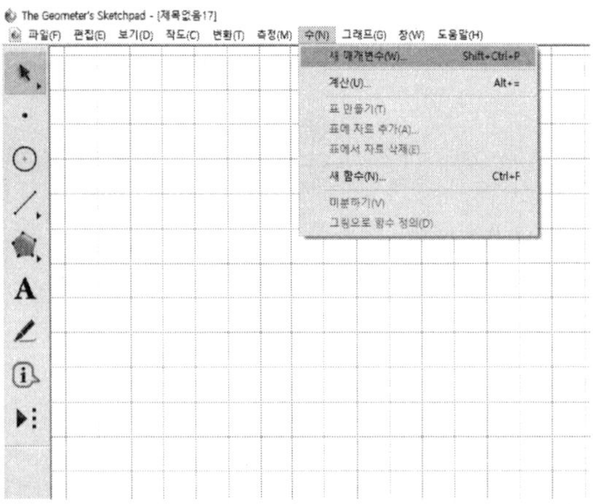

이차함수를 그리기 위한 매개변수 설정을 위해 **수(N)** 메뉴의 **새 매개변수(W)** 를 클릭한다.

STEP 02

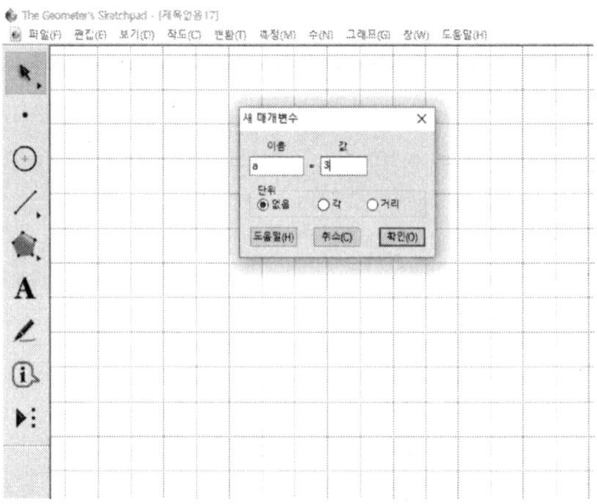

임의로 x축의 매개변수를 a, y축의 매개변수를 b라 하고 **대화상자의 '이름'**에 a를 입력하고 임의의 수를 입력한다.

STEP 03

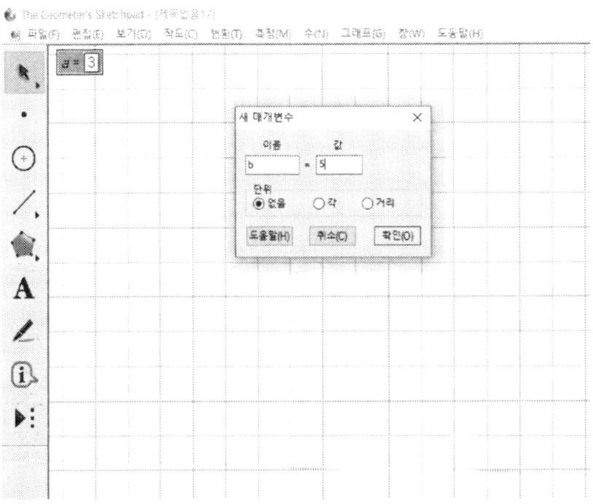

y축의 매개변수를 b라 하고 **대화상자의 '이름'**에 b를 입력하고 임의의 수를 입력한다.

STEP 04

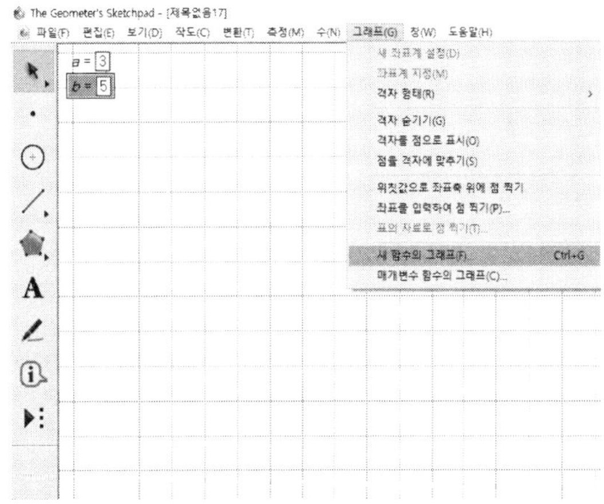

그래프를 그리기 위해 **그래프(G)** 메뉴의 **새 함수와 그래프(F)** 를 선택한다.

STEP 05

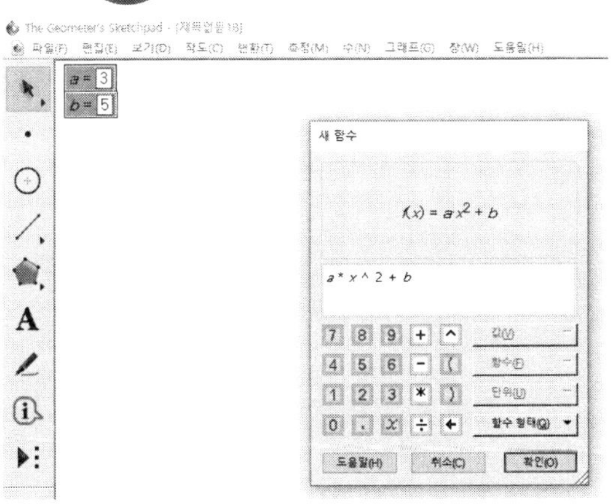

새 함수 대화상자에 이차함수인 a*x^2+b라고 입력한다. 이때 매개변수 a와 b는 **직접입력을 해도 되고 마우스로 입력된 변수를 클릭**해도 된다.

STEP 06

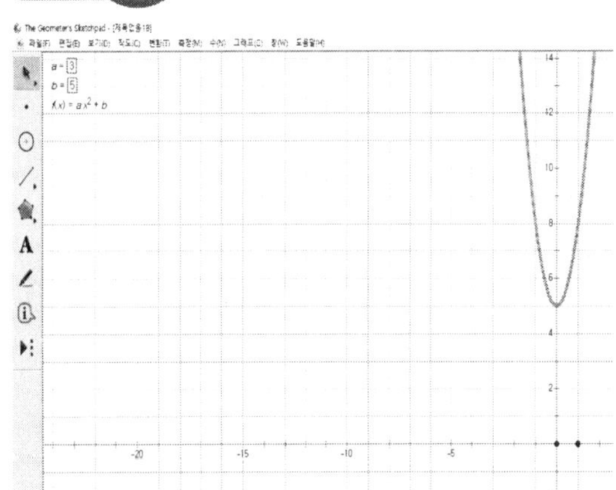

매개변수에 따라 이차함수 그래프가 그려진 것을 확인할 수 있다.

STEP 07

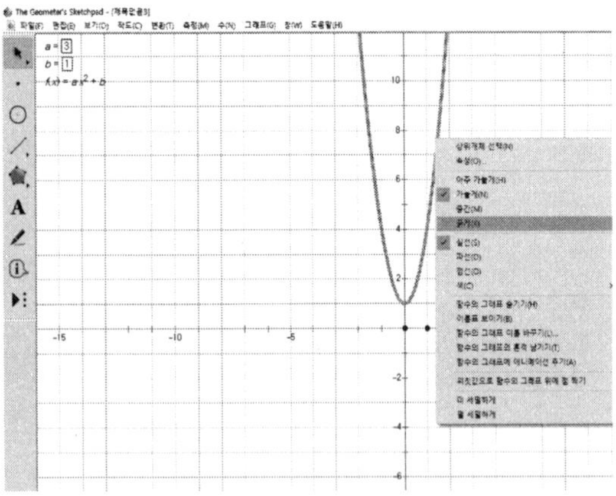

그래프 선의 굵기를 변경하기 위해 그래프를 우클릭한 후, **'굵게'**를 클릭한다.

STEP 08

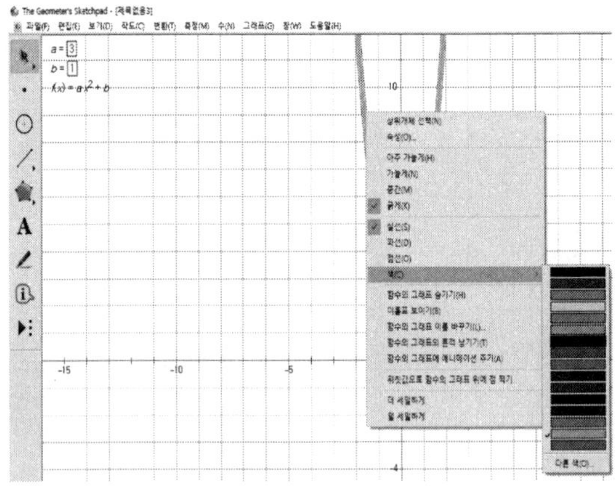

그래프의 색을 변경하기 위해 그래프를 **우클릭**한 후, 색에서 **'파란색'**을 선택한다.

STEP 09

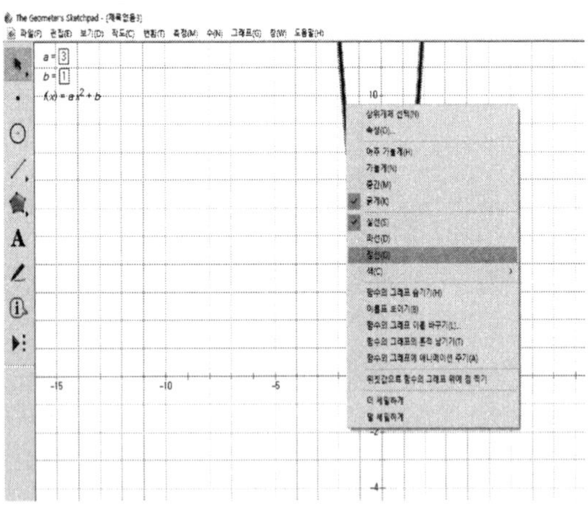

그래프를 점선으로 설정하기 위해, 그래프를 **우클릭**한 후, **점선(O)**을 선택한다.

STEP 10

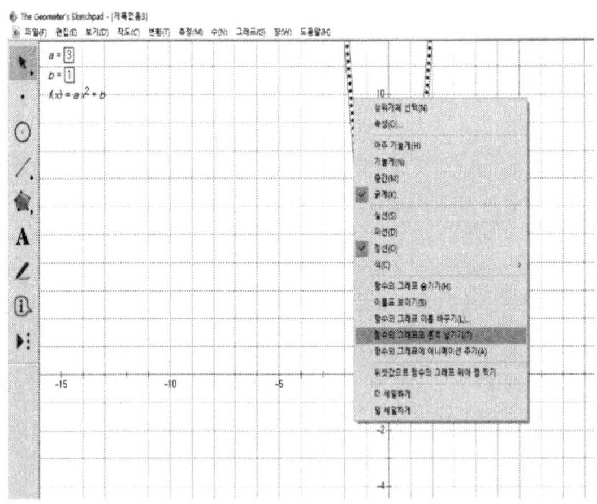

다음으로 그래프의 흔적을 나타내기 위해 그래프를 **우클릭**하여 **'함수의 그래프의 흔적남기기(T)'**를 선택한다.

STEP 11

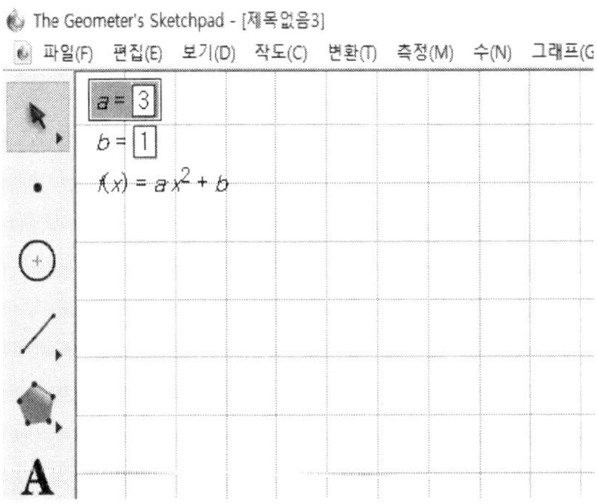

x의 매개변수 3을 변경하기 위해 a=3이라고 되어 있는 부분을 마우스로 클릭한다.

STEP 12

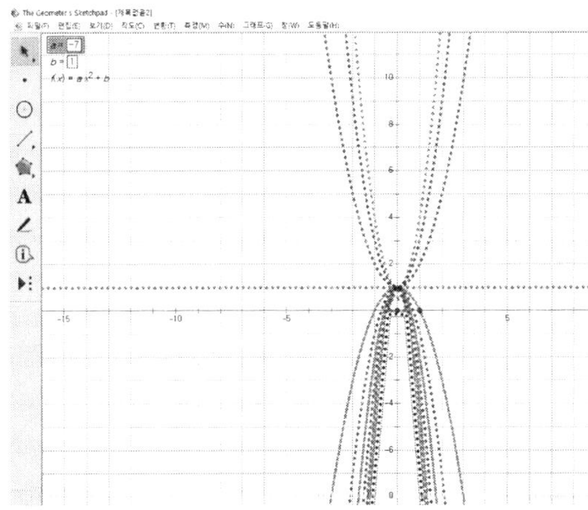

키보드 '–'키로 x의 매개변수 3을 점점 감소시키면서 그래프의 흔적을 확인한다.

회전체 그리기

회전체는 한 직선을 축으로 하여 평면도형을 1회전시킬 때 생기는 입체도형을 말한다.

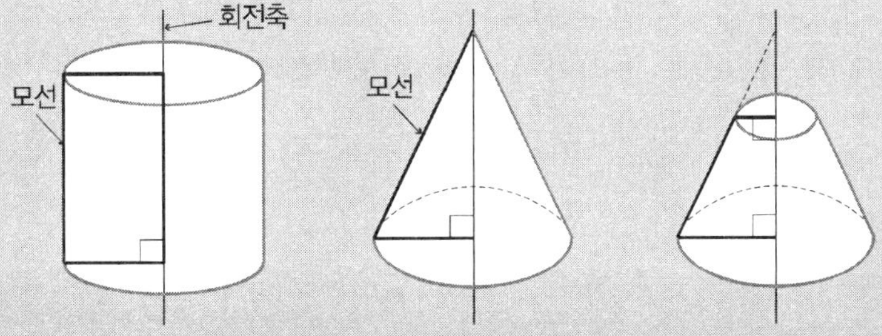

회전체에서 축이 되는 한 직선을 회전축이라 하고, 회전체에서 회전하여 옆면을 이루는 선분을 모선이라고 한다.

회전체는 우리가 잘 아는 원기둥, 원뿔, 구가 있다. 그리고 원뿔대라는 것이 있다.

원기둥은 직사각형을, 원뿔은 직각 삼각형을 구는 반원을 회전해서 생기는 입체도형이다.

이 회전체는 중요한 성질을 가지고 있다.

첫째, 회전체를 회전축에 수직인 평면으로 자르면 단면은 항상 원이 된다.

둘째, 회전체를 회전축을 포함하는 단면으로 잘라도 그 단면은 모두 합동이고 회전축에 대해서 선대칭 도형이다.

이렇게 회전축을 포함하는 평면으로 세로로 자르면 회전체에 따라 그 단면이 달라진다. 원기둥을 자르면 직사각형이 되고, 원기둥은 어디를 잘라도 직사각형이 되는데 이 직사각형들이 모두 합동이 된다.

원뿔은 단면이 이등변삼각형, 원뿔대는 사다리꼴이고 구는 원이 된다.

우리는 이 회전체를 GSP를 이용하여 그려 볼 것이다. 도형이 회전하는 모습의 자취를 관찰할 수 있는 자료를 만들어 본다. 본 주제에서 학생들의 사고를 바탕으로 직접 자취를 볼 수 있는 자료를 제작하여 학생 수준에 맞는 다양한 모양과 크기를 변화시켜 회전체를 만들고 회전하는 자취를 관찰할 수 있다.

학습목표

✔ GSP로 여러 가지 모양의 선과 도형을 돌릴 수 있다.
✔ GSP로 각 도형의 꼭짓점을 움직여서 도형의 모양을 다양하게 변화시킬 수 있다.
✔ GSP를 활용하여 회전체를 그릴 수 있다.

관련 교육과정

학년군	영역	단원	성취기준
중 1-2	도형	작도와 합동	[4수02-09] 여러 가지 모양의 삼각형에 대한 분류 활동을 통하여 직각삼각형, 예각삼각형, 둔각삼각형을 이해한다.
중 1-2	도형	입체도형의 성질	[9수04-08] 회전체의 성질을 이해한다.

지도계획

전개단계	활동명	주요 수업활동	주요수업 형태
계획 수립하기	1. 회전체 알기	• 단원 소개 • 회전체를 이루는 기본 요소	• 교사 강의 • 개인 실습 • 전체 토론
지식 및 기능 습득하기	2. 직각삼각형 돌리기	• 회전축을 기준으로 직각삼각형 돌리기	• 교사 강의 • 개인 실습 • 전체 토론
수행하기	3. 직사각형 돌리기	• 회전축을 기준으로 직사각형 돌리기	• 교사 강의 • 개인 실습 • 전체 토론
	4. 삼각형 돌리기	• 회전축을 기준으로 삼각형 돌리기	• 교사 강의 • 개인 실습 • 전체 토론

학습목표

GSP 기본기능을 익혀 회전체를 그릴 수 있다.

활동1

직각삼각형 돌리기

방법1

활용 기능

중점(M) 수선(D) 개체의 흔적 남기기(T) 애니메이션(A) 이동(M)

STEP 01

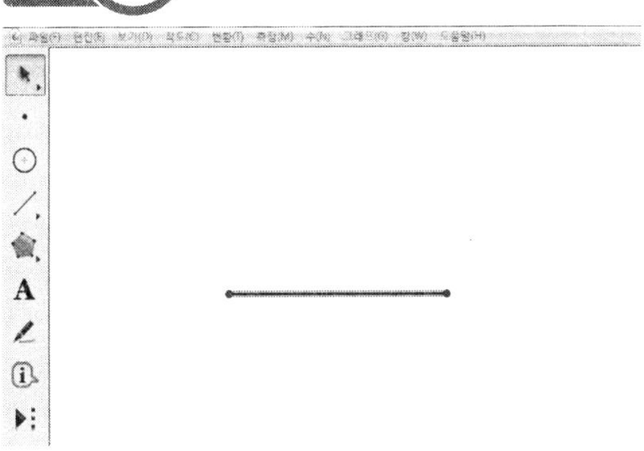

선분 도구를 이용하여 선분을 그린다.

STEP 02

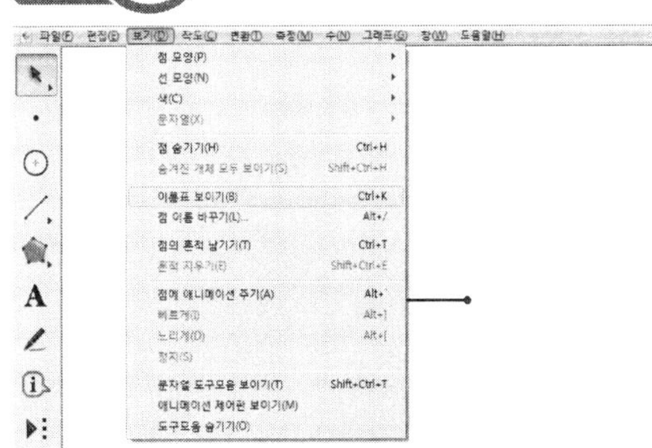

한 점을 선택한 후, **보기(D)** 메뉴에 있는 **이름표 보이기(B)** 을 클릭한다.

STEP 03

나타난 이름을 더블클릭한 후, 'F1'으로 수정한다.

STEP 04

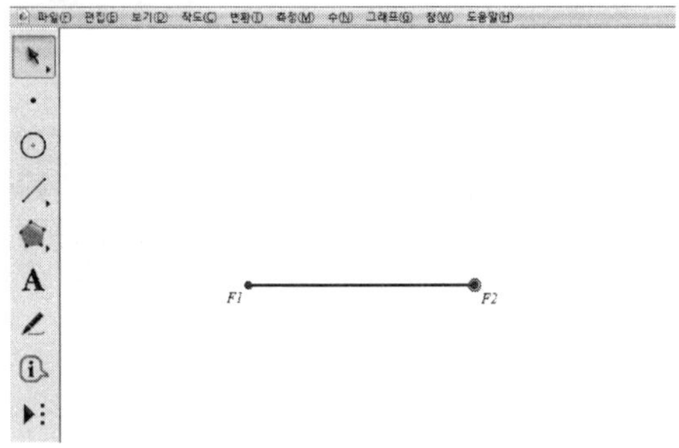

같은 방법으로 다른 한 점의 이름을 'F2'로 수정한다.

STEP 05

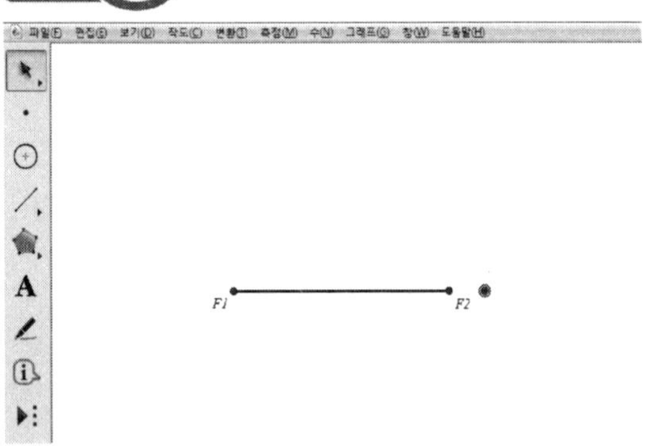

점 F1에서, 점 F2보다 더 멀리 떨어진 위치에 한 점을 그린다.

STEP 06

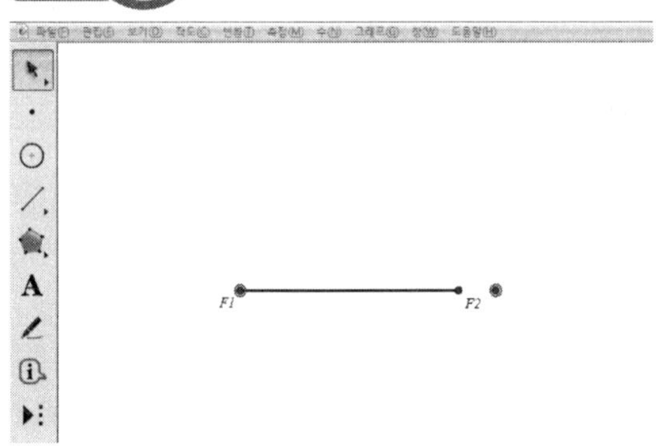

점 F1과 새로 그려진 점을 순서대로 선택한다.

STEP 07

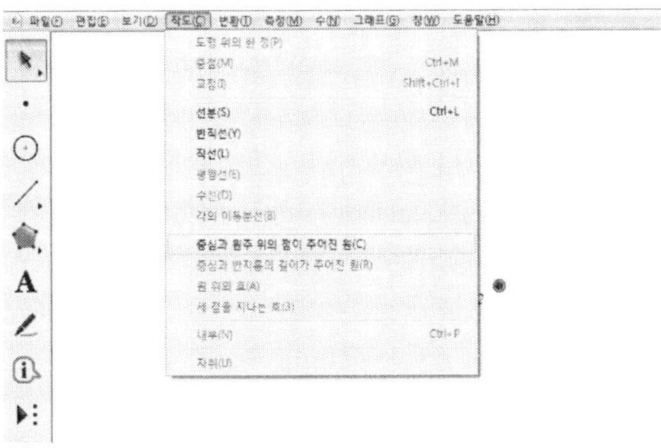

작도(C) 메뉴에 있는 **중심과 원주 위의 점이 주어진 원(C)** 을 클릭한다.

STEP 08

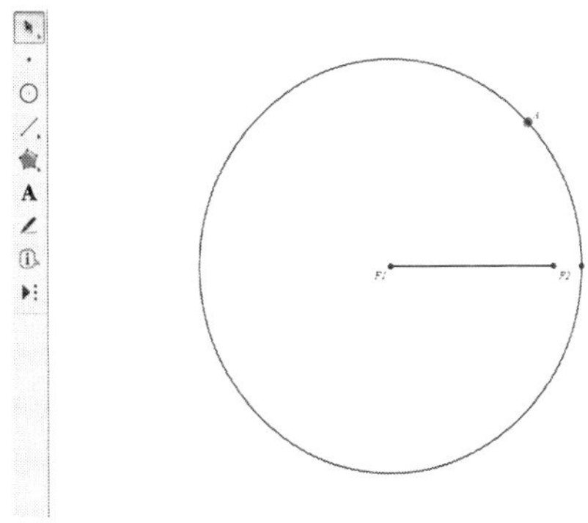

원 위의 한 점 A를 그린다.

STEP 09

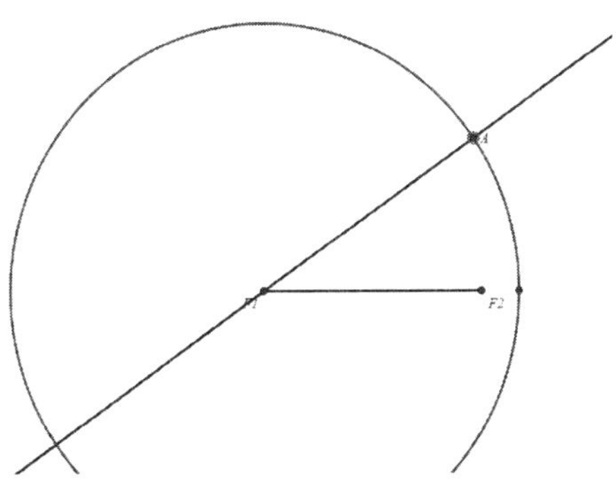

점 F1과 원위의 점 A를 선택하고, **작도(C)** 메뉴의 **직선(L)** 을 눌러 직선 F1A를 그린다.

STEP 10

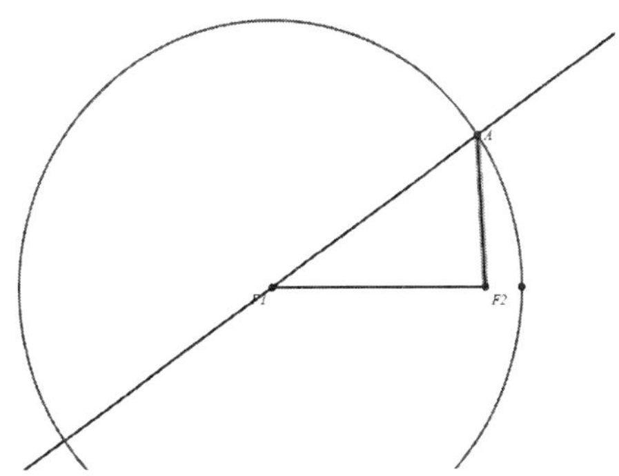

점 A와 선분 F2를 선택하고, **작도(C)** 메뉴의 **선분(S)** 을 눌러 선분 AF2를 그린다.

STEP 11

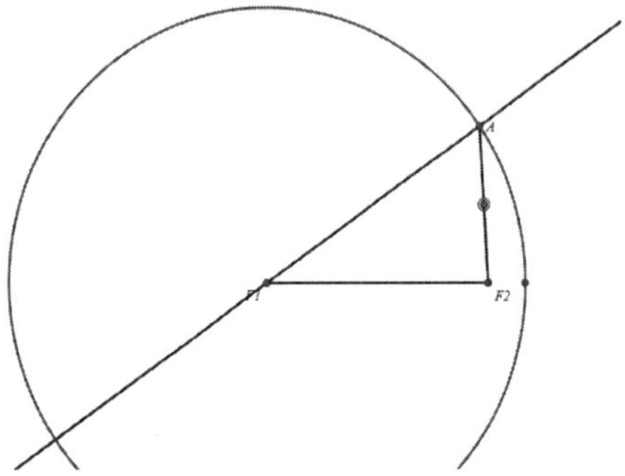

선분 AF2를 선택한다. **작도(C)** 메뉴의 **중점(M)** 으로 선분 AF2의 중점을 그린다.

STEP 12

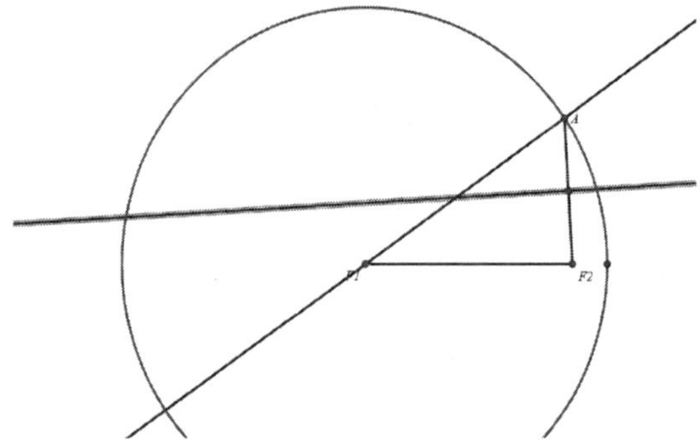

중점과 선분 AF2를 선택한다. **작도(C)** 메뉴의 **수선(D)** 로 선분의 중점을 지나는 수선을 그린다.

STEP 13

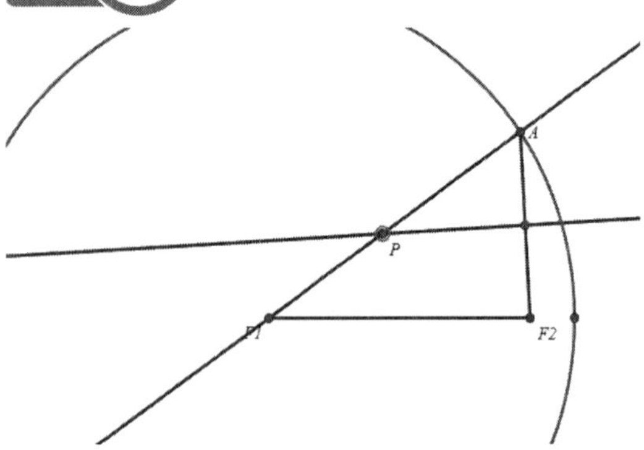

12단계에서 그은 수선과 직선 F1A이 만나는 위치에 교점 P를 그린다.

STEP 14

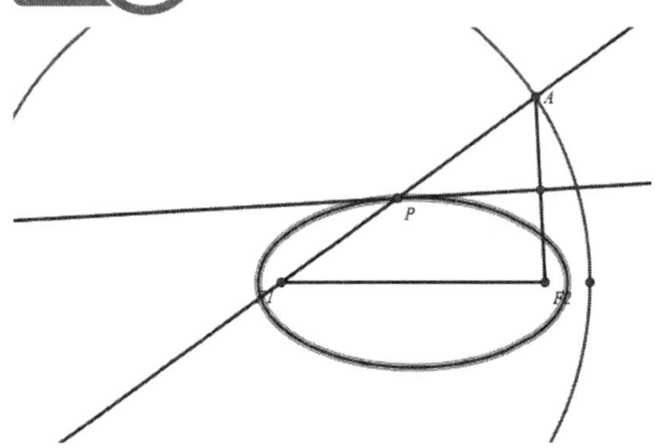

점 A와 점 P를 선택한다. **작도(C)** 메뉴의 **자취(U)** 1를 선택하여 타원을 그린다.

STEP 15

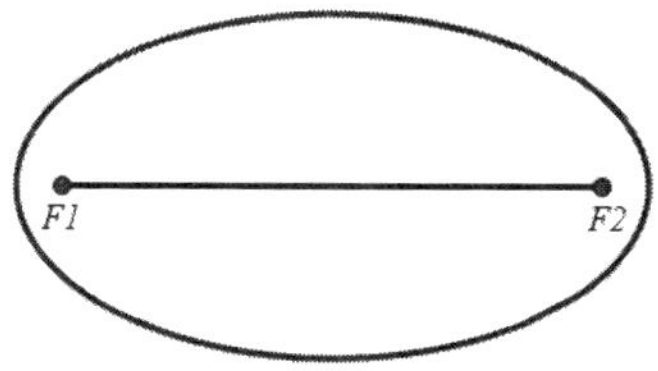

타원과 선분 F1, F2를 제외한 나머지 도형을 선택한 후 **보기(D)** 메뉴의 **개체 숨기기(H)** 를 선택하여 숨긴다.

STEP 16

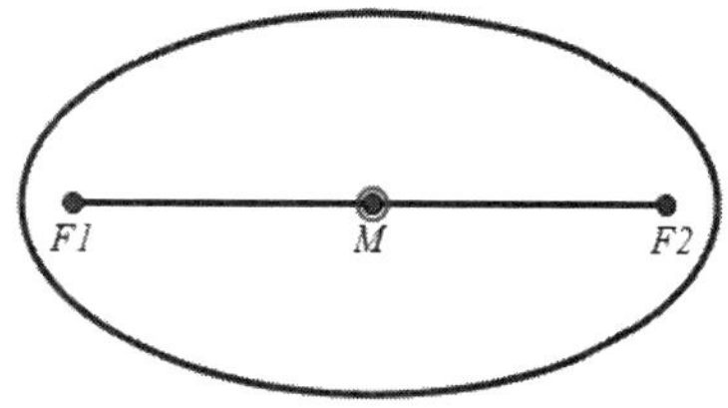

타원의 두 초점 F1, F2를 잇는 선분의 중점 M을 그린다.

STEP 17

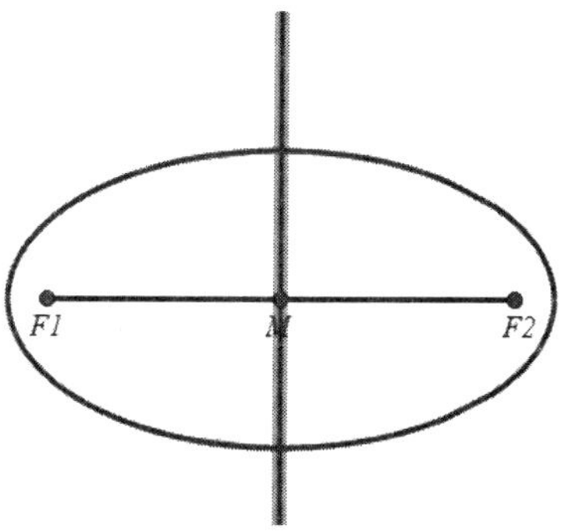

선분과 중점을 선택한 후, **작도(C)** 메뉴의 **수선(D)** 으로 중점을 지나고 선분에 수직인 수선을 그린다.

STEP 18

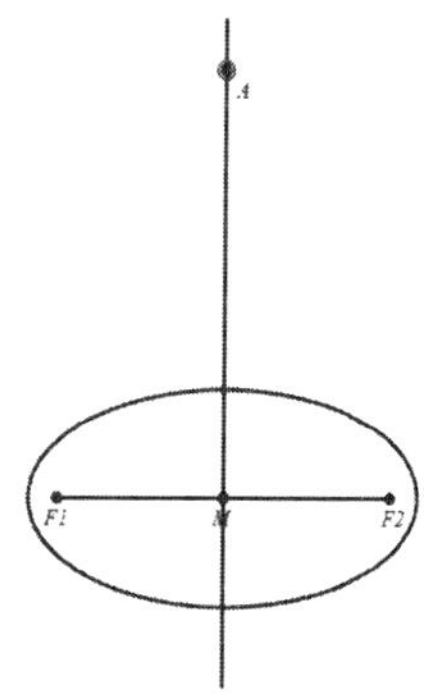

수선 위에 점 A를 그린다.

STEP 19

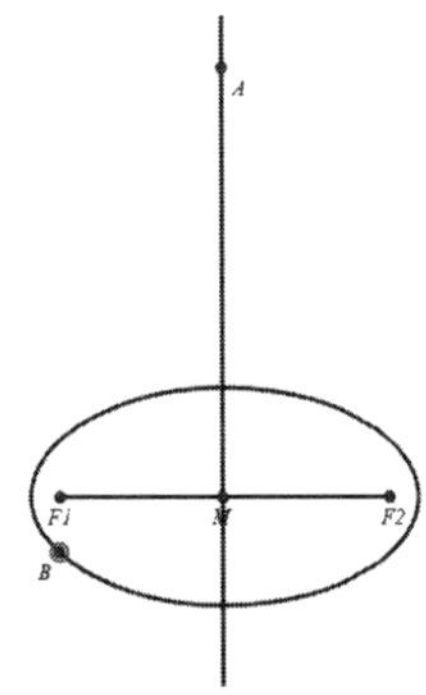

타원 위에 점 B를 그린다.(선분 F1, F2의 연장선과 타원이 만나는 지점에 그리면 직각삼각형 모양임을 확인할 수 있다.)

STEP 20

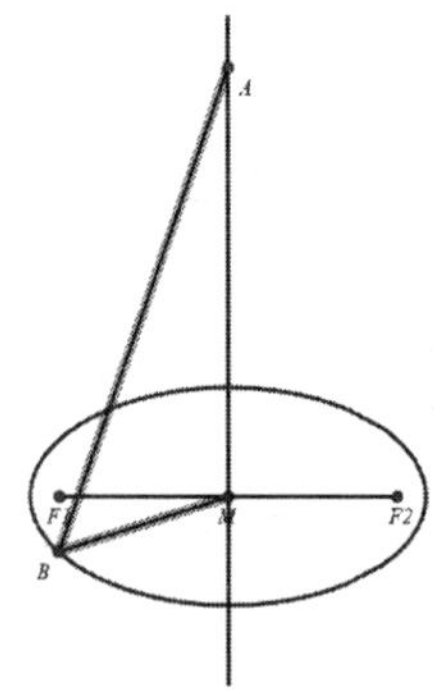

선분 도구로 선분 AB와 선분 BM을 그려서 직각삼각형 ABM을 완성한다.

STEP 21

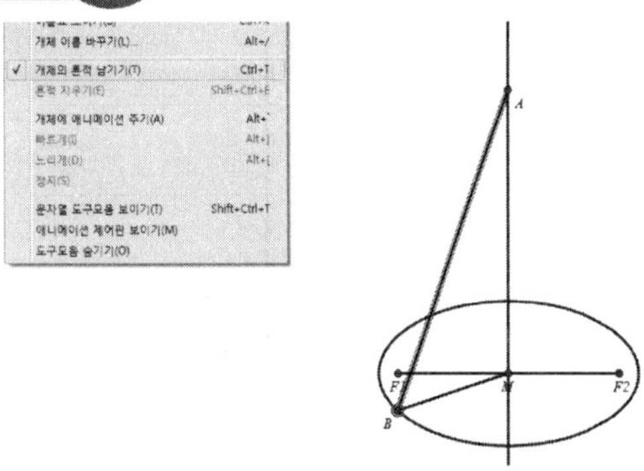

점 B와 선분 AB를 선택하고, **보기(D)** 메뉴의 **개체의 흔적 남기기(T)** 를 선택한다.

STEP 22

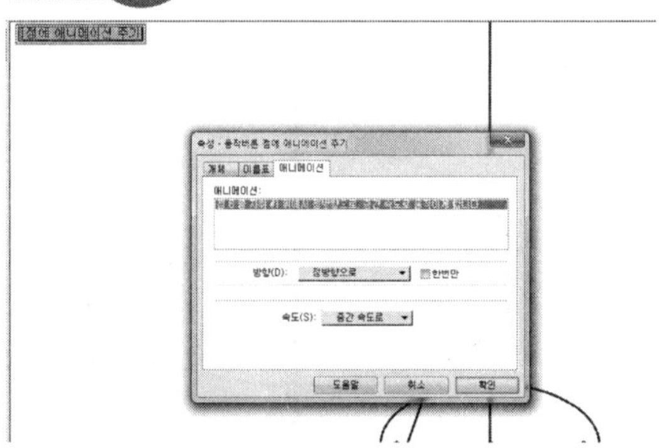

회전하는 버튼을 만들기 위해 점 B를 선택하고, **편집(E)** 메뉴를 누른 후 **동작 버튼(B)** 의 **애니메이션(A)** 을 실행한다.

STEP 23

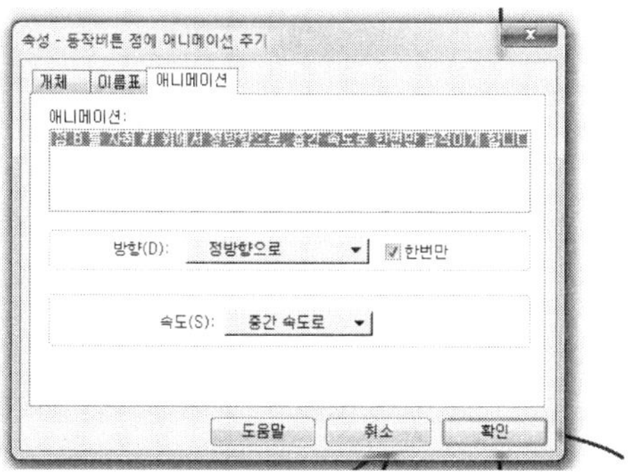

나타나는 대화 상자에서 '한번만'에 체크한다.

STEP 24

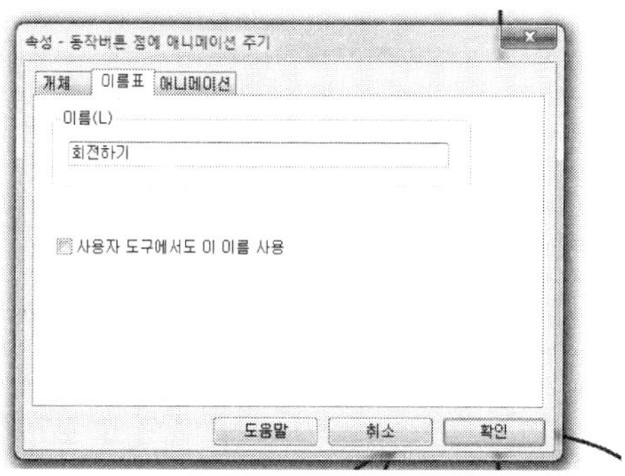

이름표 탭에서 이름을 '회전하기'로 수정한다.

STEP 29

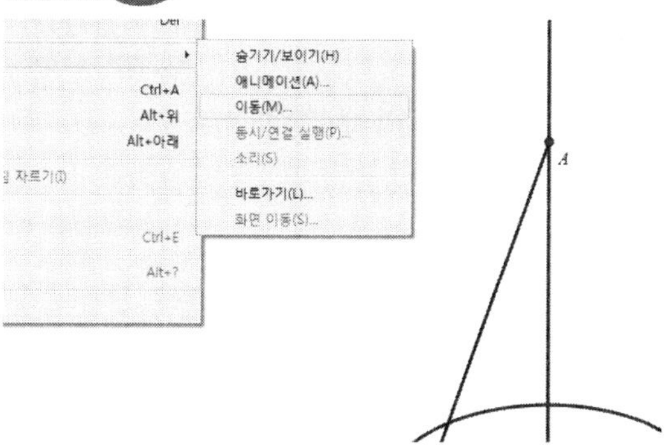

도형을 회전하기 이전에 점 B가 시작 위치로 이동하도록, 점 B와 점 F1을 T선택한다. **편집(E)** 메뉴를 누른 후 **동작 버튼(B)** 의 **이동(M)** 을 선택한다.

STEP 30

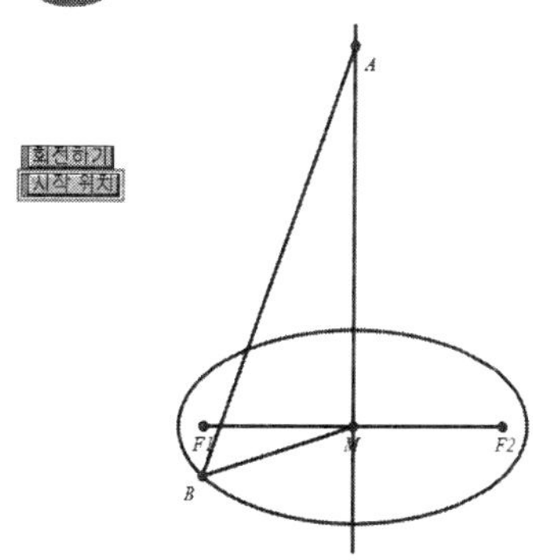

이름표 탭에서 이름을 '시작 위치'로 수정한다.

STEP 31

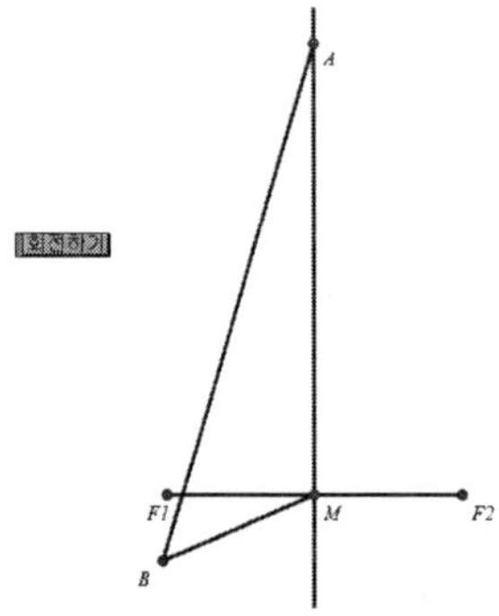

타원을 선택한 후, **보기(D)** 메뉴의 **자취 숨기기(H)** 를 선택하여 숨긴다.

STEP 32

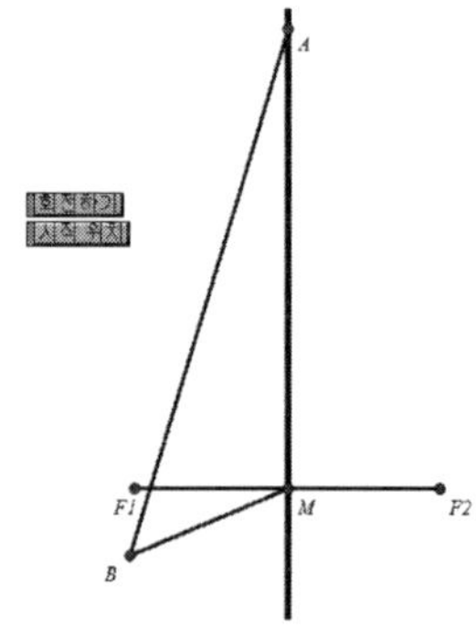

축을 선택한 후, 마우스 오른쪽 버튼을 눌러 선의 굵기와 색을 수정한다.

STEP 33

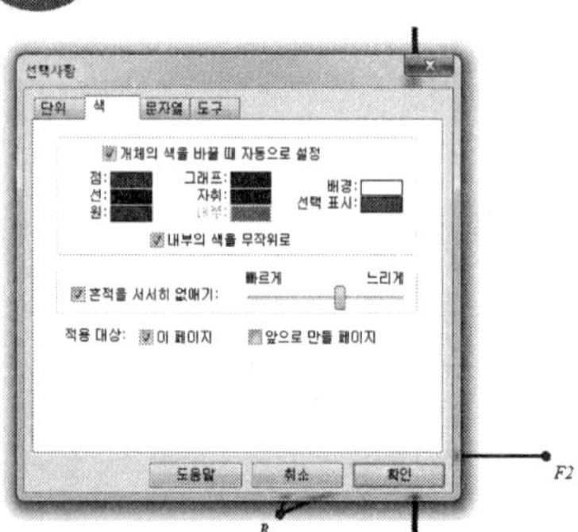

편집(E) 메뉴의 **선택사항(F)** 을 선택한다. ‘색’ 탭을 선택하여 ‘흔적을 서서히 없애기’에 체크 표시를 하고, 스크롤바를 움직여 흔적이 지워지는 속도를 조절한다.

STEP 34

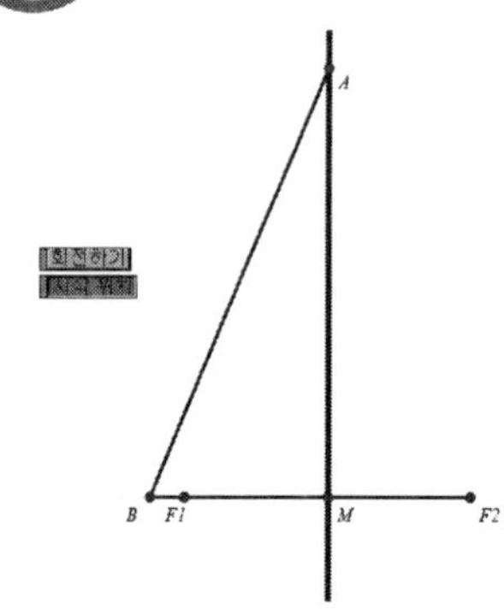

‘시작 위치’를 눌러 점 B를 시작 위치로 이동시킨다.

STEP 35

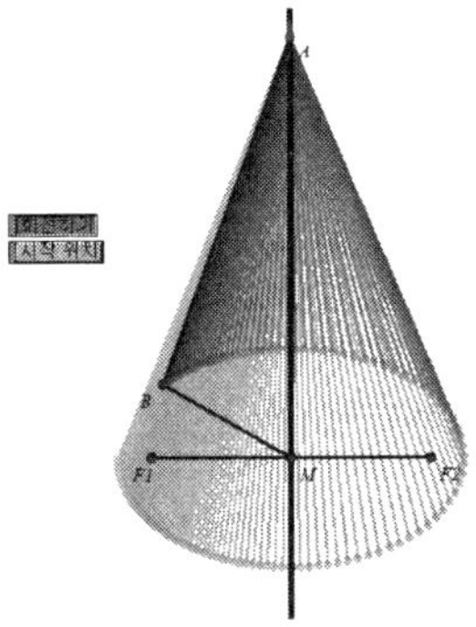

'회전하기'를 눌러 직각삼각형을 돌려 만드는 회전체를 확인한다.

활동2

직사각형 돌리기

방법1

활용 기능

중점(M) 수선(D) 개체의 흔적 남기기(T) 애니메이션(A) 이동(M)

STEP 01

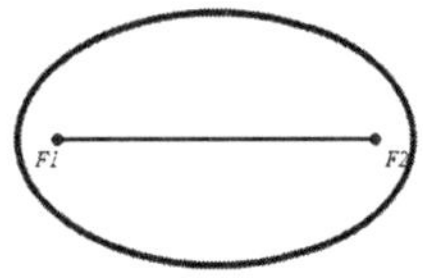

활동 1의 Step15까지의 과정에 따라 타원을 그린다.

STEP 02

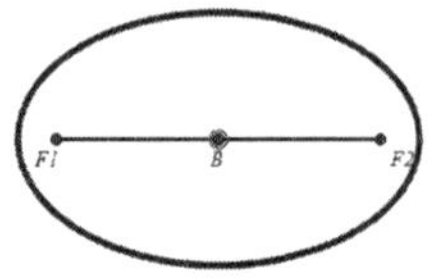

선분 F1, F2의 중점 B를 그린다.

STEP 03

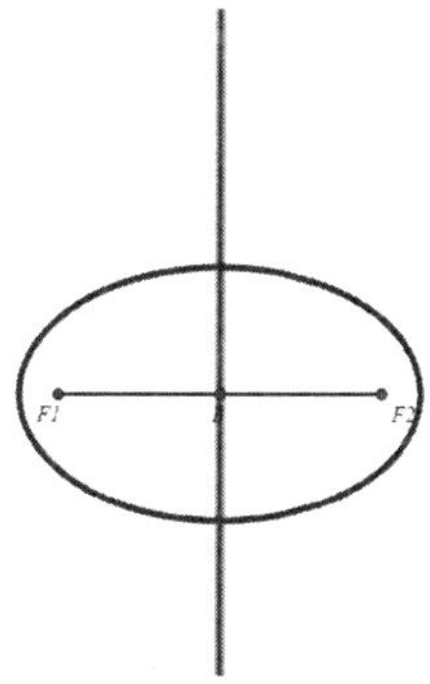

선분과 중점을 선택한 후, **작도(C)** 메뉴의 **수선(D)** 으로 중점을 지나고 선분에 수직인 수선을 그린다.

STEP 04

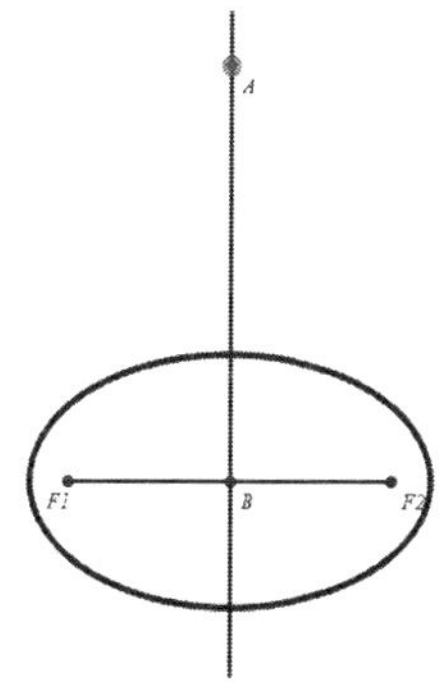

수선 위에 점 A를 그린다.

STEP 05

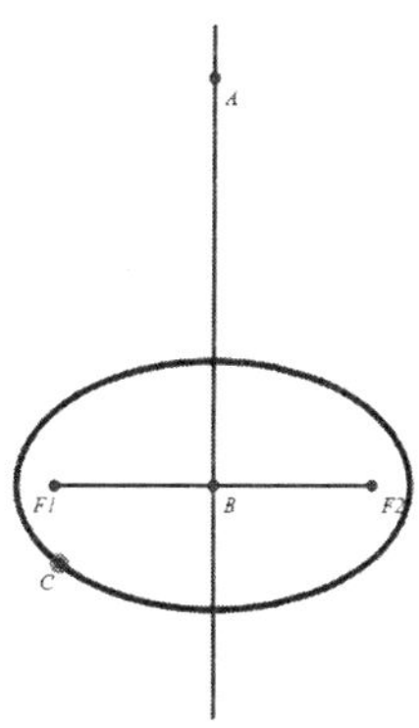

타원 위에 점 C를 그린다.

STEP 06

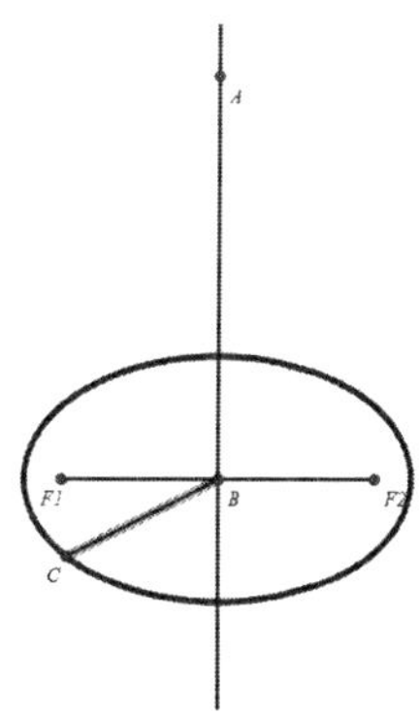

점 A와 점 C를 잇는 선분을 그린다.

STEP 07

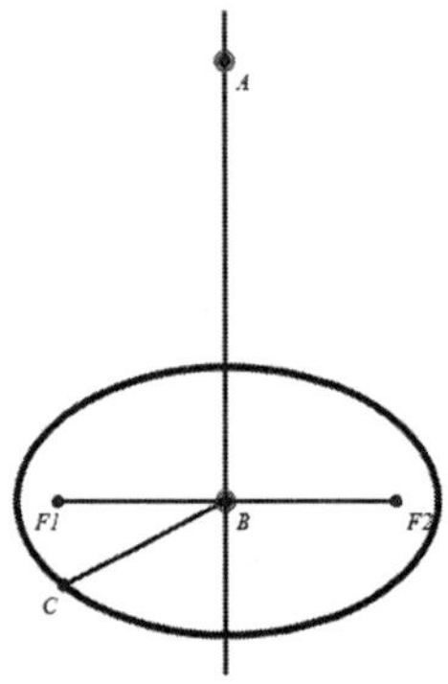

점 B와 점 A를 순서대로 선택한다.

STEP 08

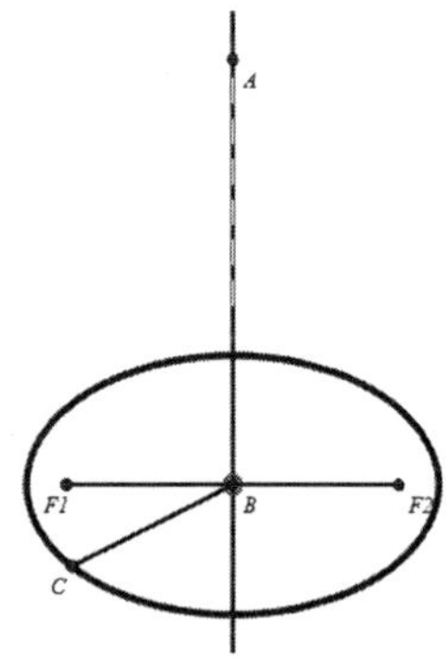

변환(T) 메뉴의 **벡터지정(V)** 을 선택한다.

STEP 09

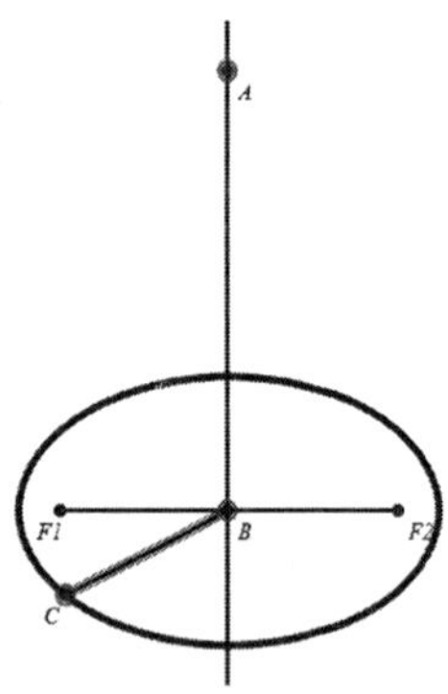

선분 BC와 점 A를 선택한다.

STEP 10

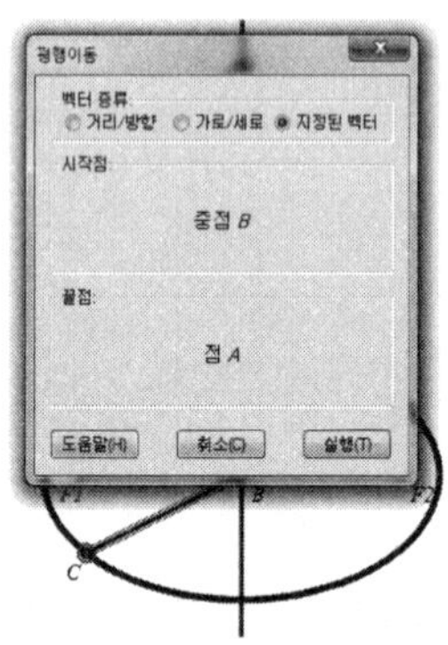

변환(T) 메뉴의 **평행이동(T)** 을 선택한다.

STEP 11

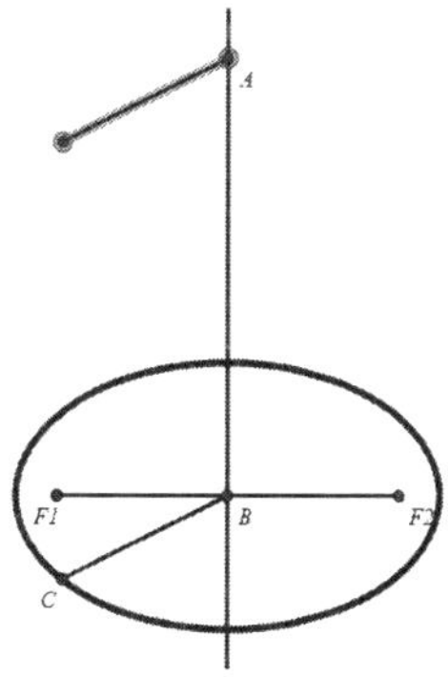

실행 을 선택한다.

STEP 12

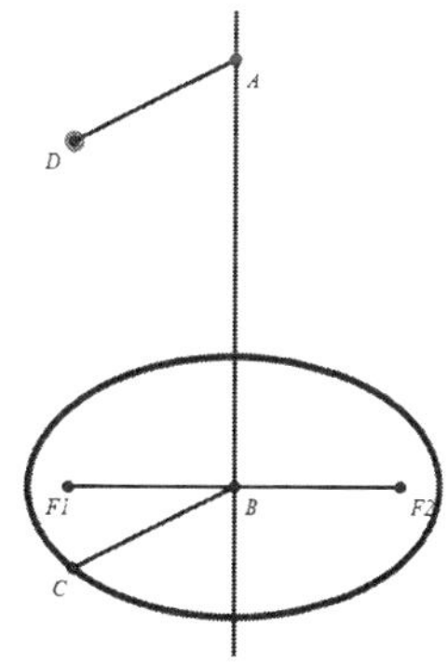

이동된 선분의 한 점의 이름을 D로 입력한다.

STEP 13

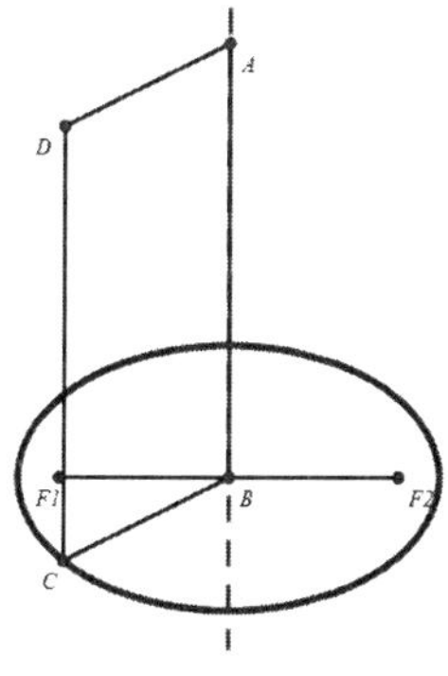

선분 도구를 이용하여 직사각형 ABCD를 완성한다.

STEP 14

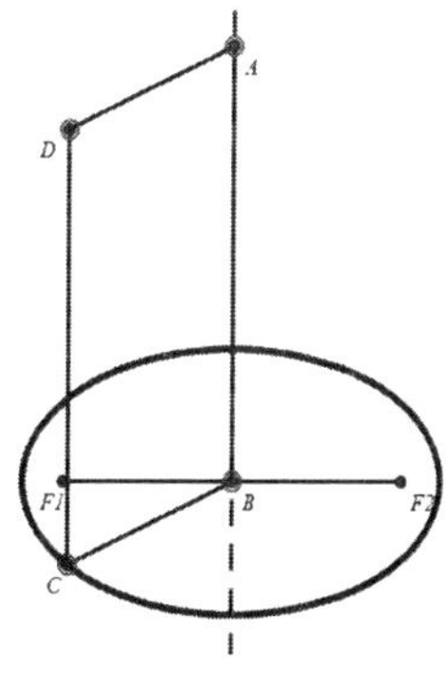

점 A, 점 B, 점 C, 점 D를 선택한다.

STEP 15

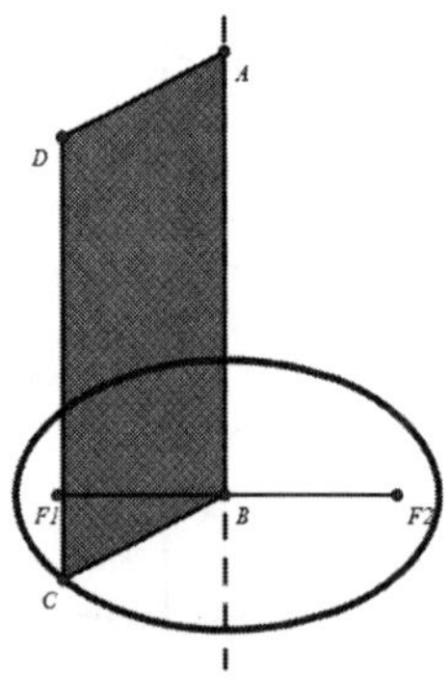

작도(C) 메뉴의 **사각형 내부(N)** 을 선택한다.

STEP 16

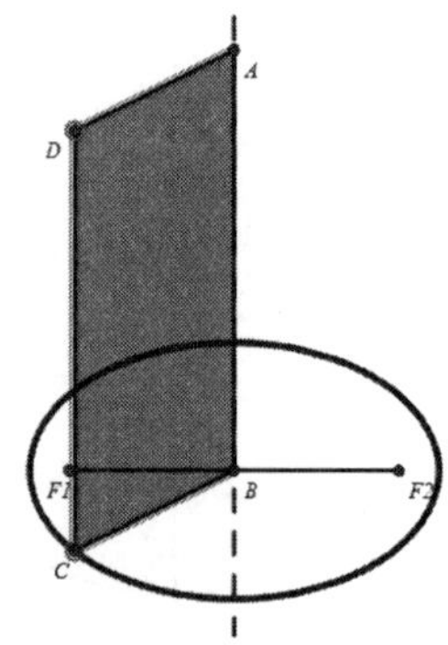

선분 DA, 점 D, 선분 CD, 점 C, 선분 BC를 선택하고, **보기(D)** 메뉴의 **개체의 흔적 남기기(T)** 를 선택한다.

STEP 17

회전하는 버튼을 만들기 위해 점 C를 선택하고, **편집(E)** 메뉴를 누른 후 **동작 버튼(B)** 의 **애니메이션(A)** 을 실행한다.

STEP 18

나타나는 대화 상자에서 '한번만'에 체크한다.

STEP 19

이름표 탭에서 이름을 '회전하기'로 수정한다.

STEP 20

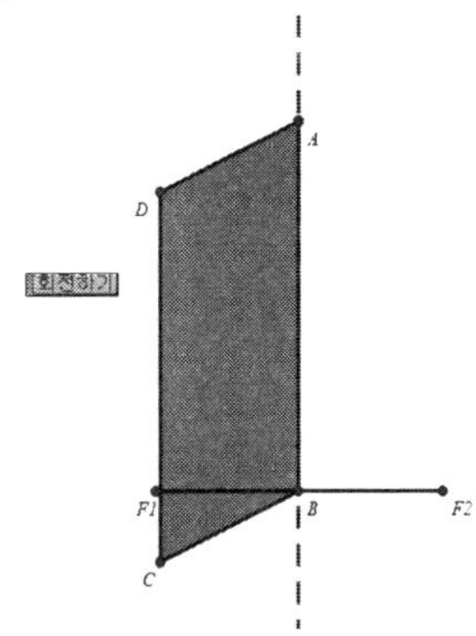

타원을 선택한 후, **보기(D)** 메뉴의 **자취 숨기기(H)** 를 선택하여 숨긴다.

STEP 21

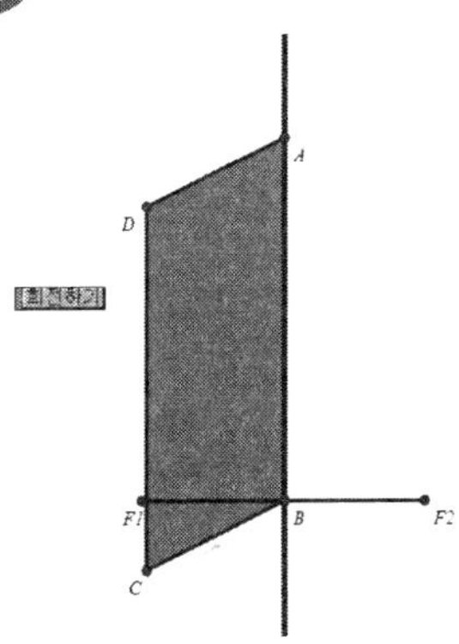

축을 선택한 후, 마우스 오른쪽 버튼을 눌러 선의 굵기와 색을 수정한다.

STEP 22

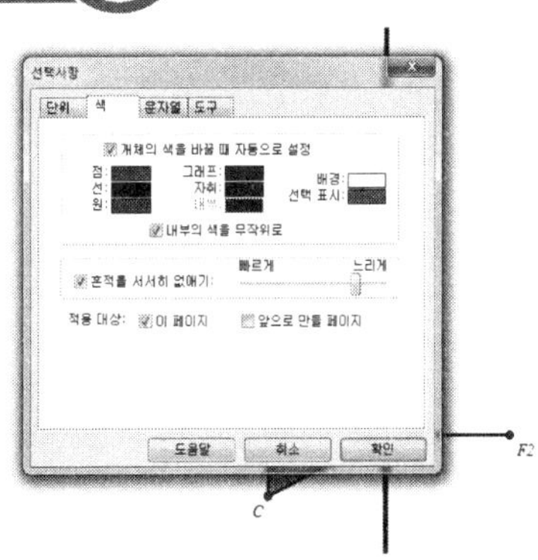

편집(E) 메뉴의 **선택사항(F)** 을 선택한다. '색' 탭을 선택하여 '흔적을 서서히 없애기'에 체크 표시를 하고, 스크롤바를 움직여 흔적이 지워지는 속도를 조절한다.

STEP 23

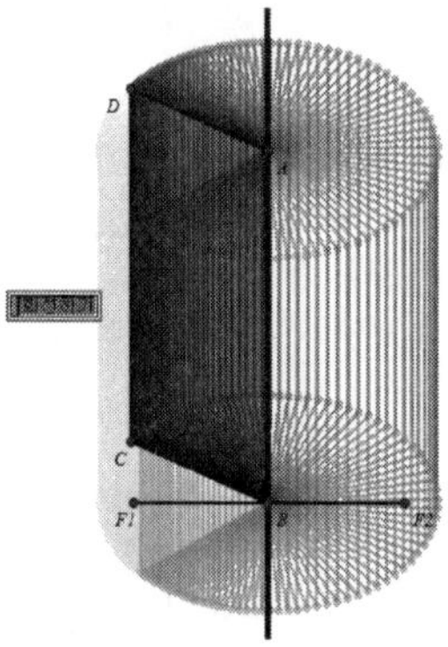

'회전하기'를 눌러 직각삼각형을 돌려 만드는 회전체를 확인한다.

활동3

삼각형 돌리기

방법1

활용 기능

중점(M) 수선(D) 개체의 흔적 남기기(T) 애니메이션(A) 이동(M)

STEP 01

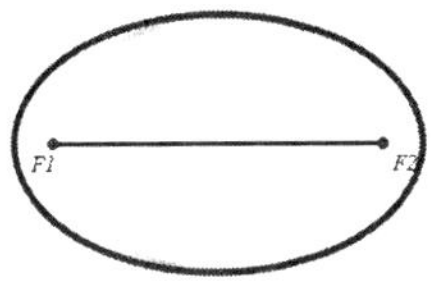

활동 1의 Step15까지의 과정에 따라 타원을 그린다.

STEP 02

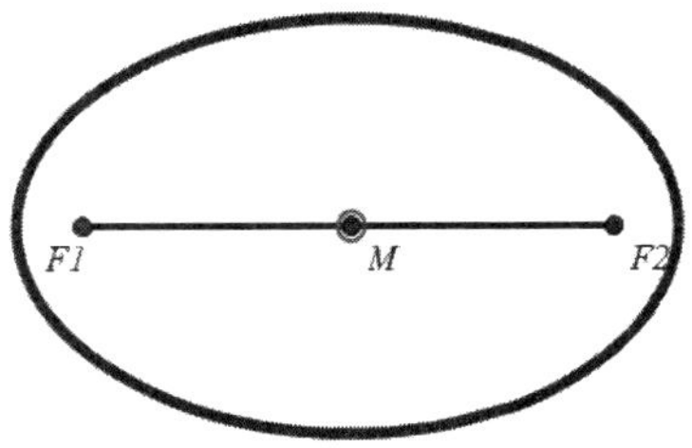

선분 F1, F2의 중점 M를 그린다.

STEP 03

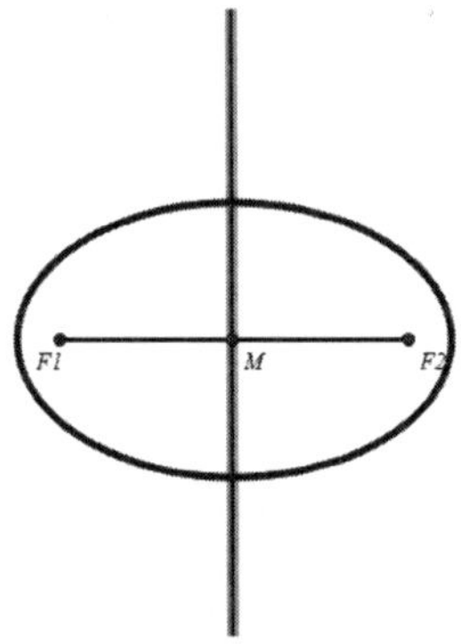

선분과 중점을 선택한 후, **작도(C)** 메뉴의 **수선(D)** 으로 중점을 지나고 선분에 수직인 수선을 그린다.

STEP 04

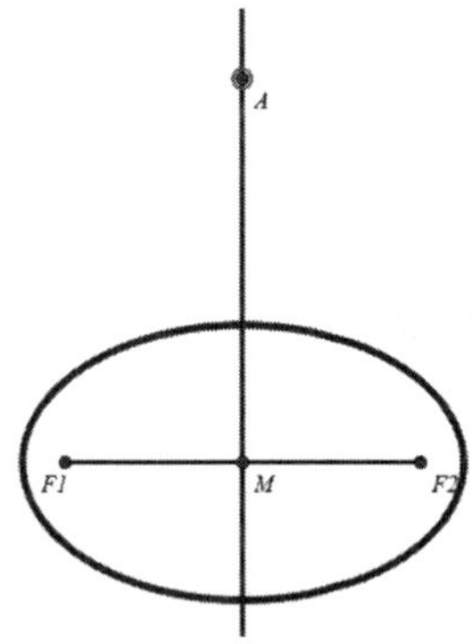

타원 위쪽, 수선 위에 점 A를 그린다.

STEP 05

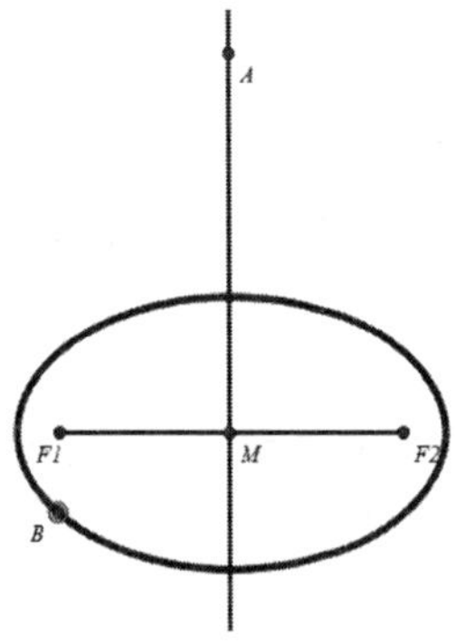

타원 위에 점 B를 그린다.

STEP 06

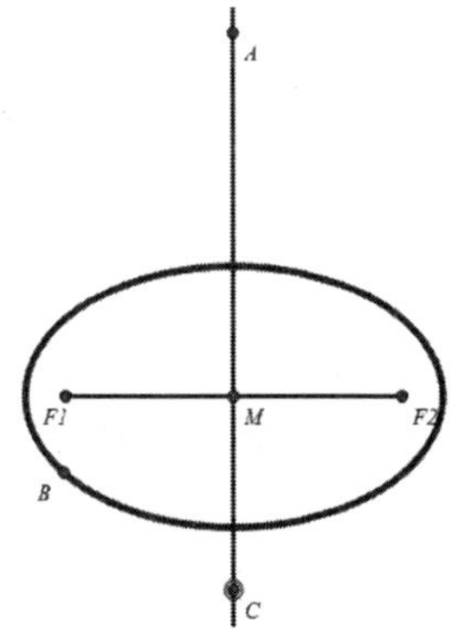

타원 아래쪽, 수선 위에 점 A를 그린다.

STEP 07

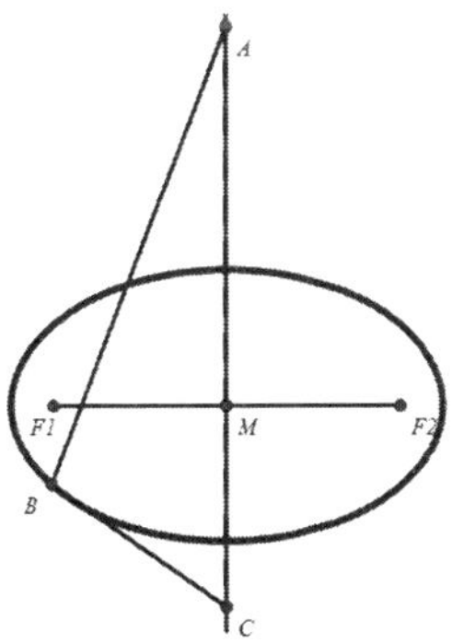

선분 도구를 이용하여 삼각형 ABC를 완성한다.

STEP 08

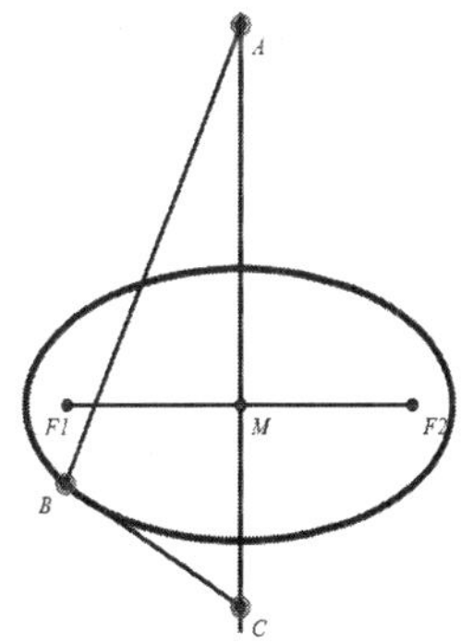

점 A, 점 B, 점 C, 점 D를 선택한다.

STEP 09

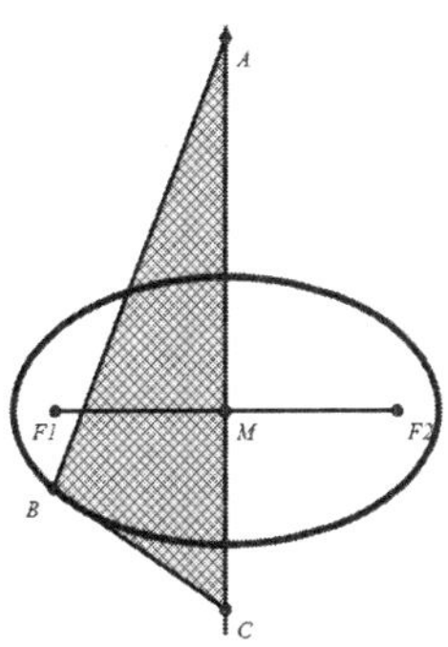

작도(C) 메뉴의 **삼각형 내부(N)** 를 선택한다.

STEP 10

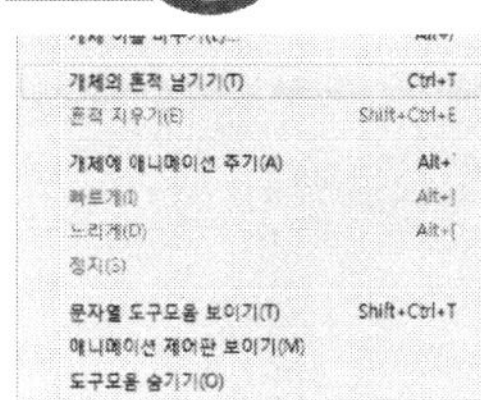

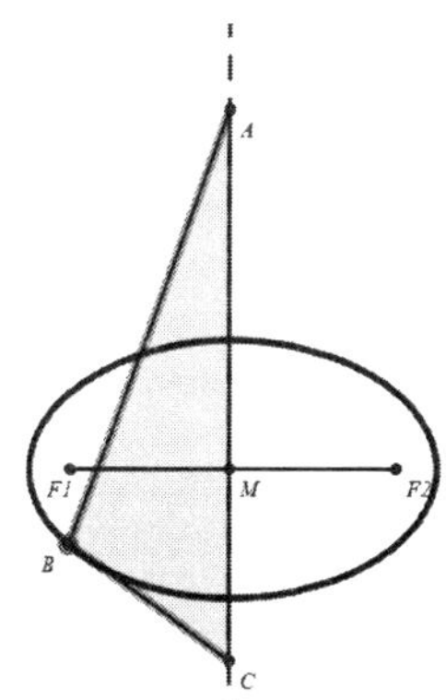

선분 AB, 점 B, 선분 BC를 선택하고, **보기(D)** 메뉴의 **개체의 흔적 남기기(T)** 를 선택한다.

STEP 11

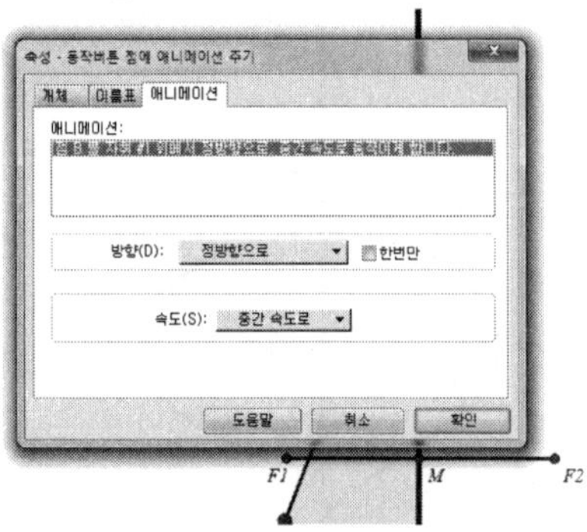

회전하는 버튼을 만들기 위해 점 B를 선택하고, **편집(E)** 메뉴를 누른 후 **동작 버튼(B)** 의 **애니메이션(A)** 을 실행한다.

STEP 12

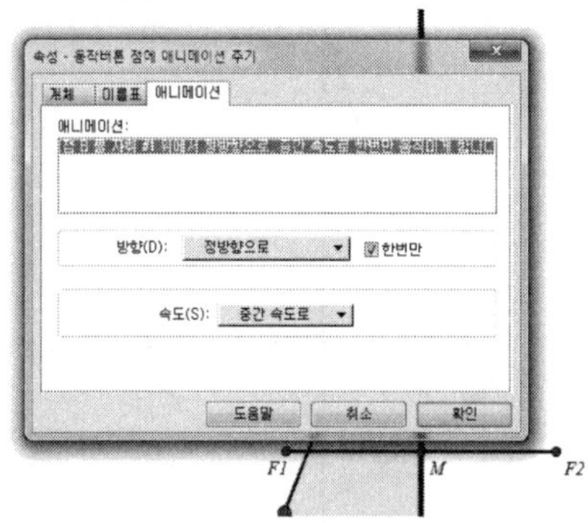

나타나는 대화 상자에서 '한번만'에 체크한다.

STEP 13

이름표 탭에서 이름을 '회전하기'로 수정한다.

STEP 14

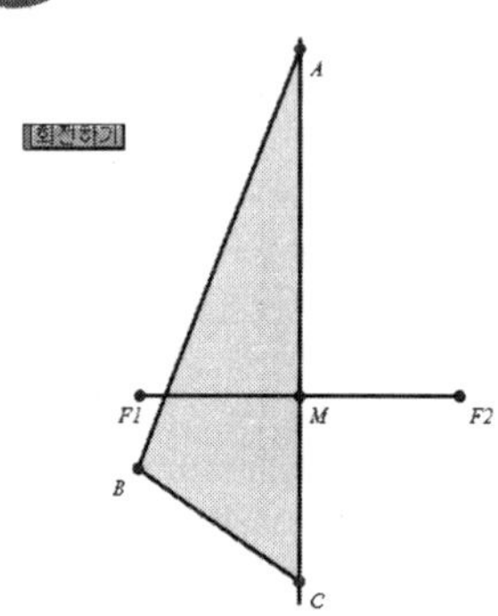

타원을 선택한 후, **보기(D)** 메뉴의 **자취 숨기기(H)** 를 선택하여 숨긴다.

STEP 15

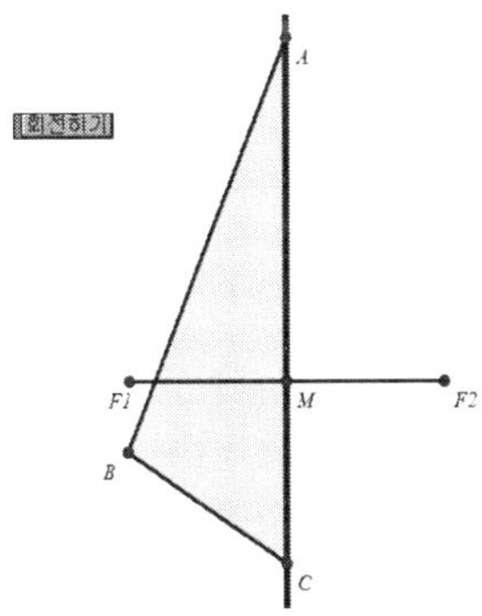

축을 선택한 후, 마우스 오른쪽 버튼을 눌러 선의 굵기와 색을 수정한다.

STEP 16

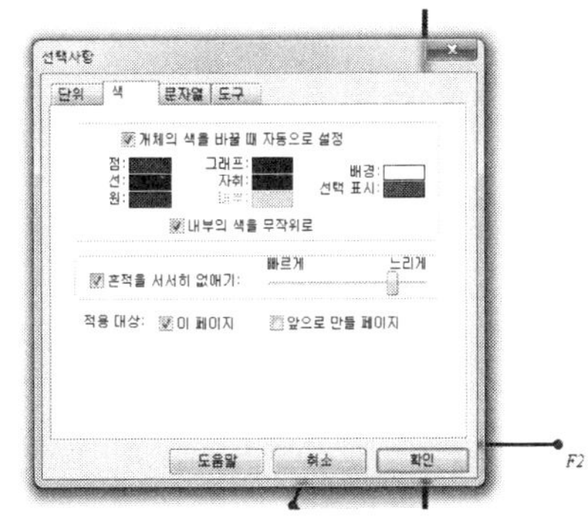

편집(E) 메뉴의 **선택사항(F)** 을 선택한다. '색' 탭을 선택하여 '흔적을 서서히 없애기'에 체크 표시를 하고, 스크롤바를 움직여 흔적이 지워지는 속도를 조절한다.

STEP 17

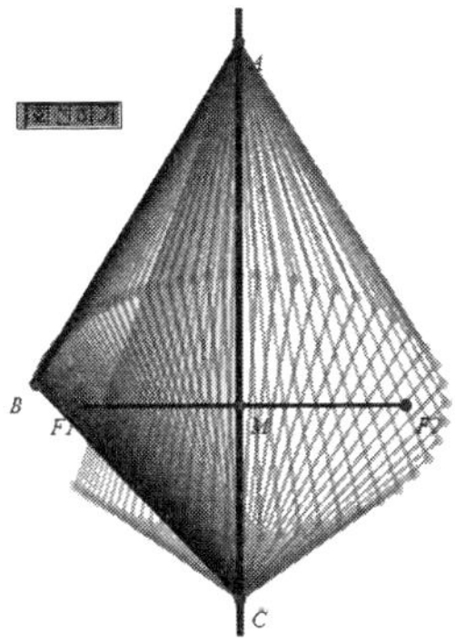

'회전하기'를 눌러 삼각형을 돌려 만드는 회전체를 확인한다.

심화 활동

다음에 있는 원뿔대 도형을 어떻게 작도했는지 생각해 본 후, 똑같이 작도해 봅시다.

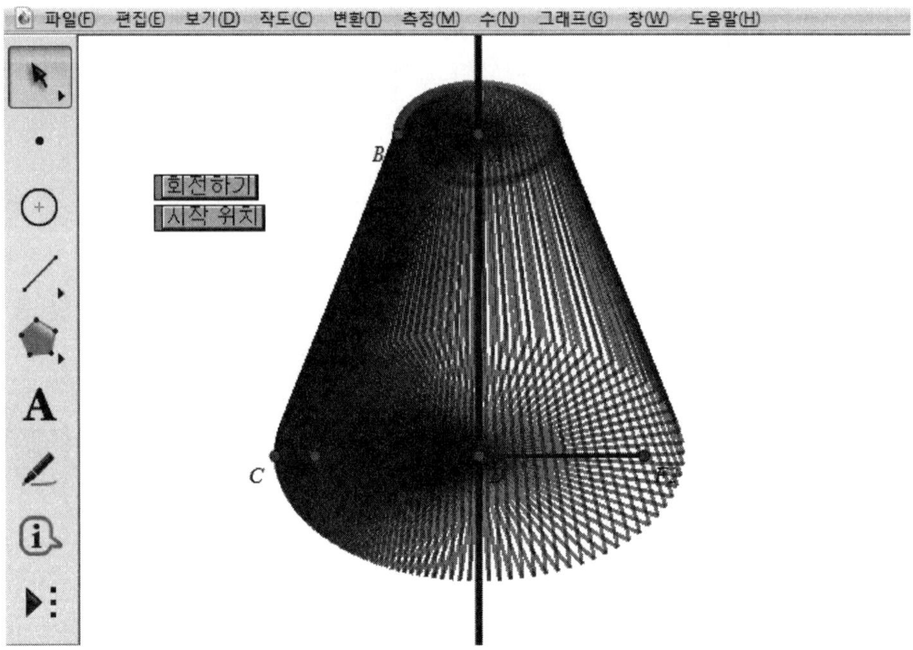

심화 활동 모범답안

STEP 01

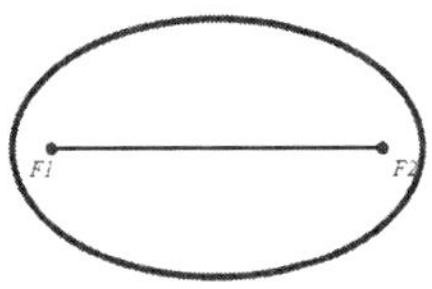

활동 1의 Step15까지의 과정에 따라 타원을 그린다.

STEP 02

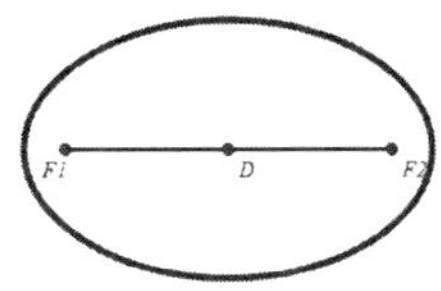

선분 F1, F2의 중점 D를 그린다.

STEP 03

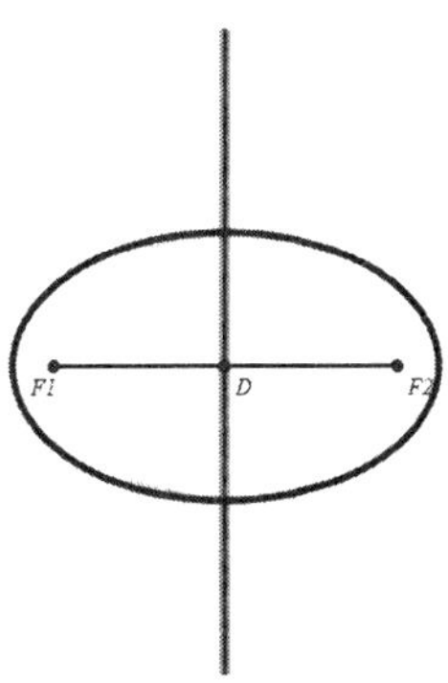

선분과 중점을 선택한 후, **작도(C)** 메뉴의 **수선(D)** 으로 중점을 지나고 선분에 수직인 수선을 그린다.

STEP 04

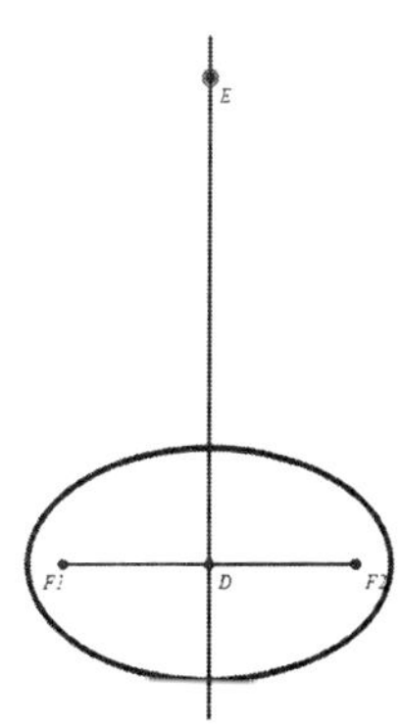

수선 위에 점 E를 그린다.

STEP 05

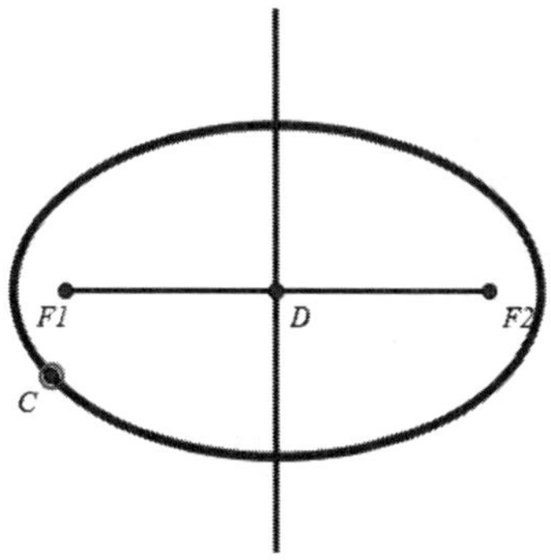

타원 위에 점 C를 그린다.

STEP 06

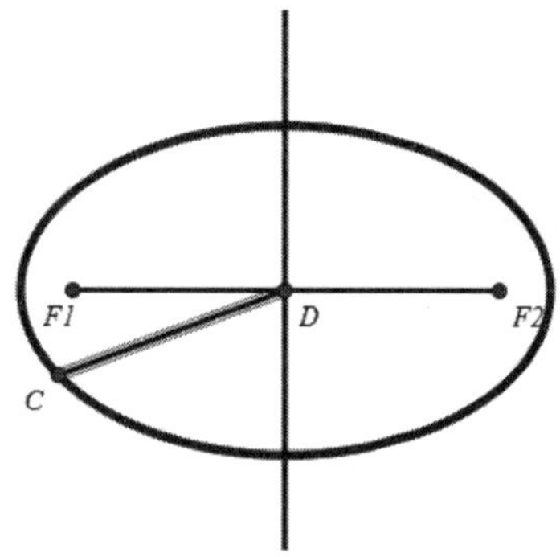

점 C와 점 D를 잇는 선분 CD를 그린다.

STEP 07

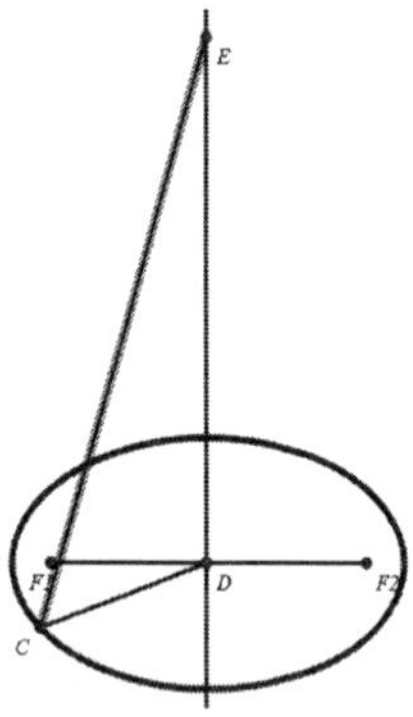

점 C와 점 E를 잇는 선분 CE를 그린다.

STEP 08

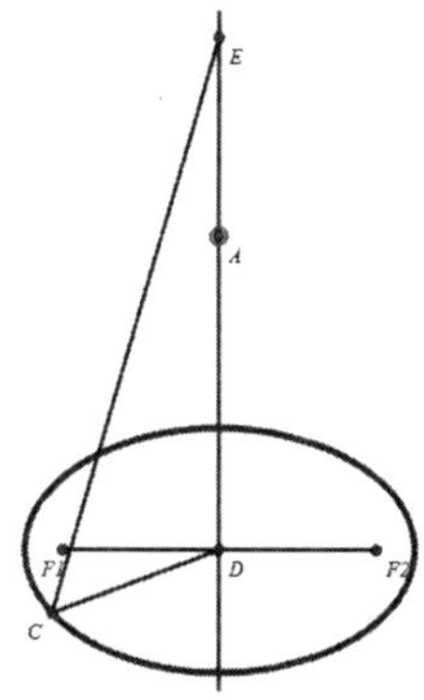

회전축 위의 점 E와 점 D의 사이에 한 점 A를 그린다.(단, 타원보다 위쪽에 위치하도록 그린다.)

STEP 09

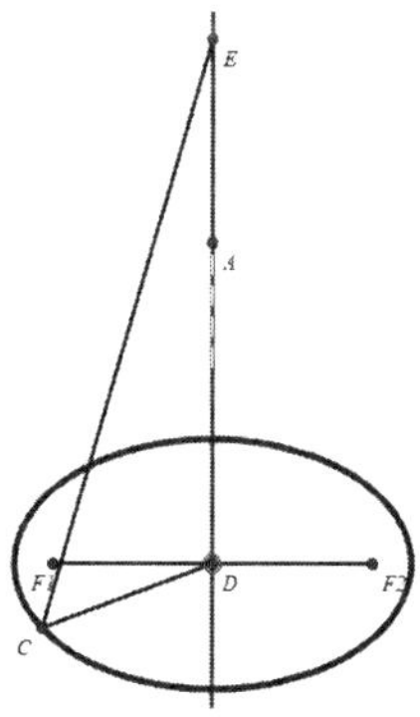

점 D와 점 A를 순서대로 선택한다. **변환(T)** 메뉴의 **벡터지정(V)** 을 선택한다.

STEP 10

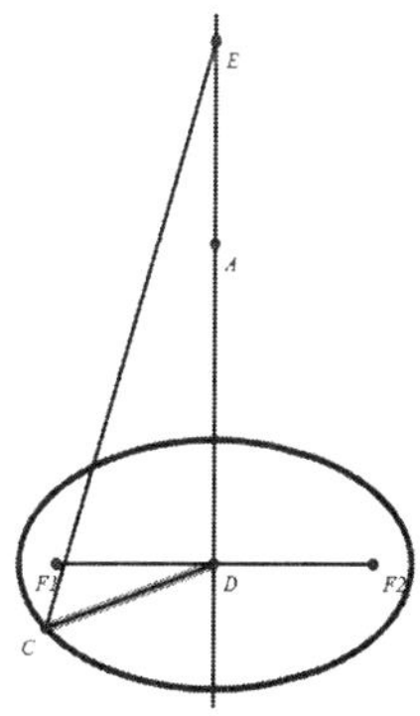

선분 CD를 선택한다.

STEP 11

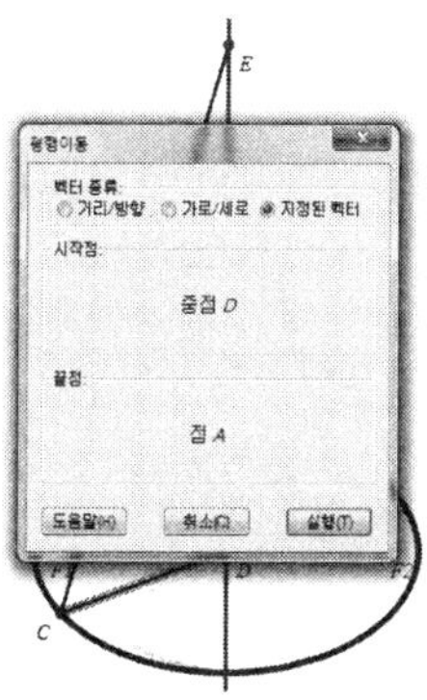

변환(T) 메뉴의 **평행이동(T)** 을 선택한다.

STEP 12

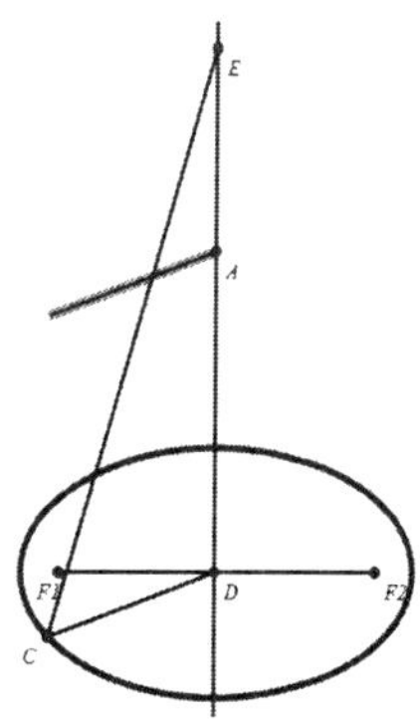

실행(R) 을 선택한다.

STEP 13

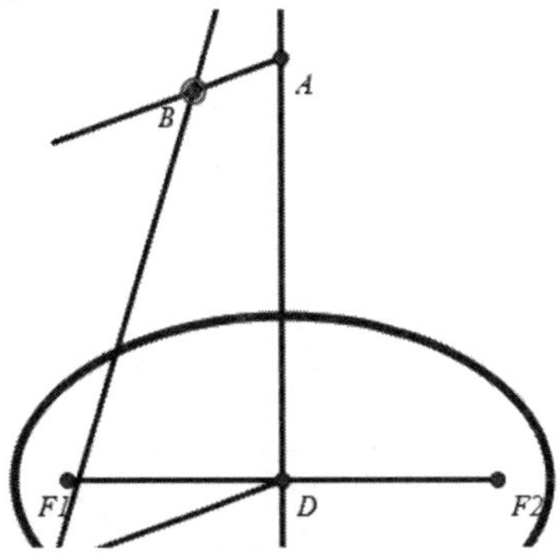

이동된 선분과 선분 CE가 교차하는 지점에 점 B를 그린다.

STEP 14

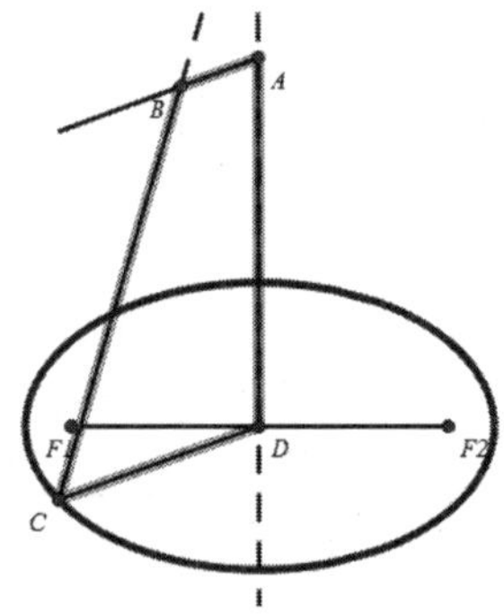

선분 도구를 이용하여 사각형 ABCD를 완성한다.

STEP 15

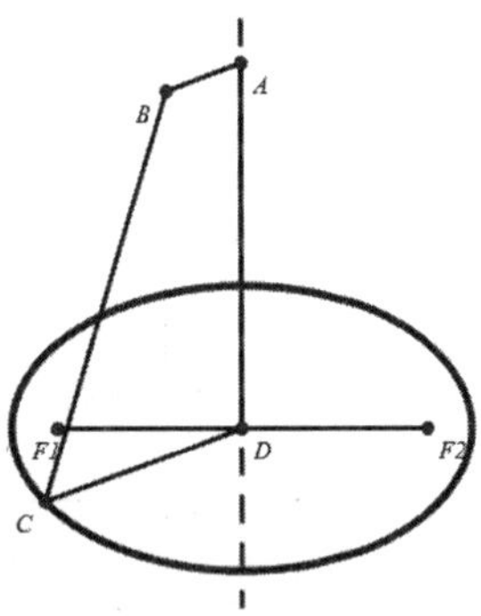

필요 없는 도형을 선택한 후, **보기(D)** 메뉴의 **개체 숨기기(H)** 를 선택하여 숨긴다.

STEP 16

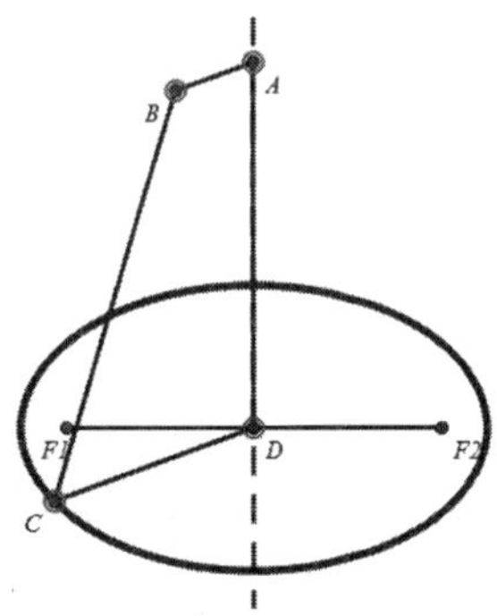

점 A, 점 B, 점 C, 점 D를 선택한다.

STEP 17

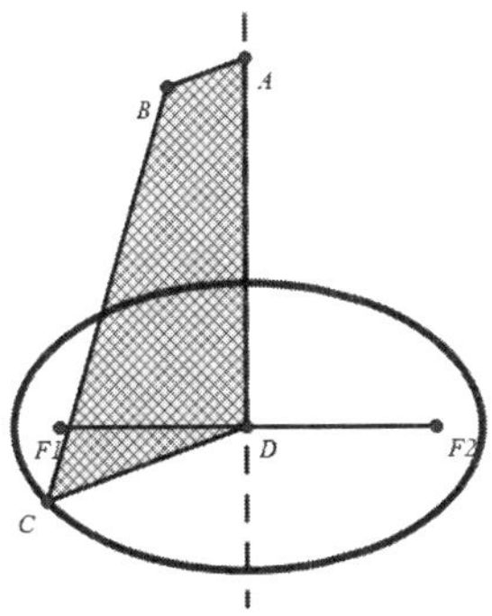

직도(C) 메뉴의 **사각형 내부(N)** 를 선택한다.

STEP 18

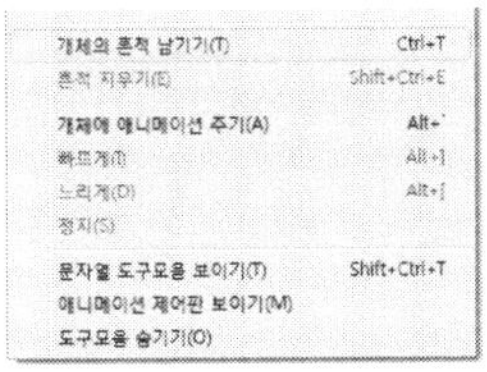

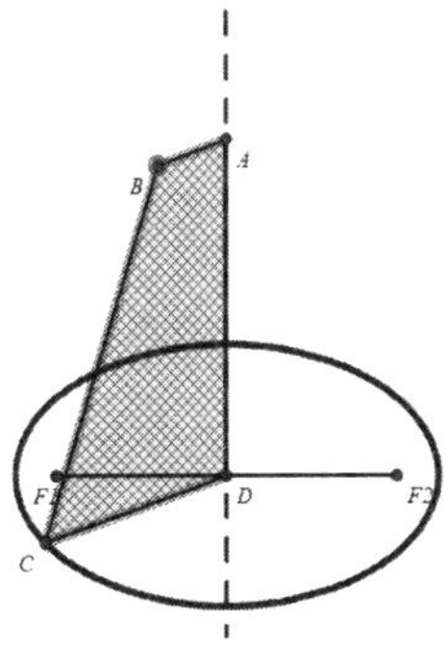

선분 AB, 점 B, 선분 BC, 점 C, 선분 CD, 점 D를 선택하고, **보기(D)** 메뉴의 **개체의 흔적 남기기(T)** 를 선택한다.

STEP 19

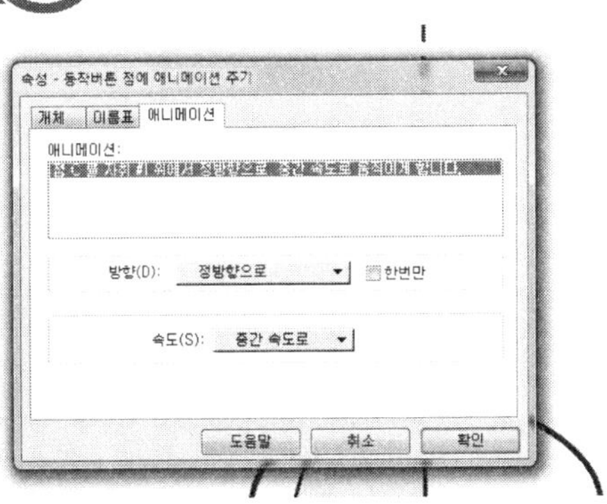

회전하는 버튼을 만들기 위해 점 C를 선택하고, **편집(E)** 메뉴를 누른 후 **동작 버튼(B)** 의 **애니메이션(A)** 을 실행한다.

STEP 20

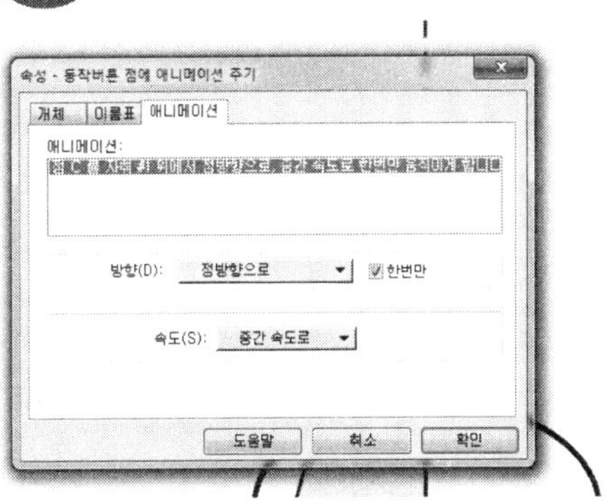

나타나는 대화 상자에서 '한번만'에 체크한다.

STEP 21

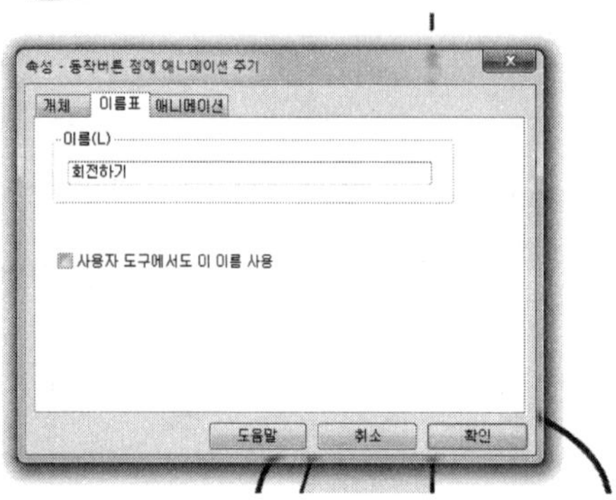

이름표 탭에서 이름을 '회전하기'로 수정한다.

STEP 22

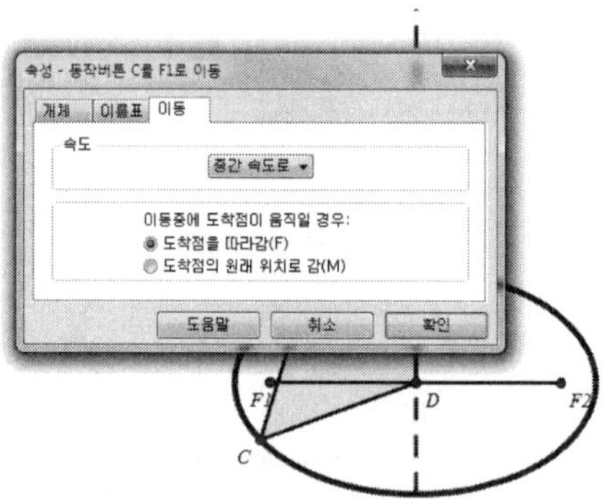

도형을 회전하기 이전에 점 C가 시작 위치로 이동하도록, 점 C와 점 F1을 T선택한다.

편집(E) 메뉴를 누른 후 **동작 버튼(B)** 의 **이동(M)** 을 선택한다.

STEP 23

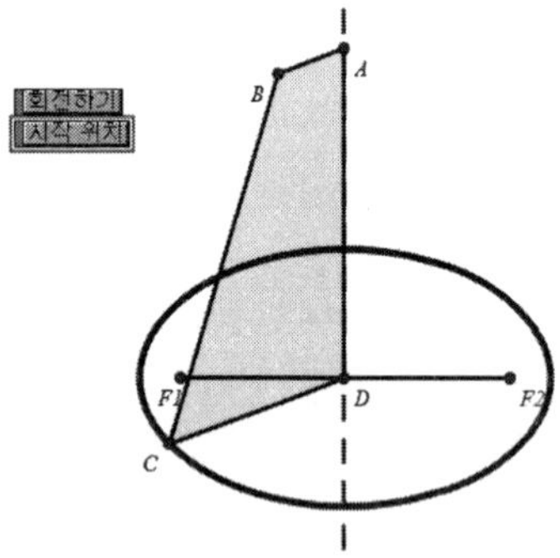

이름표 탭에서 이름을 '시작 위치'로 수정한다.

STEP 24

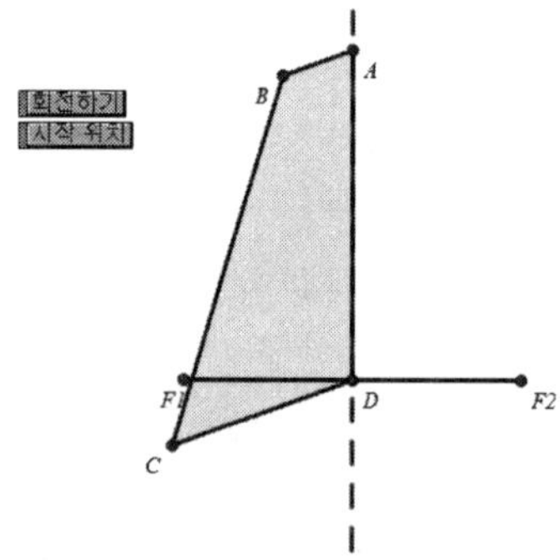

타원을 선택한 후, **보기(D)** 메뉴의 **자취 숨기기(H)** 를 선택하여 숨긴다.

STEP 25

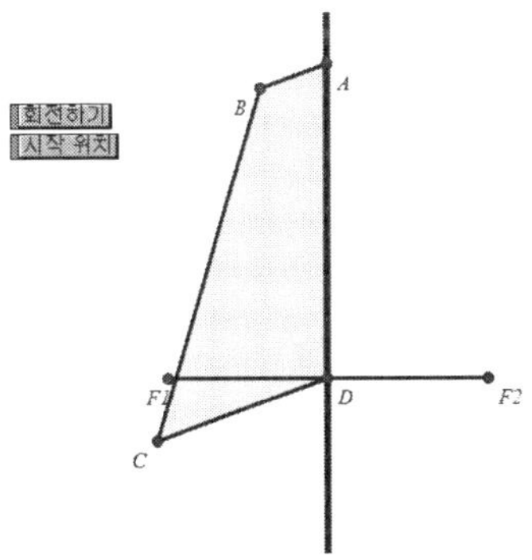

축을 선택한 후, 마우스 오른쪽 버튼을 눌러 선의 굵기와 색을 수정한다.

STEP 26

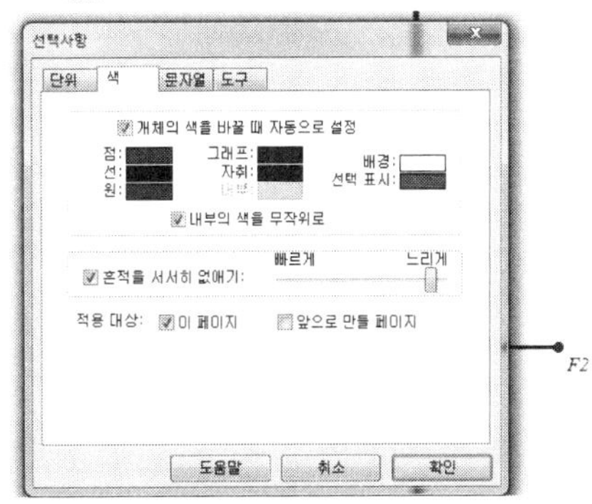

편집(E) 메뉴의 **선택사항(F)** 을 선택한다. '색' 탭을 선택하여 '흔적을 서서히 없애기'에 체크 표시를 하고, 스크롤바를 움직여 흔적이 지워지는 속도를 조절한다.

STEP 27

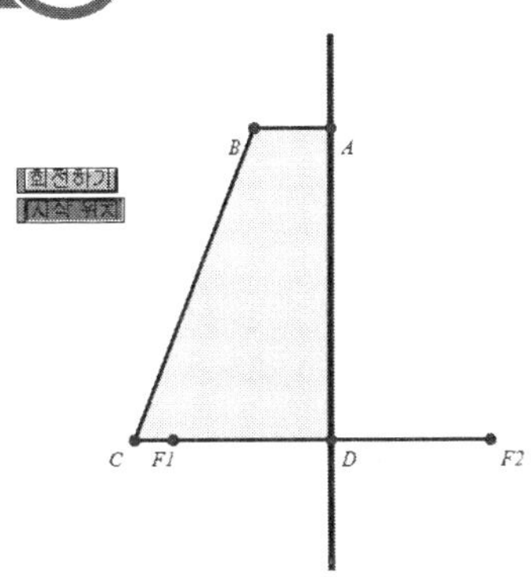

'시작 위치'를 눌러 점 C를 시작 위치로 이동시킨다.

STEP 28

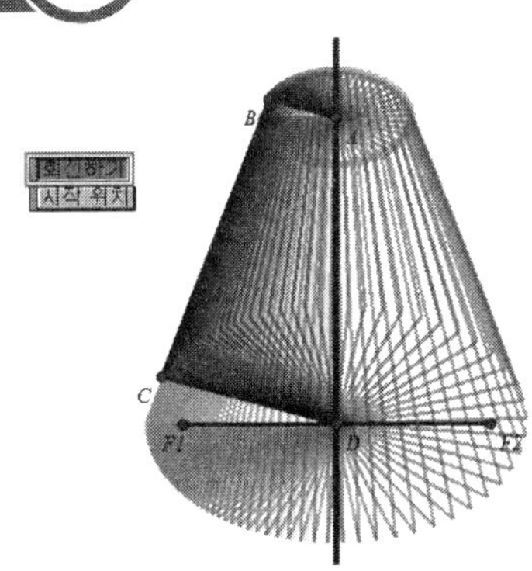

'회전하기'를 눌러 직각삼각형을 돌려 만드는 회전체를 확인한다.

초등수학영재와
영재교사를 위한
GSP 5.0
활용법 2

지은이 이종학 · 류성림 · 박균철 · 전광진 · 구종서
펴낸이 조경희
펴낸곳 경문사
펴낸날 2018년 3월 10일 1판 1쇄
등 록 1979년 11월 9일 제 313-1979-23호
주 소 04057, 서울특별시 마포구 와우산로 174
전 화 (02)332-2004 팩스 (02)336-5193
이메일 kyungmoon@kyungmoon.com
facebook facebook.com/kyungmoonsa

값 12,000원

ISBN 979-11-6073-076-0